21世纪高等学校规划教材

西安体育学院教材建设基金资助项目

大学计算机基础案例教程

University Computer Foundation Case Course

魏娟丽 王秋茸 主编

祝莉妮 许艳 王楠 王爽 王廷璇 王璠 副主编

人民邮电出版社

北 京

图书在版编目（ＣＩＰ）数据

大学计算机基础案例教程 / 魏娟丽，王秋茸主编
. -- 北京：人民邮电出版社，2017.1（2023.3重印）
21世纪高等学校规划教材
ISBN 978-7-115-44440-0

Ⅰ．①大… Ⅱ．①魏… ②王… Ⅲ．①电子计算机－
高等学校－教材 Ⅳ．①TP3

中国版本图书馆CIP数据核字 (2016) 第321043号

内 容 提 要

　　本书是根据教育部高等学校非计算机专业计算机基础课程教学指导分委员会提出的大学计算机基础课程的教学要求，结合当今社会对信息技术人才的应用需求而编写的教材。主要内容包括：计算机基础知识、Windows 7 操作系统、Word 2010 文字处理软件、Excel 2010 电子表格软件、PowerPoint 2010 演示文稿制作软件、Access 2010 数据库管理软件、计算机网络基础及安全、多媒体信息处理技术。该书以培养学生的计算机应用能力为目的，在内容编排上侧重实践操作与应用，通过具体的案例操作加强对知识的应用和理解，激发学生学习的兴趣。

　　本书内容丰富，结构清晰，案例切近实际，适合作为高等院校本专科层次非计算机专业"大学计算机基础"课程的教材，也可作为信息技术基础的培训和自学教材。

◆ 主　　编　魏娟丽　王秋茸
　　副 主 编　祝莉妮　许　艳　王　楠　王　爽
　　　　　　　王廷璇　王　璠
　　责任编辑　王　平
　　责任印制　焦志炜

◆ 人民邮电出版社出版发行　　北京市丰台区成寿寺路 11 号
　　邮编　100164　　电子邮件　315@ptpress.com.cn
　　网址　http://www.ptpress.com.cn
　　北京天宇星印刷厂印刷

◆ 开本：787×1092　1/16
　　印张：15.25　　　　　　　　　2017 年 1 月第 1 版
　　字数：388 千字　　　　　　　2023 年 3 月北京第 15 次印刷

定价：39.80 元
读者服务热线：(010)81055256　印装质量热线：(010)81055316
反盗版热线：(010)81055315

前言　PREFACE

信息化时代，计算机技术和网络技术的迅速发展和广泛应用，对社会的政治、经济、军事、科技和文化等领域产生了越来越深刻的影响，也改变着人们的工作、生活、学习和交流方式。计算机应用能力已成为衡量大学生素质和能力的重要标志之一。培养一大批熟练掌握和应用计算机技术的人才，不仅是经济和社会发展的需要，也是计算机和信息技术教育者的职责所在。

为了尽快实现教育部提出的 21 世纪计算机教育的培养目标，我们组织了多年来一直从事"大学计算机基础"课程教学的一线教师，以教育部计算机基础课程教学指导分委员会提出的最新大学计算机基础教学大纲为依据，结合信息社会对高素质、应用型人才的需求，在总结多年来从事计算机基础教学经验的基础上，特编写本书。

本书以案例驱动为指导思想，取材新颖、典型，既有简明扼要的基本理论知识，又突出实例分析与操作，强调综合应用技巧。内容安排上既有操作技巧又有温馨提示，增强学生阅读和学习的乐趣。

全书共分 8 章，主要内容包括：第 1 章计算机基础知识，第 2 章 Windows 7 操作系统，第 3 章 Word 2010 文字处理软件，第 4 章 Excel 2010 电子表格软件，第 5 章 PowerPoint 2010 演示文稿制作软件，第 6 章 Access 2010 数据库管理软件，第 7 章计算机网络基础及安全，第 8 章多媒体信息处理技术。

本书第 1 章由魏娟丽编写，第 2 章由王廷璇编写，第 3 章由祝莉妮编写，第 4 章由王秋茸编写，第 5 章由王璠编写，第 6 章由王爽编写，第 7 章由许艳编写，第 8 章由王楠编写。全书由魏娟丽、王秋茸统稿主编。在编写过程中，本书参考了大量文献资料和网站资料，在此一并表示衷心的感谢。

由于编者水平有限，书中不足和疏漏之处，敬请读者批评指正。

编者
2016 年 11 月

第1章 计算机基础知识

本章学习目标

➤ 了解信息、信息化、信息技术、信息素养的概念与应用
➤ 了解计算机的产生和发展史
➤ 掌握计算机中常用数值转换方法和信息的编码形式
➤ 掌握计算机系统的基本组成
➤ 掌握微型计算机系统的组成
➤ 了解病毒的概念、特征以及预防措施
➤ 了解计算机安全使用知识

计算机从诞生至今已有半个多世纪，计算机技术的发展和广泛应用有力地推动了社会信息化的进程。计算机作为一种工具，正在不断地影响着人们的生活，改变着人们的工作和学习方式。在 21 世纪，掌握以计算机技术为核心的信息技术是当代大学生必备的基本素质。

本章介绍计算机的概念及其发展史、计算机系统的组成、计算机中的数制和编码以及计算机的主要技术指标与性能评价等知识。

1.1 信息与信息技术

当今社会，能源、材料和信息是社会发展的三大支柱，人类社会的生存和发展时刻都离不开信息。谈起信息、信息化、信息技术与计算机，每个人都有自己的观点，这些新技术对社会的影响已经是有目共睹的事实。信息技术最根本、最深远的是对人的影响，不仅使人手得到了"延长"，更重要的是使人脑得以"扩展"。随着个人计算机智能化的不断提升，其操作也日益便捷、直观，更加符合人们的自然习惯。尤其是最近 10 年来信息化的发展，计算机逐渐成为信手可得的身边工具，智能手机、平板电脑加上移动网络等都令个体的创造潜能获得了前所未有的激发和极大程度的释放。

1.1.1 信息与信息技术

1. 信息

信息一词来源于拉丁文 "Information"，其含义是情报、资料、消息、报导、知识的意思。所以，很久以来人们把信息看作是消息的同义词。但是后来发现信息的含义要比消息、情报广泛得多，信息不仅仅是消息、情报，指令、代码、符号语言、文字、图像等一切含有内容的信号都是信息。

在信息时代，人们越来越多地接触和使用信息，但是究竟什么是信息，迄今说法不一。一般来说，信息可以界定为由信息源（自然界、人类社会等）发出的被使用者接受和理解的各种信号。信息往往是以文字、图像、图形、语言、声音等形式出现。随着科学的发展、时代的进步，"信息"的概念已经与微电子技术、计算机技术、网路通信技术、多媒体技术、信息产业、信息管理等含义紧密地联系在一起。

2．信息技术

现代信息技术一般包括计算机技术、多媒体技术、现代通信技术和计算机网络技术。如今，信息技术的应用已渗透到人类社会生活的各个领域，从航天飞行到海洋开发、从产品设计到生产过程控制、从天气预报到地质勘测、从自动售票到情报检索等等，计算机在各行各业中的广泛应用常常会产生显著的经济效益和社会效益，从而引起产业结构、产品结构、经营管理和服务方式等方面的重大变革。

1.1.2　信息化和信息化社会

1．信息化

信息化的概念起源于 20 世纪 60 年代的日本，在中国学术界和政府内部作过较长时间的研讨。1997 年召开的首届全国信息化工作会议，对信息化和国家信息化定义为："信息化是指培育、发展以智能化工具为代表的新的生产力并使之造福于社会的历史过程。国家信息化就是在国家统一规划和组织下，在农业、工业、科学技术、国防及社会生活各个方面应用现代信息技术，深入开发广泛利用信息资源，加速实现国家现代化进程。"实现信息化就要构筑和完善 6 个要素——开发利用信息资源，建设国家信息网络，推进信息技术应用，发展信息技术和产业，培育信息化人才，制定和完善信息化政策的国家信息化体系。

从信息化的定义可以看出，信息化代表了一种信息技术被高度应用，信息资源被高度共享，从而使人的智能潜力以及社会物质资源潜力被充分发挥，个人行为、组织决策和社会运行趋于合理化的理想状态。

2．信息化社会

信息化社会也称信息社会，是脱离工业化社会以后，信息资源作为人们主要的处理对象，在社会中起主要作用的社会。在信息社会中，以信息为主要内容的信息经济活动在国民经济中占据主导地位，构成社会信息化的物质基础。以计算机技术、微电子技术、通信技术为主的信息技术革命是社会信息化的动力源泉。

在信息社会，智能化的综合网络遍布社会的各个角落，各种信息化的终端设备无处不在。"无论何时、无论何事、无论何地"人们都可以获取文字、声音、图像、视频等信息。信息社会的数字化家庭中，各种基于网络的数字化家电广泛应用。信息社会的私人服务和公众服务将或多或少地建立在智能化设备之上，电信、银行、物流、电视、医疗、商业、保险等服务将依赖于信息设备。同时，信息技术提供给人们新的交易手段，电子商务成为实现交易的基本形态。信息技术在生产、科研教育、医疗保健、企业和政府管理以及家庭中的应用对经济和社会发展产生了巨大而深刻的影响，从根本上改变了人们的生活模式、行为方式和价值观念。

1.1.3　信息素养

信息素养（Information Literacy）更确切的名称应该是信息文化（Information Literature）。美国教育技术 CEO 论坛 2001 年第 4 季度报告提出 21 世纪的能力素质，包括基本学习技能（指读、写、算）、信息素养、创新思维能力、人际交往与合作精神、实践能力。信息素养是其中一个方面，它涉及信息的意识、信息的能力和信息的应用。

信息素养定义为：信息的获取、加工、管理与传递的基本能力；对信息及信息活动的过程、方法、结果进行评价的能力；流畅地发表观点、交流思想、开展合作、用于创新并解决学习和生活中的实际问题的能力；遵守道德和法律，形成社会责任感。

可以看出，信息素养是一种对信息社会的适应能力，它涉及信息的意识、信息的能力和信息的应用。同时，信息素养也是一种涵盖面很宽的综合能力，它包含人文的、技术的、经济的、法律的诸多因素，和许多学科有着紧密的联系。信息素养是一种信息能力，信息技术是它的一种工具。

1.2 计算机概述

计算机（Computer）俗称电脑，是 20 世纪最伟大的科学技术发明之一。它是一种能够按照程序运行，自动、高速处理海量数据的现代化智能电子设备，由硬件系统和软件系统组成，没有安装任何软件的计算机称为裸机。

1.2.1 计算机发展简史

在人类文明的发展史中，为了进行有效地计算，人类在不断地探索，先后发明了各种计算工具，古代人曾采用木棍和石块进行计数和计算。几百年前，我国发明了最早的计算工具——算盘，被称为世界上第一种手动式计算器，至今还有人在使用。1621 年英国数学家冈特根据对数表设计发明了计算尺。1642 年法国科学家帕斯卡发明了加法器，被称为人类历史上的第一台机械式计算机，它的设计原理对计算机的产生和发展产生了很大的影响，也用在了其他机器的设计中。1673 年德国数学家莱布尼茨发明设计了一种能进行加、减、乘、除的计算器。19 世纪 20 年代，英国数学家巴贝奇设计了差分机和分析机，希望采用机械方式实现计算过程，但是由于技术限制，他的这种采用机械方式实现复杂计算过程的思想最终未能实现。到了 19 世纪后期，随着电学技术的发展，人们看到了另外一条实现自动计算的过程和途径。1884 年德国人康拉德·祖思在第二次世界大战期间用机电方式制造了一系列计算机。多年后，美国人霍华德·爱肯也推出了用机电方式实现的自动机，在 IBM 的资助下于 1944 年制造出了著名的 MARK I 计算机。MARK I 用穿孔纸带代替了齿轮传动装置，是最早的自动机计算机。

1946 年 2 月，世界上第一台电子数字计算机（ENIAC，Electronic Numberical Intergrator and Computer），即"电子数字积分式计算机"，在美国宾夕法尼亚大学研制成功，如图 1.1 所示。

图 1.1　世界上第一台计算机 ENIAC

ENIAC 结构庞大，占地 167 平方米，重达 30 吨，每秒钟可进行 5000 次加减法或 400 次乘法运算。虽然在性能方面与今天的计算机无法相比，但是 ENIAC 的成功研制在计算机的发展史上具有划时代的意义，它的问世标志着电子计算机时代的到来，标志着人类计算工具的新生时代开始了，标志着世界文明进入了一个崭新的时代。从此，机器已不只是人类四肢的延伸，而是延伸了人类大脑的活动。

英国科学家艾兰·图灵和美籍匈牙利科学家冯·诺依曼是计算机发展史中的两位关键人物。图灵建立了图灵机模型，并提出了图灵机是非常有力的计算工具的原理，奠定了计算机设计的基础，并提出图灵测试理论，阐述了机器智能的概念。冯·诺依曼被称为计算机之父，他和他的同事们研制了电子计算机 EDVAC，提出了存储程序控制原理的数字计算机结构，并在 EDVAC 中采用了这一原理，其基本结构一直沿用到今天，对后来的计算机体系结构和工作原理产生了重大影响。

从第一台电子数字计算机诞生至今，虽然只有 70 多年的历史，但是计算机的发展却是突飞猛进的，给人类社会带来的变化是巨大的。计算机的发展共经历了四代发展历程，每一代计算机的变革在技术上都是一次新的突破，在性能上都是一次质的飞跃。

根据制造电子计算机采用的物理器件，可以将计算机的发展过程划分成如下几个阶段。

（1）第一代计算机（1946 年—1957 年）

第一代计算机采用电子管，是计算机发展的初级阶段。其体积巨大，运算速度较低，耗电量大，存储容量小，主要用来进行科学计算。

（2）第二代计算机（1958 年—1964 年）

第二代计算机采用晶体管，体积减小，耗电较少，运算速度较高，价格下降，不仅用于科学计算，还用于数据和事物处理及工业控制。

（3）第三代计算机（1965 年—1971 年）

第三代计算机采用中小规模集成电路，体积和功耗进一步减小，可靠性和速度进一步提高。其应用领域扩展到文字处理、企业管理、自动控制等。

（4）第四代计算机（1972 年至今）

第四代计算机采用大规模与超大规模集成电路，性能大幅度提高，价格大幅度降低，广泛用于社会生活的各个领域，并进入办公室和家庭等场所。例如，在办公自动化、电子编辑排版、数据库管理、图像识别、语音识别、专家系统等领域大显身手，从而使计算机的发展进入以计算机网络为特征的时代。

从 20 世纪 80 年代开始，日、美等国家开始了新一代"智能计算机"的系统研究，并称为"第五代计算机"，但目前尚未有突破性发展。

（5）微型计算机的发展

随着微电子技术的发展，集成电路的集成度越来越高，计算机的体积也越来越小。微型计算机简称为微机，它是第四代计算机微型化的产物。微机体积小，重量轻，功耗低、价格便宜，对环境要求也不高，易学易用。它的功能、速度、可靠性、适用性和传统的计算机相比也毫不逊色。现代微电子技术可以把组成计算机的核心部件——微处理器集成到一块小小的芯片上。人们通常以微处理器为依据来讨论微型计算机的发展历史。

1.2.2 计算机的发展趋势

计算机技术是世界上发展最快的科学技术之一，产品不断升级换代。当前计算机正朝着巨型化、微型化、智能化、网络化等方向发展，计算机本身的性能越来越优越，应用范围也越来越广泛，从而使计算机成为工作、学习和生活中必不可少的工具。

从第一台计算机产生至今的半个多世纪里，计算机的应用得到不断拓展，计算机类型也不断分化，这就决定了计算机的发展也将朝不同的方向延伸，在未来将会有一些新技术融入到计算机中。

1. 计算机的发展趋势

（1）巨型化

巨型（亦称超级）计算机是计算机中功能最强、运算速度最快、存储容量最大和价格最贵的一类计算机。多用于国家高科技领域和国防尖端技术的研究，如核武器设计、核爆炸模拟、反导弹武器系统、空间技术、空气动力学、大范围气象预报、石油地质勘探等。

20 纪世 70 年代起，中国开始了对超级计算机的研发。1983 年 12 月 4 日研制成功银河一号超级计算机，并继续成功研发了银河二号、银河三号、银河四号为系列的银河超级计算机，使我国成为世界上能发布 5～7 天中期数值天气预报的国家之一。1992 年研制成功曙光一号超级计算机，在发展银河和曙光系列同时，并在神威超级计算机基础上研制了神威蓝光超级计算机。2002 年联想集团研发成功深腾 1800 型超级计算机，并开始发展深腾系列超级计算机。

2014 年 11 月 17 日公布的全球超级计算机 500 强榜单中，中国"天河二号"以比第二名美国"泰坦"快近一倍的速度连续第四次获得冠军。2016 年 6 月 20 日，新一期全球超级计算机 500 强榜单公布，使用中国自主芯片制造的"神威·太湖之光"取代"天河二号"登上榜首。"神威·太湖之光"是国内第一台全部采用国产处理器构建的世界第一的超级计算机。图 1.2 是"神威·太湖之光"的主机示意图。

图 1.2 神威·太湖之光 主机

（2）微型化

随着微电子技术和超大规模集成电路的发展，计算机的体积趋向微型化。从 20 世纪 80 年代开始微机得到了普及，笔记本计算机、掌上电脑、手表电脑等越来越受用户的欢迎与认可。

（3）网络化

现代信息社会的发展趋势就是实现资源共享，即利用计算机和通信技术将各个地区的计算机互联起来，形成一个规模巨大、功能强大的计算机网络，使信息能够快速、高效地传递。

计算机网络是计算机技术和通信技术紧密结合的产物。尤其是 20 世纪 90 年代，随着 Internet 的飞速发展计算机网络已广泛应用于政府、学校、企业、家庭等领域，越来越多的人接触并了解计算机网络。计算机网络是将不同地理位置上具有独立功能的计算机通过通信设备和传输介质互连起来，在通信软件的支持下实现网络中的计算机之间进行共享资源、交换信息、协同工作。计算机网络的发展水平已成为衡量国家现代化程度的重要指标. 计算机网络在社会经济发展中发挥着极其重要的作用。

（4）智能化

智能化是让计算机具有模拟人的感觉和思维过程的能力，如感知、判断、理解、学习、问题求解和图像识别等，使计算机具有一定的"思维"能力。

计算机能够模拟人类的智力活动，如学习、感知、理解、判断、推理等能力；具备理解自然语言、声音、文字和图像的能力；具有说话的能力，使人机能够用自然语言直接对话。它可以利用已有的和不断学习的知识，进行思维、联想、推理，并得出结论；还可以解决复杂问题，具有汇集记忆、检索有关知识的能力。

2．未来计算机的新技术

从电子计算机的产生及发展可以看到，目前计算机技术的发展都是以电子技术的发展为基础的，集成电路芯片是计算机的核心部件。随着高新技术的研究和发展，我们有理由相信计算机技术也将拓展到其他新兴的技术领域，计算机新技术的开发和利用必将成为未来计算机发展的新趋势。

从目前计算机的发展情况可以看到，未来计算机将会在光子计算机、超导计算机、量子计算机、纳米计算机以及生物、化学计算机等研究领域取得重大的突破。

1.2.3　计算机的分类

计算机发展到今天，种类繁多，可以从不同角度对它们进行分类。

（1）按计算机处理数据的类型，可将计算机分为数字计算机和模拟计算机。

（2）按计算机的应用范围，可将计算机分为专用计算机和通用计算机。

根据通用计算机自身的性能指标（包括运算速度、存储容量、功能强弱、规模大小、软件系统的丰富程度等）可将其分为：巨型机、大型机、中型机、小型机、工作站、微型机。

① 巨型机：巨型计算机是计算机中功能最强、运算速度最快、存储容量最大和价格最贵的一类计算机，配有多种外部和外围设备及丰富的、高功能的软件系统，能够执行一般个人计算机无法处理的大容量与高速运算。

② 大型机：一般认为大型机的运算速度在 100 万次/秒～几千万次/秒，字长为 32～64 位，主存容量在几十兆字节或几百兆字节。

③ 中、小型机：由于微型机的出现及功能的不断增强，中、小型机正在走向消亡。

④ 微型机：是能独立运行，完成特定功能的个人计算机，是 20 世纪 70 年代后期出现的新机种，因其设计先进、软件丰富、功能齐全、价格便宜等优势而拥有广大的用户，从而大大推进了计算机的普及和应用。

⑤ 工作站：20 世纪 70 年代后期出现了一种新型的计算机系统，称为工作站（WS）。它是一种以个人计算机和分布式网络计算为基础，主要面向专业领域，具备强大的数据运算与图形、图像处理能力等。

1.3　计算机中信息的表示方法

在计算机内部，各种信息都必须经过数字化编码后才能被传送、存储和处理。数据是计算机处理的对象，计算机的基本工作就是数值运算和数据处理。

1.3.1　数制的定义

数制也称计数制，是指用一组固定的符号和统一的规则来表示数值的方法。按进位的方法进行计数，称为进位计数制。例如，生活中常用的十进制数，计算机中使用的二进制数。下面介绍数制的相关概念。

（1）基数。在一种数制中，一组固定不变的不重复数字的个数称为基数（用 R 表示）。

（2）位权。某个位置上的数代表的数量大小。

一般来说，如果数值只采用 R 个基本符号，则称为 R 进制。进位计数制的编码遵循"逢 R 进一"的原则。各位的权是以 R 为底的幂。对于任意一个具有 n 位整数和 m 位小数的 R 进制数 N，按各位的权展开可表示为：

$$(N)_R = a_{n-1}R^{n-1} + a_{n-2}R^{n-2} + \cdots + a_1R^1 + a_0R^0 + a_{-1}R^{-1} + \cdots + a_{-m}R^{-m}$$

公式中 a_i 表示各个数位上的数码，其取值范围为 $0 \sim R-1$，R 为计数制的基数，i 为数位的编号。

1.3.2 计算机中常用的数制

1．二进制数

（1）二进制数只有两个数码，即 0 和 1。

（2）其进位原则是"逢二进一"。

（3）二进制基数为 2，位权为 2^k（k 为整数）。

例如：

$$(11\,011.101)_2 = 1 \times 2^4 + 1 \times 2^3 + 0 \times 2^2 + 1 \times 2^1 + 1 \times 2^0 + 1 \times 2^{-1} + 0 \times 2^{-2} + 1 \times 2^{-3}$$
$$= (27.625)_{10}$$

任意一个二进制数 $a_1 a_2 a_3 \cdots a_n$，可以表示成如下形式：

$$(a_1 a_2 a_3 \cdots a_n)_2 = a_1 \times 2^{n-1} + a_2 \times 2^{n-2} + \cdots + a_n \times 2^0$$

从上面可以看出，把二进制数转化为十进制数非常简单，只要按位权展开相加即可。为了与其他进制进行区别，常常在二进制数下标处用 2 注明，如 $(101101)_2$，或在二进制数后面加字母 B，如 10010101B。

2．八进制数

（1）八进制数有 8 个不同的数码，即 0、1、2、3、4、5、6、7。

（2）进位原则为"逢八进一"。

（3）八进制数基数为 8，位权为 8^k（k 为整数）。

例如：$(123.24)_8 = 1 \times 8^2 + 2 \times 8^1 + 3 \times 8^0 + 2 \times 8^{-1} + 4 \times 8^{-2} = (83.3125)_{10}$

任意一个八进制数 $a_1 a_2 a_3 \cdots a_n$，可以表示成如下形式：

$$(a_1 a_2 a_3 \cdots a_n)_8 = a_1 \times 8^{n-1} + a_2 \times 8^{n-2} + \cdots + a_n \times 8^0$$

为了与其他进制数区别，一般在八进制数下标处用 8 注明，例如 $(7564)_8$，或者在八进制数后面加上 Q 或 O，例如 5236Q，5236O。

3．十六进制数

（1）十六进制数有 16 个不同的数码，即 $0 \sim 9$、A、B、C、D、E、F。

（2）进位原则是"逢十六进一"。

（3）十六进制基数为十六，位权为 16^k（k 为整数）。

例如：

$$(3AB.48)_{16} = 3 \times 16^2 + A \times 16^1 + B \times 16^0 + 4 \times 16^{-1} + 8 \times 16^{-2} = (939.28125)_{10}$$

任意一个十六进制数 $a_1 a_2 a_3 \cdots a_n$ 可以表示成如下形式：

$$(a_1 a_2 a_3 \cdots a_n)_{16} = a_1 \times 16^{n-1} + a_2 \times 16^{n-2} + \cdots + a_n \times 16^0$$

为了与其他进制数进行区别，一般在十六进制数下标处用 16 注明，如 $(9ACD)_{16}$，或者在十六进制数后面加上 H，例如 7C8AH。

1.3.3　不同数制间的转换

由于计算机中采用二进制，而人们在日常生活中习惯使用十进制，为了了解数据在计算机中的表示以及一些特殊的需要，有时需要将一种进位计数制转换为另一种进位计数制，所以需要掌握进位计数制之间的转换方法。但是在使用计算机时，并不需要将所有输入的数据都转换为二进制再输入进去，因为计算机系统会自动完成转换工作。

1．二进制数、八进制数、十六进制数转换为十进制数

将二进制数、八进制数、十六进制数转换为十进制的方法可以简单概括为：分别写出二进制数、八进制数和十六进制数的按权展开式，计算所得的值，即为转换后的十进制数。

例 1　将二进制数 11 011.1 转换为十进制数。

$$(11\ 011.1)_2=1\times2^4+1\times2^3+0\times2^2+1\times2^1+1\times2^0+1\times2^{-1}=16+8+2+1+0.5=(27.5)_{10}$$

例 2　将八进制数 123.5 转换为十进制数。

$$(123.5)_8=1\times8^2+2\times8^1+3\times8^0+5\times8^{-1}=64+16+3+0.625=(83.625)_{10}$$

例 3　将十六进制数 2A3E.5 转换为十进制数。

$$(2A3E.5)_{16}=2\times16^3+10\times16^2+3\times16^1+14\times16^0+5\times16^{-1}$$
$$=8\ 192+2\ 560+48+14+0.31=(10\ 814.3)_{10}$$

2．十进制数转换为二进制数

将十进制数转换为二进制数分为整数和小数两部分处理。

（1）十进制整数转换为二进制整数

十进制整数转换为二进制数采用"除 2 取余法"，即先将十进制整数除以 2，取余数为 a_0，再将所得的商除以 2，取余数为 a_1，依此类推，直到求得的商为 0 为止。然后将余数从下而上排列起来，首次取得的余数排在最右边，即可得到所求的二进制数。

例 4　将十进制数 125 转换为二进制数。

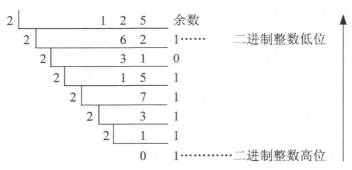

即，$(125)_{10}=(1\ 111\ 101)_2$

（2）十进制小数转换为二进制小数

十进制小数转换为二进制小数采用"乘 2 取整法"，即将十进制小数不断乘以 2，取整数为 a_{-1}，再用 2 乘以积的小数部分，取其整数为 a_{-2}，依此类推，直到达到所要求的精度为止。然后将所得的整数从左到右排列起来，即可得到所求的二进制小数。

例 5　将十进制小数 0.68 转换为二进制小数。（保留小数点后 3 位。）

$$
\begin{array}{r}
0.68 \\
\times \quad 2 \\
\hline
1.36 \\
\times \quad 2 \\
\hline
0.72 \\
\times \quad 2 \\
\hline
1.44
\end{array}
$$

       整数为 1（a_{-1}）

       整数为 0（a_{-2}）

       整数为 1（a_{-3}）

即，$(0.68)_{10}=(0.101)_2$

如果一个十进制数既有整数部分又有小数部分，则应分别求出整数和小数部分的二进制数，然后以小数点为界结合起来，便得到所求结果。

仿照此方法，可以将十进制数转换为八进制数和十六进制数，即采用"除 8 取余"和"乘 8 取整"以及"除 16 取余"和"乘 16 取整"的方法，在此不再举例。

3．二进制、八进制、十六进制数间的转换

为了书写简单、方便阅读，也可用八进制数和十六进制数来表示二进制数。由于二进制数、八进制数、十六进制数之间存在着特殊关系，即每 3 位二进制数表示 1 位八进制数，每 4 位二进制数表示 1 位十六进制数，因此转换方法比较简单，只需要写出对应的数值即可。其对应关系见十进制数、二进制数、八进制数和十六进制数的对照表 1.1。

表 1.1　　　　　　　　十进制数、二进制、八进制和十六进制数对照表

十进制	二进制	八进制	十六进制	十进制	二进制	八进制	十六进制
0	00	0	0	8	1000	10	8
1	001	1	1	9	1001	11	9
2	010	2	2	10	1010	12	A
3	011	3	3	11	1011	13	B
4	100	4	4	12	1100	14	C
5	101	5	5	13	1101	15	D
6	110	6	6	14	1110	16	E
7	111	7	7	15	1111	17	F

根据这种对应关系，二进制数转换为八进制数时，以小数点为界，向左右两边各以每 3 位为 1 组，在高位和低位不足 3 位时一律用 0 补齐。每组转换为 1 个八进制数，即可得到转换后的八进制数。

例 6　将二进制数$(1111101110100111.10101101)_2$转换成八进制数。

      <u>001</u>　<u>111</u>　<u>101</u>　<u>110</u>　<u>100</u>　<u>111</u> . <u>101</u>　<u>011</u>　<u>010</u>

       1　 7　 5　 6　 4　 7 . 5　 3　 2

即，$(1111101110100111.10101101)_2=(175647.532)_8$

反之，将八进制数转换为二进制数则只需将 1 位八进制数转换为 3 位二进制数即可。

二进制与十六进制之间的相互转换与二进制与八进制之间的相互转换类似，只需将二进制数分为每 4 位 1 组，转换为十六进制数；同样，将十六进制数转换为二进制数则只需将 1 位十六进制数转换为 4 位二进制数即可。

例 7　将二进制数$(1111111011110.10101110)_2$转换成十六进制数。

$$0001\quad 1111\quad 1101\quad 1110\ .\ 1010\quad 1110$$
$$1\qquad F\qquad D\qquad E\quad .\quad A\qquad E$$

即，$(1111111011110.10101110)_2 = (1FDE.AE)_{16}$

1.3.4　信息的编码

计算机中的所有数据都是二进制形式的，而计算机除了能处理数值数据外，还能识别各种符号、字符，如英文字母、汉字、运算符号等。这些数据在计算机中有特定的二进制编码。

1．计算机中数的单位

在计算机内部，数据都是以二进制的形式存储和运算的。计算机数据的表示经常使用到以下几个概念。

（1）位

位（bit）又称为比特，是计算机存储数据的最小单位，是二进制数据中的一个位。一个二进制位只能表示 0 或 1 两种状态，要表示更多的信息，就得把多个位组合成一个整体，每增加一位所能表示的信息量就增加一倍。

（2）字节

字节（Byte）简写为 B，规定一字节为 8 位，即 1Byte=8 bit。字节是计算机处理的基本单位，并以字节为单位显示信息。每个字节由 8 个二进制位组成。通常，一个字节可存放一个 ASCII 码，两字节存放一个汉字国标码。

（3）字

字（Word）是计算机进行数据处理时，一次存取、加工和传送的数据长度。一个字通常由一个或若干字节组成，字长是计算机一次所能处理信息的实际位数，因此，它决定了计算机数据处理的速度，是衡量计算机性能的一个重要标志，字长越长，性能越好。

计算机的型号不同，其字长也不同，常用的字长有 8 位、16 位、32 位和 64 位。

计算机的存储容量以字节数来度量，经常使用的度量单位有 KB、MB、GB 和 TB，其中 B 代表字节。它们的关系表示为：

$1KB=2^{10}B=1024B$

$1MB=2^{10}\times 2^{10}B=1024\times 1024B$

$1GB=2^{10}\times 2^{10}\times 2^{10}B=1024MB=1024\times 1024KB=1024\times 1024\times 1024B$

2．字符编码

传统字符编码采用国际通用的 ASCII 码，ASCII 码（American Standard Code for Information Interchange）是美国信息交换用标准代码。ASCII 码虽然是美国国家标准，但已经被国际标准化组织（ISO）认定为国际标准，在全世界范围内通用。

目前在微型计算机中普遍使用的字符编码是 ASCII 码。ASCII 码用一个 8 位二进制数（1 字节）表示，每个字节只占用了 7 位，基本 ASCII 码的最高位为 0。7 位 ASCII 码可以表示 $2^7=128$ 种字符，其中通用控制字符 34 个，阿拉伯数字 10 个，大、小写英文字符 52 个，各种标点符号和运算符号 32 个。当编码最高位为 1 时，形成扩充的 ASCII 码，它表示的范围为 128～255，可表示 128 种字符。

其排列次序为 $d_6d_5d_4d_3d_2d_1d_0$，其中 d_6 位为最高位，d_0 位为最低位，d_7 位为 0 或奇偶校验位。

ASCII 字符编码如表 1.2 所示。

表 1.2　　　　　　　　　　　　　　ASCII 字符编码表

$d_3d_2d_1d_0$ ＼ $d_6d_5d_4$	000	001	010	011	100	101	110	111
0000	NUL	DLE	SP	0	@	P	、	p
0001	SOH	DC1	!	1	A	Q	a	q
0010	STX	DC2	"	2	B	R	b	r
0011	ETX	DC3	#	3	C	S	c	s
0100	EOT	DC4	$	4	D	T	d	t
0101	ENQ	NAK	%	5	E	U	e	u
0110	ACK	SYN	&	6	F	V	f	v
0111	ETB	ETB	'	7	G	W	g	w
1000	BS	CAN	(	8	H	X	h	x
1001	HT	EM	)	9	I	Y	i	y
1010	LF	SUB	*	:	J	Z	j	Z
1011	VT	ESC	+	:	K	[	k	{
1100	FF	FS	,	<	L	\	l	|
1101	CR	GS	-	=	M	]	m	}
1110	SO	RS	^	>	N	↑	n	~
1111	SI	US	/	?	O	↓	o	DEL

通过表 1.2 可以看出，每种符号对应唯一的一个编码。数字 0~9、字母 A~Z 和 a~z 在表中都是顺序排列的，而且小写字母比大写字母的编码值大 32。例如，字母"A"的 ASCII 编码是 1000001（41H），对应的十进制数为 65；"a"的 ASCII 编码是 1100001（61H），对应的十进制数为 97。

虽然计算机只认识"0"和"1"，但是从键盘输入命令、程序时，并不需要将字符翻译成二进制数再输入，只需键入对应的符号，计算机会自动将其转换成二进制编码存储和处理。当输出结果时，计算机再将其转换为人们所能认识的字符，输出到屏幕或打印机上。

3．汉字编码

使用计算机进行信息处理时，一般都要用到汉字。对汉字信息的处理，一般都涉及汉字的输入、加工、存储和输出等几个方面。由于汉字是象形文字，且字形复杂，不能用几个确定的符号将汉字完全表示出来，汉字必须有自己独特的编码。

根据汉字信息处理系统对处理汉字的不同要求，将汉字的编码分为汉字输入码、汉字机内码、国标码和汉字字形码。计算机的汉字信息处理系统在处理汉字时，不同环节使用不同的编码，并根据不同的处理层次和不同的处理要求进行代码转换，汉字信息处理过程如图 1.3 所示。

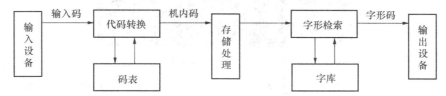

图 1.3　汉字信息处理过程

（1）汉字输入码

汉字输入码是为了将汉字通过键盘输入计算机而设计的代码。汉字输入码主要分为三类：数字编码、拼音码和字形码。数字编码就是用数字串代表一个汉字的输入，常用的是国标区位码；拼音码是以汉语读音为基础的输入方法。由于汉字同音字太多，输入重码率很高，按拼音输入后还必须进行同音字选择，影响了输入速度；字形编码是以汉字的形状确定的编码，如五笔字型输入法。

（2）内码

内码（汉字机内码）是计算机系统中用来表示中、西文信息的代码，也称汉字存储码。由于西文采用的是单字节的 ASCII 码，汉字系统在选取机内码时必须与 ASCII 码有所区别，以免产生歧义，也不能让汉字之间产生重码。

汉字在计算机内存储时，一般采用两字节表示汉字内码。汉字内码主要是用来对汉字进行存储、运算和编码等，它通常用汉字字库中的物理位置表示，还可以用汉字字库中的序号表示。

（3）交换码（国标码）

计算机与其他系统或设备之间交换汉字信息的标准编码称为汉字交换码，亦称国标码。

1981 年，我国颁布了国家标准《信息交换用汉字编码字符集——基本集》，其代号为"GB2312-80"，称为汉字国标码或汉字交换码。汉字国标码字符集共收录了汉字和图形符号 7 445 个，其中一级汉字 3 755 个、二级汉字 3 008 个和图形符号 682 个。一级汉字是使用频度较高的常用汉字，按汉语拼音字母顺序排列；不常用的汉字为二级汉字，按部首排列。我国于 2000 年 3 月 17 日生效的国家标准"GBl8030-2000"收录了 27 533 个汉字，"GBl8030-2005"《信息技术中文编码字符集》是在"GBl8030-2000"基础上增加了 CJK 统一汉字扩充 B 的汉字，其中收入汉字 70 000 余个。

在汉字交换码中，每个汉字用两字节表示，前面曾谈到汉字机内码也是用两字节表示，它们的区别在于国标码两字节的最高位都是"0"，而机内码两字节的最高位都是"1"，由此可以看出汉字国标码与机内码之间是一一对应的关系，只要将机内码的两字节的高位"1"变为"0"，则是该汉字的国标码，反之亦然。

（4）汉字字形码

汉字字形码是指汉字字库中存储的汉字字型的数字化信息码。它主要用于汉字输出时产生汉字字形。

输出汉字时都采用图形方式，无论汉字的笔画多少，每个汉字都可以写在同样大小的方块中，如图 1.4 所示。

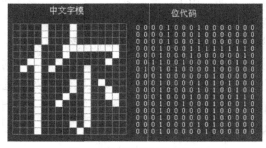

图 1.4　汉字字形码的点阵图

汉字字形码以点阵形式出现，上图是 16×16 点阵图，有汉字覆盖部分用 1 表示，否则用 0 表示，上图中的位代码就表示了一个汉字的汉字字形码。点阵越大、点数越多，分辨率就越高，输出的字型就越清晰美观。汉字字型有 16×16、24×24、32×32、48×48 及 128×128 等，存储一个 16×16 点阵的汉字需要 32B，且不同字体的汉字需要不同字体的字库。

1.4 计算机系统的组成

计算机系统就是按照人的要求接收和存储信息，自动进行处理和计算，并输出结果信息的机器系统。计算机系统由硬件系统和软件系统两大部分组成（见图1.5），前者是借助电、磁、光和机械等原理构成的各种物理设备的有机组合，是系统赖以工作的实体；后者是各种程序和文件，用于指挥全系统按照指定的要求进行工作。

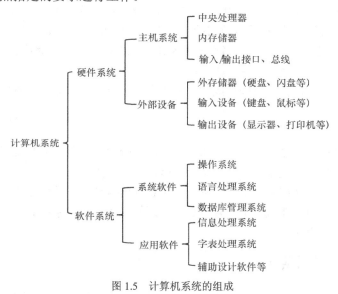

图 1.5 计算机系统的组成

1.4.1 计算机系统概述

1. 冯·诺依曼计算机

在研制 ENIAC 的过程中，著名的数学家冯·诺依曼（美籍匈牙利人）博士首先提出了计算机内存储程序的概念，并与莫尔小组合作设计了人类第一台具有内部存储程序功能的 EDVAC（电子离散变量自动计算机）。这台计算机有以下 3 个特点。

（1）EDVAC 包括运算器、控制器、存储器、输入设备和输出设备五大基本部件，以运算器为中心，由控制器控制，采用二进制存储和运算，指令由操作码和地址码组成，程序在存储器中顺序存储、顺序执行。

（2）用二进制模拟开关电路的两种状态，计算机要执行的指令和数据都用二进制表示。

（3）将编好的程序和数据送入内存储器，然后计算机自动地逐条取出指令和数据进行分析、处理和执行。

冯·诺依曼提出的计算机存储程序的概念和计算机硬件基本结构的思想，奠定了计算机发展的基础，现代计算机仍然保留这些工作原理和特征，因此冯·诺依曼被称为"计算机之父"，把发展至今的整个四代计算机称为"冯氏计算机"或"冯·诺依曼机"。

2．计算机的工作原理

按照冯·诺依曼"存储程序"的思想，为了能使计算机完成特定任务，用户必须根据该任务要求编写相应的程序，然后通过输入设备向控制器发出输入信息的请求，在得到控制器许可的情况下，输入设备把程序和数据送到存储器中并保存起来。随后，计算机系统就会在控制器的控制协调下，自动地运行程序，并把程序运行结果存入存储器。最后，在控制器的控制下输出设备把存储器中的运行结果输出，显示为用户容易识别的形式。

当需要计算机完成某项任务的时候，首先要将任务分解为若干个基本操作的集合，计算机所要执行的基本操作命令就是指令。整个计算机工作过程的实质就是指令的执行过程，因为控制器对各个部件的控制都是通过指令实现的。指令的执行过程可以分为以下 4 步。

（1）取指令。从存储器的某个地址中取出要执行的指令，送到控制器内部的指令寄存器中暂存。

（2）分析指令。把保存在指令寄存器中的指令送到指令译码器，译出该指令对应的微操作命令。

（3）执行指令。根据指令译码器向各个部件发出相应的控制信号，完成指令规定的各种操作。

（4）为执行下一条指令做好准备，即形成下一条指令地址。

计算机不断重复这个过程，直到组成程序的所有指令全部执行完毕，就完成了程序的运行，实现了相应的功能。

3．计算机系统的组成

一个完整的计算机系统由硬件系统和软件系统两部分组成。硬件系统是组成计算机系统的各种物理设备的总称，是计算机系统的物质基础。软件系统是为了运用、管理和维护计算机而编制的各种程序、数据和相关文档的总称。通常把不装备任何软件的计算机称为裸机。普通用户所面对的一般都不是裸机，而是在裸机上配置若干软件后构成的计算机系统。计算机系统的各种功能都是由硬件和软件共同完成的。

1.4.2　计算机的硬件系统

计算机的硬件系统一般由控制器、运算器、存储器、输入设备和输出设备 5 大部分组成，其结构示意图如图 1.6 所示。

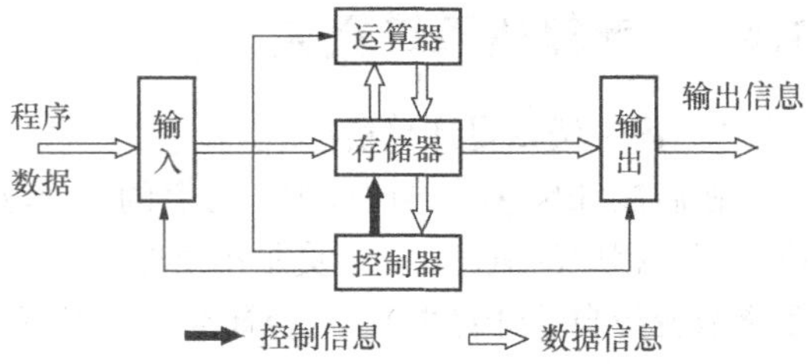

1．控制器

控制器是计算机的指挥中心，负责从存储器中取出指令，并对指令进行译码；根据指令的要求，按时间的先后顺序向其他各部件发出控制信号；保证各部件协调一致地工作。控制器主要由指令寄存器、译码器、程序计数器和操作控制器等组成。

图 1.6　计算机的硬件系统

2．运算器

运算器是计算机的核心部件，负责对信息进行加工处理。它在控制器的控制下与内存交换信息，并进行各种算术运算和逻辑运算，所以在运算器内部有一个算术逻辑单元（Arithmetic Logic Unit，ALU）。运算器还具有暂存运算结果的功能，它是由加法器、寄存器、累加器等逻辑电路组成。

控制器和运算器在结构关系上是非常密切的。到了第四代计算机，由于半导体工艺的进步，将运算器和控制器集成在一个芯片上，形成中央处理器（Central Processing Unit， CPU）。

3．存储器

存储器是计算机记忆或暂存数据的部件，它负责存放程序和数据。计算机中的全部信息，包括原始的输入数据、经过初步加工的中间数据及最后处理完成的有用信息都存放在存储器中。按照存储器的作用，可将其分为主存储器（内存）和辅助存储器（外存）。

存储器中能够存放的最大数据信息量称为存储器容量。存储器容量的基本单位是字节。存储器中存储的一般是二进制数据。

（1）主存储器

主存储器简称主存，是计算机系统的信息交流中心。绝大多数的计算机主存是由半导体材料构成的。按存取方式来分，主存又分为随机存储器（又称读写存储器）和只读存储器。

① 随机存储器（Random Access Memory，RAM）。RAM 的主要特点是既可以从中读出数据，又可以写入数据；它是短期存储器，只要断电，其存储内容将全部丢失。

RAM 按其结构可分为动态（Dynamic RAM）和静态（Static RAM）两大类。DRAM 的特点是集成度高，主要用于大容量内存储器；SRAM 的特点是存取速度快，主要用于高速缓冲存储器。

② 只读存储器（Read Only Memory，ROM）。ROM 的特点是只能读出原有内容，不能由用户再写入新内容。ROM 中的数据是厂家在生产芯片时以特殊的方式固化在上面的，用户一般不能修改。ROM 一般用来存放系统管理程序，即使断电其数据也不会丢失，比如固化在主板上的 BIOS 程序。

（2）辅助存储器

辅助存储器简称外存，属于外部设备，是内存的扩充。外存一般具有存储容量大、可长期保存暂时不用的程序和数据、信息存储性价比高等特点。通常，外存只与内存交换数据，而且存取速度也较慢。目前常用的外存有硬盘、光盘、U 盘等，早期的软盘逐渐被淘汰。

综上所述，内存的特点是直接与 CPU 交换信息，存取速度快，容量小，价格贵；外存的特点是容量大，价格低，存取速度慢，不能直接与 CPU 交换信息。内存用于存放立即要用的程序和数据；外存用于存放暂时不用的程序和数据。外存中的信息只有被调入内存后，才能被 CPU 处理，所以内存和外存之间常常频繁地交换信息。

4．输入设备

输入设备用于接受用户输入的原始程序和数据，它是重要的人机接口，负责将输入的程序和数据转换成计算机能识别的二进制代码，并放入内存中。常见的输入设备有键盘、鼠标、扫描仪等。

5．输出设备

输出设备可以将计算机运算处理的结果以用户熟悉的信息形式反馈给用户。通常输出形式有数字、字符、图形、视频、声音等类型。常见的输出设备有显示器、打印机、绘图仪等。

1.4.3 计算机软件系统

相对于计算机硬件而言，软件是计算机无形的部分，是计算机的灵魂。比如一个人，首先要有基本的骨骼架构（相当于计算机的硬件），还要有神经系统、循环系统、消化系统等（相当于计算机的软件），才能称为一个完整的人。软件可以对硬件进行管理、控制和维护。根据用途不用，软件可分为系统软件和应用软件。图 1.7 所示为计算机系统层次关系图。

1．系统软件

系统软件能够调度、监控和维护计算机资源，扩充计算机功能，提高计算机效率。系统软件是用户和裸机

图 1.7 计算机系统层次关系图

的接口，主要包括操作系统、语言处理程序、数据库管理系统等，其核心是操作系统。

（1）操作系统

操作系统（Operating System）是最基本、最重要的系统软件，是用来管理和控制计算机系统中硬件和软件资源的大型程序，也是其他软件运行的基础。操作系统负责对计算机系统的全部软硬件及数据资源进行统一控制、调度和管理。其主要作用就是提高系统的资源利用率，提供友好的用户界面，从而使用户能够灵活、方便地使用计算机。目前比较流行的操作系统有 Windows、UNIX、Linux 等。

（2）语言处理程序

人与人交流需要语言，人与计算机之间交流同样需要语言。人与计算机之间交流信息使用的语言称为程序设计语言。按照其对硬件的依赖程度，通常把程序设计语言分为 3 类：机器语言、汇编语言和高级语言。

① 机器语言（Machine Language）是一种用二进制代码"1"和"0"组成的一组代码指令，是唯一可以被计算机硬件识别和执行的语言。机器语言的优点是占用内存小、执行速度快。但机器语言编写程序的工作量大、程序可读性差、调试困难。

② 汇编语言（Assembly Language）是使用一些能反映指令功能的助记符来代替机器指令的符号语言。每条汇编语言的指令均对应唯一的机器指令。这些助记符一般是人们容易记忆和理解的英文缩写，如加法指令 ADD、减法指令 SUB、移动指令 MOV 等。汇编语言在编写、阅读和调试方面有很大进步，而且运行速度快，但是汇编语言仍然是一种编程复杂、可移植性差的语言。

③ 高级语言（High Level Programming Language）是一种独立于机器的算法语言。高级语言的表达方式接近于人们日常使用的自然语言和数学表达式，并且有一定的语法规则。高级语言编写的程序运行要慢一些，但是编程简单易学，可移植性好，可读性强，调试容易。常见的高级语言有 Basic、FORTRAN、C、Delphi、Java 等。

除机器语言以外，采用其他程序设计语言编写的程序，计算机都不能直接运行，这种程序称为源程序；必须将源程序翻译成等价的机器语言程序（目标程序），才能被计算机识别和执行。承担把源程序翻译成目标程序工作的是语言处理程序。

将汇编语言程序翻译成目标程序的语言处理程序称为汇编程序。将高级语言程序翻译成目标程序有两种方式——解释方式和编译方式，对应的语言处理程序是解释程序和编译程序。

➢ 解释程序：对高级语言程序逐句解释执行。这种方法的特点是程序设计的灵活性大，但程序的运行效率较低。Basic 语言就采用这种方法。

➢ 编译程序：把高级语言所写的程序作为一个整体进行处理，编译后与子程序库链接，形成一个完整的可执行程序。这种方法的缺点是编译和链接较费时，但可执行程序运行速度很快。FORTRAN 和 C 语言等都采用这种方法。

（3）数据库管理程序

数据库管理系统主要面向解决数据处理的非数值计算问题，对计算机中存放的大量数据进行组织、管理、查询。目前，常用的数据库管理系统有 SQL Server、Oracle、Mysql 和 Visual FoxPro 等。

（4）系统辅助处理程序

系统辅助处理程序是指一些为计算机系统提供服务的工具软件和支撑软件，如编辑程序、调试程序、系统诊断程序等。这些程序主要是为了维护计算机系统的正常运行，方便用户在软件开发和实施过程中的应用，如 Windows 中的磁盘整理工具程序等。

2．应用软件

应用软件是用户为解决各种实际问题而编制的计算机应用程序及其有关资料。如微软公司的 **Office** 系列就是针对办公应用的软件。根据服务对象的不同，应用软件可分为通用软件和专用软件。

（1）通用软件

为了解决某一类问题所涉及的软件称为通用软件。

通用软件的应用领域非常广，涵盖了生活的方方面面，很多问题都有相应的软件来解决。表 1.3 所示列举了一些主要应用领域使用的软件。

表 1.3　　　　　　　　　　　常用的应用软件

软 件 种 类	软 件 举 例
办公应用	Microsoft Office、WPS、Open Office
平面设计	Photoshop、Illustrator、Freehand、CorelDRAW
视频编辑和后期制作	Adobe Premiere、After Effects
网站开发	FrontPage、Dreamweaver
辅助设计	AutoCAD、Rhino、Pro/E
三维制作	3ds MAX、Maya
多媒体开发	Authorware、Director、Flash
程序设计	Visual Studio.Net、Boland C++、Delphi

（2）专用软件

专门适用特殊需求的软件称为专用软件。例如，用户自己组织人力开发的能自动控制生产过程的软件，用户单位将各种事务性工作集成起来智能化工作的软件等。

计算机系统是由硬件系统和软件系统组成。硬件是计算机系统的躯体，软件是计算机的灵魂。硬件的性能决定了软件的运行速度，软件决定了可进行的工作性质。硬件和软件是相辅相成的，只有将两者有效地结合起来，才能使计算机系统发挥应有的功能。

1.4.4　微型计算机的硬件系统

微型计算机也就是通常所说的 PC（Personal Computer）机，它产生于 20 世纪 70 年代末。微型计算机采用的是具有高集成度的器件，不仅体积小、重量轻、价格低、结构简单，而且操作方便、可靠性高。

从基本的硬件结构上看，微型计算机的核心是微处理器（Microprocessor）。从外观上看，微型计算机的基本硬件包括主机、显示器、键盘、鼠标。主机箱内还包括主板、硬盘、存储器、电源和插在主板 I/O 总线扩展槽上的各种功能扩展卡。微型计算机还可以包含其他一些外部设备，如打印机、扫描仪等。

1．主板（MainBoard）

微机的主机及其附属电路都装在一块电路板上，称为主机板，又称为主板或系统板，如图 1.8 所示。为了与外围设备连接，在主板上还安装有若干个接口插槽，可以在这些插槽上插入与不同外围设备连接的

图 1.8　主板

接口卡。主板上有控制芯片组、CPU 插座、BIOS 芯片、内存条插槽，也集成了一些连接其他部件的接口，例如硬盘、USB、总线扩展槽等。

主板是微型计算机的主体和控制中心，它几乎集成了全部系统的功能，控制着各部分之间的指令流和数据流。不同型号的微型计算机的主板也是不一样的。

2．中央处理器（CPU）

中央处理器（CPU）也称为微处理器，如图 1.9 所示，它是利用超大规模集成电路技术，把计算机的 CPU 部件集成在一小块芯片上，形成一个独立的部件。微处理器中包括运算器、控制器、寄存器、时钟发生器、内部总线和高速缓冲存储器（Cache）等。

图 1.9　CPU

CPU 是微型计算机的核心，它的性能决定了整个计算机的性能。

衡量 CPU 性能的最重要指标之一是字长，即 CPU 一次能直接处理的二进制数据的位数。CPU 的字长有 8 位、16 位、32 位和 64 位。字长越长，运算精度越高，处理能力越强。早期的 80286 是 16 位 CPU，80386 和 80486 是 32 位 CPU，Pentium 系列虽然也是 32 位，但 Pentium D 的双内核是 64 位 CPU。目前主流 CPU 使用 64 位技术的主要有 AMD 公司的 AMD 64 位技术、Intel 公司的 EM64T 技术和 IA-64 技术，另外还有四核、八核 CPU 等。

CPU 另一个重要性能指标是主频。主频是指 CPU 的工作时钟频率，它在很大程度上决定了 CPU 的运行速度。主频越高，CPU 的运算速度越快。主频通常用 MHz（兆赫兹）表示。80486 的主频从 33MHz 到 100MHz，Pentium 系列的主频从 60MHz 到 3.2GHz 及以上。

随着制作工艺的发展，CPU 的核心数目也成了衡量 CPU 性能的一个重要指标。多内核是指在一枚处理器中集成两个或多个完整的计算引擎（内核）。多个内核可以有效地提高机器的整体性能。

3．总线（Bus）

总线是信号线的集合，是模块间传输信息的公共通道，通过它实现计算机各个部件之间的通信，进行各种数据、地址和控制信息的传送，这组公共信号线就称为总线。总线是计算机各部件的通信线。

总线可以从不同的层次和角度进行分类。按相对于 CPU 或其他芯片的位置，可分为片内总线（Internal Bus）和片外总线（External Bus）。按总线的功能，可分为地址总线（Address Bus）、数据总线（Data Bus）和控制总线（Control Bus）三类。按照总线的传送方式，可分为并行总线（Parallel Bus）和串行总线（Serial Bus）。

4．存储器

存储器将输入设备接收到的信息以二进制的数据形式存到存储器中，它的主要功能是存放程序和数据。存储器分为内存储器和外存储器。

（1）内存储器

微型计算机的内存储器是由半导体器件构成的，又称为主存。图 1.10 所示是内存条示意图，它存储的信息可以被 CPU 直接访问。从使用功能上来看，内存储器可以分为随机存储器（Random Access Memory，RAM）、只读存储器（Read Only Memory，ROM）和高速缓冲存储器（Cache）。

随机存储器（RAM）和只读存储器（ROM）在前面已有介绍。

高速缓冲存储器（Cache）是指在 CPU 和内存之间设置的一级或两级高速小容量存储器，称为高速缓冲存储器。在计算机工作时，系统先将数据由外存读入 RAM 中，再由 RAM 读入 Cache 中，然后 CPU 直接从 Cache 中读取数据进行操作。设置 Cache 就是为了解决 CPU 速度与 RAM 的速度不匹配问题。

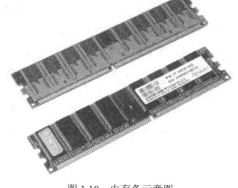

图 1.10　内存条示意图

（2）外存储器

外存储器又称辅助存储器，主要有硬盘存储器、光盘存储器和移动存储器等。

外存储器由于不能和 CPU 进行直接的数据交换，只能与内存交换信息，故称为外存储器，简称外存或辅存。外存通常是磁性介质或光盘，像硬盘、软盘、磁带、CD 等能长期保存信息，并且不依赖于电来保存信息。由于是机械部件带动，速度与 CPU 相比就显得慢得多。

① 硬盘

将读写磁头、电动机驱动部件和若干涂有磁性材料的铝合金圆盘密封在一起构成了硬盘。硬盘是计算机最重要的外存储器，具有比软盘大得多的容量和快得多的速度，而且可靠性高，使用寿命长。计算机的操作系统、大量的应用软件和数据都存放在硬盘上。硬盘容量有 320GB、500GB、750GB、1TB、2TB、3TB 等。目前，市场上能买到的硬盘最大容量可以为 8TB。硬盘的外观和内部驱动装置如图 1.11 和图 1.12 所示。

② 光盘

光盘存储器是利用光学方式进行信息存储的设备，由光盘和光盘驱动器组成。

图 1.11　硬盘的外观

光盘不像磁盘是利用表面磁化状态的不同，而是利用表面有无凹痕来表示信息，有凹痕的记录"0"，无凹痕的记录"1"。写入数据时，用高能激光照射盘片，灼烧形成凹痕；读取数据时，用低能激光照射盘片，在无凹痕处准确反射至光敏二极管，而有凹痕处因散射而被吸收，二极管接收到反射光时记"1"，否则记"0"。光盘通常分为只读型光盘 CD-ROM、一次写入型光盘 CD-R 和可重写型光盘 CD-RW 等。光盘及其驱动器如图 1.13 和图 1.14 所示。

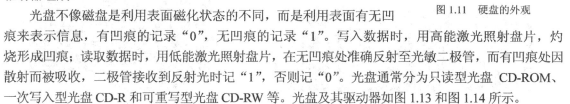

图 1.12　硬盘的内部

图 1.13　光盘片

图 1.14　光盘驱动器

盘片
主轴
磁头
Z
音圈马达

③ 移动存储器

移动存储器无需驱动器和额外电源，只需从其采用的标准 USB 接口总线取电，可热插拔，读/写速度快，存储容量大，另外还具有价格便宜、体积小巧、外形美观、易于携带等特点。目前人们最常用的是移动闪存（U 盘）和移动硬盘。

移动闪存又称 U 盘，它具有 RAM 存取数据速度快和 ROM 保存数据不易丢失的双重优点，且体积小，容量大，性价比高，使用方便，它已经取代人们使用多年的软盘而成为微型计算机的一种常用移动存储设备，如图 1.15 所示。

移动硬盘是通过相关部件将 IDE 转换成 USB 接口（或 Firewire 接口）连接到微型计算机上，从而完成读/写数据的操作，如图 1.16 所示。

图 1.15　U 盘　　　　　　　　　图 1.16　移动硬盘

5．输入设备（Input Device）

输入设备是将数据、程序、文字符号、图像、声音等信息输送到计算机中。常用的输入设备有键盘、鼠标、触摸屏、数字转换器等。

（1）键盘（Keyboard）

键盘是最常用也是最主要的输入设备，通过键盘，可以将英文字母、数字、标点符号等输入到计算机中，从而向计算机发出命令、输入数据等，图 1.17 所示是标准 104 键盘，图 1.18 所示是人体工程学键盘。

图 1.17　标准 104 键盘　　　　　　　图 1.18　人体工程学键盘

（2）鼠标（Mouse）

鼠标因形似老鼠而得名，如图 1.19 所示。"鼠标"的标准称呼应该是"鼠标器"，全称为"橡胶球传动之光栅轮带发光二极管及光敏三极管之晶元脉冲信号转换器"或"红外线散射之光斑照射粒子带发光半导体及光电感应器之光源脉冲信号传感器"。

鼠标是用来控制显示器所显示的指针光标（pointer），从出现到现在已经有 40 年的历史，鼠标的出现使计算机的操作更加简便，可以代

图 1.19　鼠标

替键盘的一些繁琐的指令。

（3）触摸屏（Touch Screen）

触摸屏是一种覆盖了一层塑料的特殊显示屏，在塑料层后是互相交叉且不可见的红外线光束。用户通过手指触摸显示屏来选择菜单项。触摸屏的特点是容易使用，例如自动柜员机（Automated Teller Machine，ATM），还可以在信息中心、饭店、百货商场等场合看到触摸屏。

（4）数字转换器（Digitizer）

数字转换器是一种用来描绘或拷贝图画或照片的设备。把需要拷贝的内容放置在数字化图形输入板上，然后通过一个连接计算机的特殊输入笔描绘这些内容。随着输入笔在拷贝内容上的移动，计算机记录它在数字化图形输入板上的位置，当描绘完整个需要拷贝的内容后，图像能在显示器上显示、在打印机上打印或者存储在计算机系统上以便日后使用。数字转换器常常用于工程图纸的设计。

（5）扫描仪（Scanner）

扫描仪是一种光电一体化的设备，属于图形式输入设备，如图 1.20 所示。人们通常将扫描仪用于各种形式的计算机图像、文稿的输入，进而实现对这些图像形式信息的处理、管理、使用、存储和输出。目前，扫描仪广泛应用于出版、广告制作、多媒体、图文通信等领域。

除此之外的输入设备，还有游戏杆、光笔、数码相机、数字摄像机、图像扫描仪、传真机、条形码阅读器、语音输入设备等。

6．输出设备

输出设备将计算机的运算结果或者中间结果打印或显示出来。常用的输出设备有显示器、打印机、绘图仪和传真机等。

（1）显示器（Display）

显示器也叫监视器，是微机中最重要的输出设备之一，也是人机交互

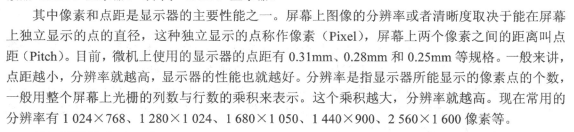

图 1.20 扫描仪

必不可少的设备。按照显示器的工作原理，可以将显示器分为 3 类：阴极射线管（CRT）显示器、液晶（LCD）显示器、等离子（PDP）显示器。

其中像素和点距是显示器的主要性能之一。屏幕上图像的分辨率或者清晰度取决于能在屏幕上独立显示的点的直径，这种独立显示的点称作像素（Pixel），屏幕上两个像素之间的距离叫点距（Pitch）。目前，微机上使用的显示器的点距有 0.31mm、0.28mm 和 0.25mm 等规格。一般来讲，点距越小，分辨率就越高，显示器的性能也就越好。分辨率是指显示器所能显示的像素点的个数，一般用整个屏幕上光栅的列数与行数的乘积来表示。这个乘积越大，分辨率就越高。现在常用的分辨率有 1 024×768、1 280×1 024、1 680×1 050、1 440×900、2 560×1 600 像素等。

（2）打印机（Printer）

打印机是计算机最基本的输出设备之一。它将计算机的处理结果打印在纸上。打印机按印字方式可分为击打式和非击打式两类。击打式打印机是利用机械动作，将字体通过色带打印在纸上，根据印出字体的方式又可分为活字式打印机和点阵式打印机。

非击打式打印机主要有激光打印机和喷墨打印机。

激光打印机打印效果清晰，质量高，而且速度快，噪声低。激光打印机是目前打印速度最快的一种。由于价格的下降和出色的打印效果，激光打印机已经被越来越多的人所接受。喷墨打印机具有打印质量较高、体积小、噪声低的特点。喷墨打印机的打印质量优于针式打印机，但是需要时常更换墨盒。

（3）绘图仪（Plotter）

绘图仪是能按照人们要求自动绘制图形的设备。它可将计算机的输出信息以图形的形式输出，

主要可绘制各种管理图表和统计图、大地测量图、建筑设计图、电路布线图、各种机械图与计算机辅助设计图等。

1.4.5　微型计算机的主要性能指标

衡量微型计算机性能的主要技术指标有字长、主频、运算速度、内存容量。

1. 字长

字长是 CPU 一次能直接传输、处理的二进制数据位数，是衡量微型计算机性能的一个重要指标。字长标志着处理信息的精度，字长越长，运算精度越高，处理能力就越强。目前，PC 机的字长一般为 32 位或 64 位。

2. 主频

主频指的是计算机的时钟频率。时钟频率是指 CPU 在单位时间（秒）内发出的脉冲数，通常以吉赫兹（GHz）为单位。主频越高，周期就越短，在相同时间内执行的指令就越多，计算机的运算速度就越快。CPU 主频是决定计算机运算速度的关键指标，一般用户在购买微机时主要根据主频来选择 CPU 芯片。

3. 运算速度

运算速度用每秒所能执行的指令条数来表示，单位是百万条指令/秒，用 MIPS 表示，是衡量计算机档次的一项核心指标。计算机的运算速度不但与 CPU 的主频有关，还与字长、内存、主板、硬盘等有关。

4. 内存容量

内存容量是指随机存取存储器（RAM）存储容量的大小，以字节为单位来计算。内存容量越大，所能存储的数据和运行的程序就越多，程序运行速度也越快，计算机处理信息的能力也越强。

1.5　计算机病毒及其防治

在计算机网络日益普及的今天，几乎所有的计算机用户都或多或少地受到过计算机病毒的侵害。了解计算机病毒特征，学会如何预防、消灭计算机病毒是非常必要的。

所谓计算机病毒是指病毒编制者利用计算机软件或硬件的缺陷而蓄意编制出来的具有破坏计算机数据并影响计算机正常工作、能够自我复制的一组计算机指令或者程序代码。计算机病毒具有破坏性、复制性、隐蔽性和传染性等。

1.5.1　计算机病毒的实质和症状

1. 计算机病毒的实质

计算机病毒（Computer Virus）在《中华人民共和国计算机信息系统安全保护条例》中被明确定义，病毒是指"编制者在计算机程序中插入的破坏计算机功能或者破坏数据，影响计算机使用并且能够自我复制的一组计算机指令或者程序代码"。

与医学上的"病毒"不同，计算机病毒不是天然存在的，是某些人利用计算机软件和硬件所固有的脆弱性编制的一组指令集或程序代码。它能通过某种途径潜伏在计算机的存储介质（或程序）里，当达到某种条件时即被激活，通过修改其他程序的方法将自己的精确复制或者可能演化的形式放入其他程序中，从而感染其他程序，对计算机资源进行破坏。所谓的病毒就是人为造成的，对其他用户的危害性很大。

2．计算机病毒的表现症状

一旦计算机出现病毒，通常表现为以下症状。

（1）计算机系统运行速度减慢，或系统引导速度减慢。

（2）计算机系统经常无故发生死机，或系统异常重新启动。

（3）计算机系统中的文件长度发生变化。

（4）计算机存储的容量异常减少。

（5）丢失文件或文件损坏。

（6）计算机屏幕上出现异常显示。

（7）计算机系统的蜂鸣器出现异常声响。

（8）系统不识别硬盘或磁盘卷标发生变化。

（9）对存储系统异常访问。

（10）键盘输入异常。

（11）文件的日期、时间、属性等发生变化。

（12）文件无法正确读取、复制或打开。

（13）命令执行出现错误。

（14）虚假报警。

（15）切换当前盘。有些病毒会将当前盘切换到 C 盘。

（16）Windows 操作系统无故频繁出现错误。

（17）一些外部设备工作异常。

（18）异常要求用户输入密码。

（19）Word 或 Excel 提示执行"宏"。

（20）使不应驻留内存的程序驻留内存。

3．计算机病毒的特点

（1）繁殖性

计算机病毒可以像生物病毒一样进行繁殖，当正常程序运行的时候它也运行，并进行自身复制。具有繁殖和传染的特征是判断某段程序为计算机病毒的首要条件。

（2）破坏性

计算机中毒后，可能会导致正常的程序无法运行，计算机内的文件被删除或受到不同程度的损坏，通常表现为增、删、改、移。

（3）传染性

计算机病毒不但本身具有破坏性，更有害的是具有传染性，一旦病毒被复制或产生变种，其传染速度之快令人难以预防。

（4）潜伏性

有些病毒像定时炸弹一样，让它什么时间发作是预先设计好的，如黑色星期五病毒，不到预定时间一点都觉察不出来，等到条件具备的时候一下子就爆炸开来，对系统进行破坏。一个编制精巧的计算机病毒程序，进入系统之后一般不会马上发作，因此病毒可以静静地躲在磁盘或磁带里呆上几天，甚至几年，一旦时机成熟得到运行机会，就要四处繁殖、扩散，从而造成危害。潜伏性的第二种表现是指，计算机病毒的内部往往有一种触发机制，不满足触发条件时，计算机病毒除了传染外不做什么破坏。触发条件一旦得到满足，有的在屏幕上显示信息、图形或特殊标识，有的则执行破坏系统的操作，如格式化磁盘，删除磁盘文件，对数据文件做加密，封锁键盘，使系统死锁等。

（5）隐蔽性

计算机病毒具有很强的隐蔽性，有的可以通过病毒软件检查出来，有的根本就查不出来，还有的时隐时现、变化无常，这类病毒处理起来会很困难。

（6）可触发性

因某个事件或数值的出现，诱使病毒实施感染或进行攻击的特性称为可触发性。为了隐蔽自己，病毒必须潜伏、少做动作。如果完全不动、一直潜伏的话，病毒既不能感染也不能进行破坏，便失去了杀伤力。若病毒既要隐蔽又要维持杀伤力，那么它必须具有可触发性。病毒的触发机制就是用来控制感染和破坏动作频率的。病毒具有预定的触发条件，这些条件可能是时间、日期、文件类型或某些特定数据等。病毒运行时，触发机制检查预定条件是否满足，如果满足，启动感染或破坏动作，使病毒进行感染或攻击；如果不满足，病毒将继续潜伏。

1.5.2　计算机病毒的预防

提高系统的安全性是预防病毒的一个重要方面，但完美的系统是不存在的；另一方面，做好信息保密工作，加强内部网络管理人员以及使用人员的安全意识。病毒与反病毒将作为一种技术对抗长期存在，两种技术都将随计算机技术的发展而得到长期发展。

做好计算机病毒的预防是防治病毒的关键。

计算机病毒的预防措施如下所述。

（1）打好补丁。及时下载、安装最新的操作系统安全漏洞补丁。

（2）不使用盗版或来历不明的软件。

（3）安装专业的杀毒软件并进行全面监控，要经常进行升级。

（4）用户需要安装个人防火墙软件进行防黑，尤其在玩网络游戏时，要打开个人防火墙。

（5）慎重对待陌生邮件和垃圾邮件的附件，慎用网络下载。

（6）准备一张干净的系统引导盘，并将常用的工具软件拷贝到该盘上，然后妥善保存。此后一旦系统受到病毒侵犯，就可以使用该盘引导系统，进行检查、杀毒等操作。

（7）对外来程序要使用查毒软件进行检查，未经检查的可执行文件不能拷入硬盘，更不能使用。

（8）设置一个比较安全的系统密码，关闭系统默认的网络共享，防止局域网入侵或弱口令蠕虫传播。定期检查系统配置实用程序启动选项卡情况，并对不明的 Windows 服务予以停止。

（9）将硬盘引导区和主引导扇区备份下来，并经常对重要数据进行备份。

（10）不要随意浏览黑客网站或色情网站。

1.6　计算机安全使用知识

随着计算机和网络技术的日益发展与普及，计算机的安全问题越来越受到人们的重视。计算机应用领域的拓展要求人们必须利用加密和入侵检测等措施使计算机内存储的数据和相关的个人信息受到保护；同时，计算机本身同样需要保护，以避免自然灾害、偷窃、破坏的行为发生。计算机安全防范无论对个人用户还是企业用户来说，都非常重要。

1.6.1 计算机黑客

信息时代的政治、军事、经济、科技、教育、文化等各个方面都越来越网络化，并且逐渐成为人们生活、娱乐的一部分。信息已成为物质和能量以外维持人类社会的第三资源，它是未来生活中的重要介质。而随着计算机的普及和因特网技术的迅速发展，黑客也随之出现了。

1. 计算机黑客的概念

黑客（Hacker），早期在美国的电脑界是带有褒义的。他们都是水平高超的电脑专家，尤其是程序设计人员，通常是指对计算机科学、编程和设计方面具高度理解的人。

随着网络技术的发展，人们将黑客定义为利用公共通信网路，如互联网和电话系统，在未经授权的情况下载入对方系统访问计算机文件或网络，研究、智取用户计算机安全系统的人员。这些人员精通各种编程语言和各类操作系统，伴随着计算机和网络的发展而产生和成长。他们都是擅长 IT 技术的人群，对计算机技术和网络技术非常精通，了解系统的漏洞及其原因所在，喜欢非法闯入并以此作为一种智力挑战而沉醉其中。有些黑客仅仅是为了验证自己的能力而非法闯入，并不一定对信息系统或网络系统产生破坏作用。但目前也有很多黑客从事恶意破解商业软件、恶意入侵别人的网站等事务，破坏网络的安全和造成网络瘫痪，给人们带来巨大的经济和精神损失。我们有必要了解一下黑客的攻击手段和方法，做好针对性的预防。

2. 黑客攻击的步骤

（1）利用系统漏洞进行攻击

这是一种最普通的攻击手法，任何一种软件或操作系统都有它的漏洞，因而利用操作系统本身的漏洞来入侵、攻击网站也成为了一种最普遍的攻击手法。由于网络安全管理员的安全意识低下，没有及时对系统漏洞进行修补或选用默认安装的方式，从而使黑客使用病毒和木马通过这些漏洞攻击和破坏。

（2）通过电子邮件进行攻击

这属于一种简单的攻击方法，一般有三种情况。

① 攻击者给受害人发送大量的垃圾信件，导致受害人信箱的容量被完全占用，从而停止正常的收发邮件。

② 非法使用受害服务器的电子邮件服务功能，向第三方发送垃圾邮件，为自己做广告或是宣传产品等，这样就使受害服务器负荷。

③ 一般公司的服务器可能把邮件服务器和 Web 服务器都放在一起，攻击者可以向该服务器发送大量的垃圾邮件，这些邮件可能都塞在一个邮件队列中或者就是坏邮件队列中，直到邮箱被撑破或者把硬盘塞满。这样，就实现了攻击者的攻击目的。

（3）破解攻击

破解攻击是网上攻击最常用的方法，入侵者通过系统常用服务或对网络通信进行监听来搜集账号，当找到主机上的有效账号后，就采用字典穷举法进行攻击，或者他们通过各种方法获取PASSWORD 文件，然后猜测口令，成功破译用户的账号和密码。

（4）后门程序攻击

为了长期控制目标主机，黑客伪造合法的程序，偷偷侵入用户系统从而获得系统的控制权。例如特洛伊木马就是一种后门程序，它提供某些功能作为诱饵，当目标计算机启动时木马程序随之启动，然后在某一特定的端口监听，通过监听端口收到命令后，木马程序会根据命令在目标计算机上执行一些操作，如传送或删除文件，窃取口令、重新启动计算机等。

（5）拒绝服务攻击

拒绝服务攻击是入侵者的攻击方法，在入侵目标服务器无法得逞时，可以利用拒绝服务攻击使服务器或网络瘫痪。通过发送大量合法请求，进行恶意攻击导致服务器资源耗尽，不能对正常的服务请求做出响应。可以说拒绝服务攻击是入侵者的终极手法。

（6）缓冲区溢出攻击

缓冲区溢出攻击可以说是入侵者的最爱，是入侵者使用最多的攻击漏洞。溢出区是内存中存放数据的地方，在程序试图将数据放到计算机内存中的某一个地方时，因为没有足够的空间就会发生缓冲区溢出。而人为溢出则是攻击者编写一个超出溢出区长度的字符串，然后植入缓冲区，这样就可能导致两种结果。一是过长的字符串覆盖了相邻的存储单元引起程序运行错误，有时可能导致系统崩溃；二是通过把字符串植入缓冲区，从而获得系统权限，可以执行任意指令。

3．防止黑客攻击的方法

（1）选用安全的口令

不要以用户名（账号）作为口令，不要以用户名（账号）的变换形式作为口令，不要使用生日、常用的英文单词、电话号码等作为口令，密码的长度最好在 8 位字符以上，包含数字、大写字母、小写字母和键盘上的特殊字符。口令不得以明文方式存放于系统中，确保口令以加密的形式写在硬盘上并且包含口令的文件是只读的。定期改变口令，尤其是对于那些具有高安全特权的口令更应经常地改变。

（2）实施存取控制

存取控制规定何种主体对何种客体具有何种操作权力。存取控制是内部网安全理论的重要方面。它包括人员权限、数据标识、权限控制、控制类型、风险分析等内容。

（3）保证数据的完整性

完整性是在数据处理过程中，在原来数据和现行数据之间保持完全一致的证明手段。一般常用数字签名和数据谪压算法来保证。

（4）确保数据的安全

通过加密算法对数据进行加密，并采用数字签名及认证来确保数据的安全。

（5）使用安全的服务器系统

如今可以选择的服务器系统是很多的，如 UNIX、Windows NT、Novell、Intranet 等，但是关键服务器最好使用 UNIX 系统。

（6）不断完善服务器系统的安全性能

很多服务器系统都被发现有不少漏洞，某些漏洞会让入侵者很容易进入到用户的系统，并很快在黑客中传播。因此，用户一定要注意防范。软件开发商会不断在网上发布系统的补丁。为了保证系统的安全性，应随时关注这些信息，及时自动修复并完善自己的系统，以防黑客攻击。

（7）做好数据的备份工作

这是非常关键的一个步骤，有了完整的数据备份，即使遭到攻击或系统出现故障时也能迅速恢复系统，挽回损失。

（8）安装防火墙和杀毒软件，并保持病毒库更新到最新状态

在 Internet 上的 Web 网点中，超过三分之一的 Web 网点都是由某种形式的防火墙加以保护，这是对黑客防范最严、安全性较强的一种方式。任何关键性的服务器，都建议放在防火墙之后，任何对关键服

务器的访问都必须通过代理服务器。这虽然降低了服务器的交互能力，但为了安全，这点牺牲是值得的。

1.6.2　钓鱼网站

钓鱼网站通常是指伪装成银行及电子商务等网站，目的是窃取用户提交的银行账号、密码等私密信息。

1. 什么是钓鱼网站

"钓鱼"是一种网络欺诈行为，是指不法分子利用各种手段仿冒真实网站的网址以及页面内容，或者利用真实网站服务器程序上的漏洞在站点的某些网页中插入危险的 HTML 代码，以此来骗取用户银行或信用卡账号、密码等私人资料，以谋取私利。

钓鱼网站传播的最主要途径是即时通信工具和社交网络。

2. 钓鱼网站的表现形式

（1）钓鱼网站的网址与真网站网址较为接近。由于国内注册域名的成本非常低，不法分子为增强假网站的欺骗性，往往使用和真实网站网址非常相似的域名。

（2）钓鱼网站的页面形式和内容与真网站较为相似。假冒网站的页面往往使用正规网站的 LOGO、图表、新闻内容和链接，而且在布局和内容上与真实网站非常相似。

3. 钓鱼网站的行骗手段

（1）通过病毒。使用一些电脑病毒程序、垃圾软件等将假网站地址发送到客户的电脑上，或放在搜索网站上诱骗客户登录，以窃取客户卡号、密码等信息。

（2）通过手机短信。利用手机短信，冒充银行向客户发送诈骗短信，声称客户中奖或账户被他人盗用等，要求客户尽快登录到短信中指定的网站进行身份验证。如客户登录该网站并进行操作，客户的卡号、密码、身份证件等信息将会被不法分子获悉。

（3）通过冒充银行邮箱。以垃圾邮件的形式大量发送欺诈性邮件，引诱客户登录假网站。这些邮件多以中奖、顾问、对账等内容，或是以银行账号被冻结、银行系统升级等各种理由，要求收件人点击邮件上的链接地址，登录一个酷似银行网页的界面，而用户一旦在这个指定的登录界面输入了自己的卡（账）号、密码等，这些信息就会被窃取。

（4）建立假电子商务网站和假的支付页面。首先建立一个假的电子商务网站，然后在淘宝网、腾讯网等支付平台网站发布虚假的商品信息，该信息中的商品价格往往比市场同类商品便宜很多，同时不法分子还会留下自己的 QQ 号或者 MSN 等即时通信工具号码以及假电子商务网站的网址。当客户对该网站销售的便宜商品动心，并通过该网站进行购物并支付时，就会链接到一个假的银行支付页面，客户在假支付页面输入的卡号、密码等信息就会被不法分子获取。

1.6.3　计算机犯罪

计算机犯罪是随着计算机技术和网络技术的发展与普及而产生的一种新型犯罪。它是指运用计算机技术，借助于网络对用户计算机系统或信息安全进行攻击、破坏或利用网络进行其他犯罪的总称。计算机犯罪的本质特征是危害网络及其信息的安全与秩序。

同传统的犯罪相比，计算机网络犯罪具有一些独特的特点：智能性、隐蔽性、复杂性、跨国性、匿名性、低龄化等。常见的计算机犯罪类型主要包括以下几种。

（1）网络入侵，散布破坏性病毒、逻辑炸弹或者放置后门程序犯罪。

这种计算机网络犯罪行为以造成最大的破坏性为目的，入侵的后果往往非常严重，轻则造成系统局部功能失灵，重则导致计算机系统全部瘫痪，经济损失较大。

（2）网络入侵，偷窥、复制、更改或者删除计算机信息犯罪。

网络的发展使得用户的信息库实际上如同向外界敞开了一扇大门，入侵者可以在受害人毫无察觉的情况下侵入信息系统，进行偷窥、复制、更改或者删除计算机信息，从而损害正常使用者的利益。

（3）网络诈骗、教唆犯罪。

由于网络具有传播快、散布广、匿名性的特点，有关在因特网上传播信息的法规远不如传统媒体监管那么严格与健全，这为虚假信息与误导广告的传播开了方便之门，也为利用网络传授犯罪手法、散发犯罪资料、鼓动犯罪开了方便之门。

（4）网络侮辱、诽谤与恐吓犯罪。

出于各种目的，向各电子信箱、公告板粘贴发送大量有人身攻击性的文章或散布各种谣言，更有恶劣者利用各种图像处理软件进行人像合成，将攻击目标的头像与某些黄色图片拼合形成所谓的写真照加以散发。由于网络具有开放性的特点，发送成千上万封电子邮件是轻而易举的事情，其影响和后果绝非传统手段所能比拟。

（5）网络色情传播犯罪。

由于因特网支持图片的传输，大量色情资料就横行其中，随着网络速度的提高和多媒体技术的发展以及数字压缩技术的完善，色情资料就越来越多地以声音和影片等多媒体方式出现在因特网上。

在科技发展迅猛的今天，世界各国对网络的利用和依赖将会越来越多，因而网络安全的维护变得越来越重要。计算机犯罪能使一个企业倒闭、使个人隐私泄露或使一个国家经济瘫痪，这些绝非危言耸听。

1.7　拓展实训

1.7.1　防病毒软件的安装和使用

请从网上（建议是 360 公司官网 http://www.360.com）下载 360 安全卫士和 360 杀毒软件，修改安装目录，建议安装在 D 盘，运行界面如图 1.21 和图 1.22 所示。

图 1.21　360 安全卫士界面

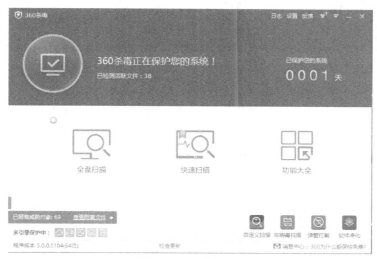

图 1.22　360 杀毒界面

请进行如下操作。

（1）进行电脑清理。

（2）进行全盘扫描，查杀病毒木马。

（3）修复电脑异常，更新补丁，确保电脑安全。

（4）进行系统、硬盘、网络、开机的优化加速。

1.7.2　在线模拟组装计算机

请同学们注册登录 ZOL 模拟攒机（http://zj.zol.com.cn/），如图 1.23 所示，有微博或 QQ 账户的可以不用注册直接登录，为自己或朋友选购配置一款经济实惠型的家用微机，选择合适的 CPU、主板、内存、硬盘、显卡、机箱、电源、显示器、散热器、鼠标、键盘、声卡（可选择集成声卡）、网卡（可选择集成网卡）等，配置清单如图 1.24 所示。

图 1.23　ZOL 模拟攒机界面

配置清单　参数　兼容与接口

配置	品牌型号	数量	价格	商家数量	操作
CPU	Intel 酷睿i5 6500	1	¥1399	119家商家	立即购买
主板	技嘉GA-J1900M-D2P(rev.1.1)	1	¥699	113家商家	查询底价
内存	金士顿8GB DDR3 1600（KVR16N11/8）	1	¥209	60家商家	查询底价
硬盘	希捷1TB 7200转128MB（ST1000NM0033）	1	¥679	31家商家	查询底价
机箱	游戏悍将太极-赤红	1	¥499	25家商家	查询底价
电源	游戏悍将刀锋50 AK450	1	¥228	12家商家	查询底价
散热器	九州风神HTPC-200	1	¥69	4家商家	查询底价
显示器	三星S24E510C	1	¥1300	70家商家	查询底价
鼠标	雷柏V20游戏鼠标	1	¥139	1家商家	查询底价
键盘	雷柏V510网吧版防水背光游戏机械键盘	1	¥199	1家商家	查询底价
音箱	惠威M200MKII	1	¥1096	15家商家	查询底价

编辑此配置　总计：¥6516元

图 1.24　配置清单

习题 1

一、单项选择题

1．完整的计算机系统是由（　　）组成的。

A．主机和外设　B．硬件和软件

C．处理器和存储器　D．系统软件和应用软件

2．存储器的基本存储单位是（　　）。

A．字节　B．位　C．字　D．ASCII 码

3．在计算机中，一个字节由（　　）个二进制位组成。

A．2　B．4　C．8　D．16

4．对于 R 进制数，在每一位上的数字可以有（　　）种。

A．R　B．R−1　C．R/2　D．R+1

5．冯 • 诺依曼结构计算机的五大部件是指（　　）。

A．RAM、运算器、磁盘驱动器、键盘、I/O 接口

B．ROM、控制器、打印机、显示器、键盘

C．存储器、鼠标器、显示器、键盘、微处理器

D．运算器、控制器、存储器、输入设备、输出设备

6．计算机系统中 CPU 是指（　　）。

A．内存储器和运算器　B．控制器和运算器

C．输入设备和输出设备　D．内存储器和控制器

7．计算机主机是指（　　）。

A．CPU 和运算器　B．CPU 和内存储器

C．CPU 和外存储器　　　　　　　　D．CPU、内存储器和 I/O 接口

8．存取周期最短的存储器是（　　　）。

  A．硬盘　　　　　　B．内存　　　　　　C．U 盘　　　　　　D．光盘

9．二进制 11100111 转换成十六进制数是（　　　）。

  A．77　　　　　　B．D7　　　　　　C．E7　　　　　　D．F7

10．对于 ASCII 码在机器中的表示，下列说法正确的是（　　　）。

  A．使用 8 位二进制代码，最右边一位是 0

  B．使用 8 位二进制代码，最右边一位是 1

  C．使用 8 位二进制代码，最左边一位是 0

  D．使用 8 位二进制代码，最左边一位是 1

11．微机中 1KB 表示的二进制位数是（　　　）。

  A．1000　　　　　B．8×1000　　　　C．1024　　　　　D．8 × 1024

12．下列字符中，ASCII 码值最小的是（　　　）。

  A．a　　　　　　B．A　　　　　　C．X　　　　　　D．Y

13．下列四个不同数制表示的数中，数值最大的是（　　　）。

  A．二进制数 11011101　　　　　　B．八进制数 334

  C．十进制数 219　　　　　　　　　D．十六进制数 DA

14．计算机硬件能直接识别和执行的语言是（　　　）。

  A．高级语言　　　B．符号语言　　　C．汇编语言　　　D．机器语言

15．二进制数 110001 转换成十进制数是（　　　）。

  A．46　　　　　　B．49　　　　　　C．25　　　　　　D．61

16．所谓媒体是指（　　　）。

  A．计算机的输入输出信息结果　　　C．表示和传播信息的载体

  B．计算机屏幕显示的信息　　　　　D．各种信息的编码

17．计算机病毒是指（　　　）。

  A．编制有错误的程序　　　　　　　B．设计不完善的程序

  C．已被损坏的程序　　　　　　　　D．特制的具有自我复制和破坏性的程序

18．在微型计算机中，应用最普遍的字符编码是（　　　）。

  A．ASCII　　　　B．汉字编码　　　C．BCD 码　　　D．补码

19．以下不属于计算机安全措施的是（　　　）。

  A．下载并安装系统漏洞补丁程序　　B．安装并定时升级正版杀毒软件

  C．安装软件防火墙　　　　　　　　D．不将计算机接入互联网

20．利用计算机来模仿人的高级思维活动称为（　　　）。

  A．数据处理　　　　　　　　　　　B．自动控制

  C．计算机辅助系统　　　　　　　　D．人工智能

二、判断题

1．黑客是指通过计算机技术和网络技术窃取信息和破坏信息系统的人。（　　　）

2．数字和汉字在计算机存储时所占字节数是相同的。（　　　）

3．个人计算机属于小型计算机。　　　　　　　　　　　　　　　　　　　（　　）

4．RAM 中存储的数据在断电后丢失。　　　　　　　　　　　　　　　　（　　）

5．计算机可以直接处理二进制数、十六进制数和十进制数。　　　　　　（　　）

6．(1024)₁₀ 对应的十六进制数是(3FF)ₕ。　　　　　　　　　　　　　　（　　）

7．标准 ASCII 码是 15 位编码。　　　　　　　　　　　　　　　　　　（　　）

8．计算机的主机包括 CPU、内存和硬盘三部分。　　　　　　　　　　　（　　）

9．Microsoft Word 属于系统软件。　　　　　　　　　　　　　　　　　（　　）

10．计算机硬件包括主机和外围设备两部分。　　　　　　　　　　　　　（　　）

三、填空题

1．世界上第一台电子计算机取名为＿＿＿＿＿＿＿＿＿＿。

2．第三代计算机使用的电子部件为＿＿＿＿＿＿＿＿＿＿。

3．世界上首次提出存储程序计算机体系结构的科学家是＿＿＿＿＿＿＿＿。

4．十进制数 125 转换为二进制数是＿＿＿＿，转换为十六进制数是＿＿＿＿。

5．计算机软件分为＿＿＿＿和＿＿＿＿两类。

6．字长为 7 位的二进制无符号数，其十进制数的最大值是＿＿＿＿。

7．1GB 的存储空间最多能存储＿＿＿＿个汉字编码。

8．高级语言编写的源程序，必须由一个＿＿＿＿程序，把高级语言源程序翻译成目标程序，然后计算机才能执行。

9．电子计算机根据所使用的电子元器件不同，发展经历了＿＿＿＿、＿＿＿＿、＿＿＿＿和＿＿＿＿四代历程。

10．打印机可以分为针式打印机、＿＿＿＿和＿＿＿＿三种。

Windows 7 操作系统

➢ 认识 Windows 7 操作系统的基本特点和工作环境
➢ 掌握 Windows 7 操作系统的桌面、开始菜单与任务栏的操作和基本设置
➢ 熟悉 Windows 7 操作系统的一些自带工具的使用方法
➢ 熟练掌握 Windows 7 操作系统文件和文件夹的基本操作
➢ 了解和学会 Windows 7 操作系统常用的系统设置的功能和方法

Windows 7 操作系统是微软操作系统的一次重大革命创新，在功能性、安全性、个性化、可操作性等方面都有很大的改进。本章以 Windows 7 为平台，以应用为目标，概要介绍有关操作系统的基本知识、使用方法和操作技巧。

Windows 操作系统

操作系统是管理计算机软硬件资源的一个平台，没有操作系统的计算机是无法正常运行的。在计算机发展史上，出现过许多不同的操作系统，目前多数人知晓的主要有四种，即 DOS、Windows、Linux、Unix。当然，还有用于小型设备（如手机、掌上电脑、游戏机等）的嵌入式操作系统。

Windows 操作系统是一款由美国微软公司开发的窗口化操作系统，是目前世界上使用最广泛的操作系统之一。Windows 采用了 GUI 图形化操作模式，比起从前的指令操作系统更为人性化、操作也更方便。Windows 操作系统家族如图 2.1 所示。

Windows家族				
早期版本	For DOS	· Windows 1.0 (1985) · windows 3.0 (1990)	· Windows 2.0 (1987) · windows 3.1 (1992)	· Windows 2.1 (1988) · Windows 3.2 (1994)
	Win 9x	· Windows 95 (1995) · Windows Me (2000)	· Windows 98 (1998)	· Windows 98 SE (1999)
NT系列	早期版本	· Windows NT 3.1 (1993) · Windows NT 4.0 (1996)	· Windows NT 3.5 (1994) · Windows 2000 (2000)	· Windows NT 3.51 (1995)
	客户端	· windows xp (2001) · Windows 8 (2011)	· Windows Vista (2005)	· Windows 7 (2009)
	服务器	· Windows Server 2003 (2003) · Windows Home Server (2008) · Windows Small Business Server (2011)	· Windows Server 2008 (2008) · Windows HPC Server 2008 (2010) · Windows Essential Business Server	
	特别版本	· Windows PE · Windows Fundamentals for Legacy PCs	· Windows Azure	
嵌入式系统		· Windows CE	· Windows Mobile	· Windows Phone (2010)

图 2.1　Windows 操作系统家族

Windows 原意是"窗户""视窗"的意思,"视窗"系统使我们对计算机的应用更直接、更亲密、更易用。

2.2　认识 Windows 7

Windows 7 是由微软公司开发的操作系统,其核心版本号为 Windows NT 6.1。Windows 7 可供家庭及商业工作环境、笔记本电脑、平板电脑、多媒体中心等使用。2009 年 10 月 22 日微软正式发布 Windows 7 操作系统,并称,2014 年微软将取消对 Windows XP 的所有技术支持,Windows 7 将是 Windows XP 的继承者。

Windows 7 的优点主要体现在稳定性、兼容性、安全性、功能性等方面,同时它对硬件的要求并不高,目前主流机器都可以流畅地运行它。

Windows 7 用的是 Vista 内核,可以说是一个改进版的 Vista,正因为改进,所以无论是速度、还是稳定性,或兼容性都比 Vista 要好。主要新特性有无限应用程序、实时缩略图预览、增强视觉体验、高级网络支持(ad-hoc 无线网络和互联网连接支持 ICS)、移动中心(Mobility Center)。Windows 7 包含 6 个版本,即 Windows 7 Starter(初级版)、Windows 7 Home Basic(家庭普通版)、Windows 7 Home Premium(家庭高级版)、Windows 7 Professional(专业版)、Windows 7 Enterprise(企业版)、Windows 7 Ultimate(旗舰版),如图 2.2 所示。

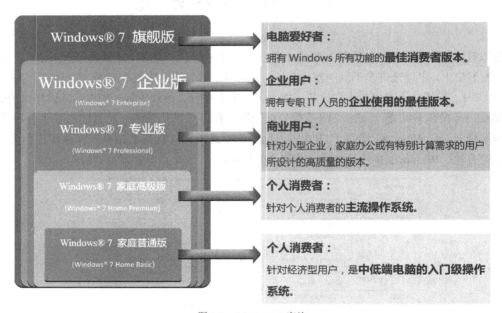

图 2.2　Windows 7 家族

从上图中可以看出,在这 5 个版本中,Windows 7 家庭高级版和 Windows 7 专业版是两大主力版本,前者面向家庭用户,后者针对商业用户。

Windows 7 的基本操作

2.3.1　认识桌面

Windows 7 具有良好的人机交互界面，和之前的 Windows 系统相比，该系统的界面变化较大，如桌面元素的使用、任务栏的操作、开始菜单的运用、窗口的使用等内容。

Windows 7 系统启动完成后，用户看到的界面即 Windows 7 的系统桌面。在布局上，Windows 7 的桌面依旧延续了的 Windows XP 风格，但外观与色调却迥然不同。系统桌面包括桌面图标、桌面背景和任务栏等，如图 2.3 所示。

图 2.3　Windows 7 桌面

1．桌面图标

Windows 7 的桌面布局十分简洁清新，默认的桌面背景为 Windows 7 的桌面徽标图案。桌面上的小型图片称为图标，可视为存储文件或程序的入口。将鼠标放在图标上，将出现文字，显示名称、内容、时间等。要打开文件或程序，双击该图标即可。

（1）常用桌面图标

Windows 7 系统桌面上常用的图标有 5 个，分别是【用户的文件】、【计算机】、【网络】、【回收站】和【Internet Explorer】，表 2.1 所示介绍了这 5 个常用图标的功能。

表 2.1　　　　　　　　　　　　　　　　　5 个常用图标的功能

名　　称	功　　能
用户的文件	用户的个人文件夹。它含有"图片收藏"、"我的音乐"、"联系人"等个人文件夹，可用来存放用户日常使用的文件
计算机	显示硬盘、CD-ROM 驱动器和网络驱动器中的内容
网络	显示指向网络中的计算机、打印机和网络上其他资源的快捷方式
Internet Explorer	访问网络共享资源
回收站	存放被删除的文件或文件夹。若有需要，可还原误删的文件

（2）初始桌面图标

第一次进入 Windows 7 系统时，桌面上仅有一个图标，即【回收站】。

（3）显示常用图标

初次进入 Windows 7 系统时除了显示【回收站】外，其他四个图标并未显示在桌面上，为了操作方便，可以通过设置将它们显示出来，具体操作步骤如下。

① 鼠标右键单击桌面空白处，在弹出的快捷菜单中选择【个性化】命令。

② 在个性化设置窗口，单击【更改桌面图标】链接，如图 2.4 所示。

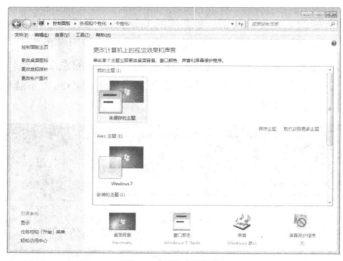

图 2.4　更改桌面图标

③ 在弹出的【桌面图标设置】对话框中，勾选需要添加的常用图标，如图 2.5 所示，单击【确定】按钮，即可完成显示常用图标的操作。

（4）桌面小工具

Windows 7 操作系统自带了 11 个实用小工具，能够在桌面上显示 CPU 和内存利用率、日期、时间、新闻条目、股市行情、天气情况等信息，还能进行媒体播放及拼图游戏等。选择添加小工具的方法：在桌面空白处单击鼠标右键，在弹出的快捷菜单中选择【小工具】命令，打开【小工具】的管理界面，可以将需要的工具拖动到桌面的任何位置，如图 2.6 所示。

图 2.5　桌面图标设置

图 2.6　【小工具】管理界面

2.【开始】菜单

【开始】菜单可以通过单击【开始】按钮或利用键盘上的 Windows 键来启动，是操作计算机程序、文件夹和系统设置的主通道，方便用户启动各种程序和文档。

【开始】菜单的功能布局如图 2.7 所示。

3．任务栏

进入 Windows 7 系统后，在屏幕底部有一条狭窄条带，称为【任务栏】，如图 2.8 所示。任务栏由四个区域组成，分别是【开始】按钮、【任务按钮区】、【通知区域】和【显示桌面】。表 2.2 所示介绍了任务栏的组成及其功能。

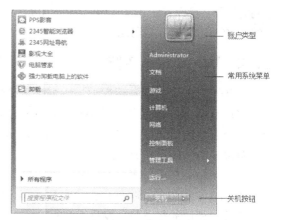

图 2.7　【开始】菜单

图 2.8　任务栏

表 2.2　　　　　　　　　　　　　　任务栏的组成及其功能

名　　称	功　　能
任务按钮区	任务按钮区主要放置固定在任务栏上的程序以及正打开着的程序和文件的任务按钮，用于快速启动相应的程序，或在应用程序窗口间切换
通知区域	包括"时间"、"音量"等系统图标和在后台运行的程序图标
显示桌面	"显示桌面"按钮在任务栏的右侧，是呈半透明状的区域，当鼠标停留在该按钮上时，按钮变亮，所有打开的窗口透明化，鼠标离开后即恢复原状

Windows 7 的任务栏结构有了全新的设计。任务栏图标去除了文字显示，完全用图标来说明一切；外观上，半透明的 Aero 效果结合不同的配色方案显得更加美观；功能上，除保留能在不同程序窗口间切换外，还加入了新的功能，使用更方便。

鼠标右键单击任务栏空白区域，选择快捷菜单中的【属性】命令，打开【任务栏和「开始」菜单属性】对话框，可以设定任务栏的显示方式，如图 2.9 所示。

对比以前的操作系统，Windows 7 任务栏将一个程序的多个窗口集中在一起并使用同一个图标来显示，当鼠标停留在任务栏的一个图标时，将显示动态的应用程序小窗口，可以将鼠标移动到这些小窗口上，来显示完整的应用程序界面。

Jump List 是 Windows 7 的一个全新功能，用户可以通过任务栏的右键快捷菜单来找到它的身影。通过该功能，可以方便地找到某个程序的常用操作，并根据程序的不同而显示

图 2.9　任务栏和【开始】菜单属性

不同的操作。鼠标右键单击一个任务栏的图标后，可以打开跳转列表（Jump List）。用户还可以将该程序的一些常用操作锁定到 Jump List 的顶端，便于查找。

2.3.2　Windows 7 窗口

当用户打开一个文件或运行一个程序时，系统会开启一个矩形方框，这就是 Windows 环境下的窗口。

窗口是 Windows 操作环境中最基本的对象。当用户打开文件、文件夹或启动某个程序时，都会以一个窗口的形式显示在屏幕上。虽然不同的窗口在内容和功能上会有所不同，但大多数窗口都具有很多的共同点和类似的操作方法。

在 Windows 7 中，窗口可以分为两种类型，一种是文件夹窗口，另一种是应用程序窗口，如图 2.10 所示。窗口的基本操作主要有打开和关闭窗口、调整窗口大小、移动窗口、排列窗口和切换窗口等，窗口的组成与功能见表 2.3。

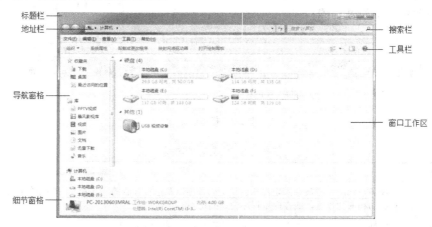

图 2.10　Windows 7 窗口

表 2.3　　　　　　　　　　　　　　窗口的组成与功能

名　称	功　能
标题栏	显示控制按钮和窗口名称
工具栏	提供了一些基本工具和菜单任务
地址栏	当前工作区域中对象所在位置，即路径
导航窗格	提供树状文件结构列表，从而方便用户迅速地定位所需目标
窗口工作区	显示窗口中的操作对象和操作结果
滚动条	为了帮助用户查看由于窗口过小而未显示的内容。一般位于窗口右侧或下侧，可以用鼠标拖动
细节窗格	显示当前窗口的状态及提示信息

Windows 7 加入了窗口的智能缩放功能，当用户使用鼠标将其拖动到显示器的边缘时，窗口即可最大化或平行排列。还有就是【摇一摇桌面清理】功能，这是新增的一个实用而有趣的功能，用于在打开多个窗口后将指定窗口之外的其他窗口全部隐藏到任务栏，从而快速将凌乱的桌面清理整洁。顾名思义，"摇一摇"就是拖动窗口在屏幕中左右快速晃动几下，这样就可以将正在晃动的窗口之外的其他窗口全部最小化。

Windows 7 的窗口具备【Windows Search】功能，如果你知道自己要搜索的文件所在的目录，最简单的方法就是缩小搜索的范围，访问文件所在的目录，然后通过文件夹窗口当中的搜索框来完成。Windows 7 已经将搜索工具条集成到工具栏，不仅可以随时查找文件，还可以对任意文件夹进行搜索，如图 2.11 所示。

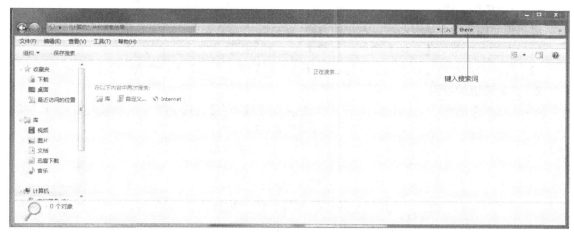

图 2.11　Windows Search 功能

2.3.3　Windows 7 菜单

菜单是将命令用列表的形式组织起来，当用户需要执行某种操作时，只要从中选择对应的命令项即可进行操作。

Windows 中的菜单包括【开始】菜单、窗口控制菜单、应用程序菜单（下拉菜单）、右键快捷菜单等。

在菜单中常标记一些符号，表 2.4 所示介绍了这些符号的名称及含义。

表 2.4　　　　　　　　　　　菜单中常用符号的名称及含义

名　称	含　义
灰色菜单	表示在当前状态下不能使用
命令后的快捷键	表示可以直接使用该快捷键执行命令
命令后的"▲"	表示该命令有下一层子菜单
命令后的"…"	表示执行该命令会弹出对话框
命令前的"√"	表示此命令有两种状态：已执行和未执行。有"√"标识，表示此命令已执行；反之为未执行
命令前的"●"	表示一组命令中，有"●"标识的命令当前被选中

Windows 7 的基本设置

为了满足用户完成大量日常工作的需求，操作系统不仅需要为用户提供一个良好的交互界面和工作环境，还需要为用户提供方便的管理和使用操作系统的相关工具。Windows 7 操作系统为用户及各类应用提供的这些工具集中存放在【控制面板】中。通过控制面板，用户可以管理账户、添加/删除程序、设置系统属性、设置系统日期/时间，安装、管理和设置硬件设备等系统管理和系统设置的操作。

2.4.1　控制面板

1．启用控制面板

启用控制面板的方法有多种，常用的有以下两种。

（1）方法一：单击【开始】菜单，再单击【控制面板】菜单。

（2）方法二：双击【计算机】图标，在【菜单栏】下单击【打开控制面板】按钮。

2．控制面板的视图

Windows 7 系统的控制面板视图如图 2.12 所示，单击【类别】按钮可以切换控制面板的显示方式。

图 2.12　控制面板

2.4.2　常用快捷键

在 Windows 操作系统里，使用键盘快捷键的组合能完成一些很复杂的操作，在 Windows 7 系统中新增了不少快捷键组合，如表 2.5 所示。

表 2.5　　　　　　　　　　　　　　　　快捷键组合

快 捷 键	功　　能	快 捷 键	功　　能
Win+Pause Break	弹出系统调板	Win+X	打开计算机移动中心
Win++	放大屏幕显示	Win+M	快速显示桌面
Win+—	缩小屏幕显示	Win+Space	桌面窗口透明化显示
Win+E	打开资源管理器	Win+↑	最大化当前窗口
Win+R	打开【运行】窗口	Win+↓	还原/最小化当前窗口
Win+T	切换显示任务栏信息，再次按下则在任务栏切换	Win+←	将当前窗口停靠在屏幕最左边
Win+Shift+T	后退	Win+→	将当前窗口停靠在屏幕最右边
Win+U	打开易用性辅助设备	Win+Shift+←	跳转到左边的显示器
Win+P	打开多功能显示面板（切换显示器）	Win+Shift+→	跳转到右边的显示器
Win+D	切换桌面显示窗口或者 Gadgets 小工具	Win+G	调出桌面小工具
Win+F	查找	Win+Home	最小化/还原所有其他窗口
Win+L	锁定计算机	Win+Tab	2D 切换窗口

2.4.3 个性化外观

1. 桌面背景设置

Windows 7 系统中，桌面的背景又称为壁纸，系统自带了多个桌面背景图片供用户选择，更改背景的步骤如下。

（1）鼠标右键单击桌面空白处，在弹出的快捷菜单中单击【个性化】命令。

（2）在弹出的【个性化】窗口下方，单击【桌面背景】图标，弹出如图 2.13 所示的窗口。

图 2.13 【桌面背景】窗口

（3）在【桌面背景】窗口中，单击【全部清除】按钮，再选中需要的图片，单击【保存修改】按钮即可。

在【桌面背景】窗口中单击【全选】按钮或单击选定多个图片，在【更改图片时间间隔】下拉列表中选择一定的时间间隔，背景图片会根据时间进行切换。

2. 桌面主题设置

桌面主题是图标、字体、颜色、声音和其他窗口元素的预定义的集合，它可使用户的桌面具有与众不同的外观。Windows 7 提供了多种风格的主题，分别为【Aero 主题】和【基本和高对比度主题】。【Aero 主题】有 2D 渲染和半透明效果，用户可以根据需要切换不同的主题。具体操作步骤如下。

（1）鼠标右键单击桌面空白处，在弹出的快捷菜单中选择【个性化】命令。

（2）如图 2.14 所示，在弹出的【个性化】窗口中，在【Aero 主题】区域单击【自然】选项，主题选择完毕。

图 2.14 桌面主题设置

（3）此时，在桌面空白处单击鼠标右键，在弹出的快捷菜单中选择【下一个桌面背景】命令，即可更换主题的桌面背景。

3．屏幕保护程序设置

屏幕保护是为了保护显示器而设计的一种专门的程序。屏幕保护主要有三个作用：保护显像管、保护个人隐私、省电。用户可以根据需要进行设置。具体操作步骤如下。

（1）鼠标右键单击桌面空白处，在弹出的快捷菜单中选择【个性化】命令。

（2）在弹出的【个性化】窗口中，单击【屏幕保护程序】图标，打开【屏幕保护程序设置】对话框，在【屏幕保护程序】下拉列表中选择适合的保护程序，并在【等待】中设置屏幕保护的启动时间，如图 2.15 所示。

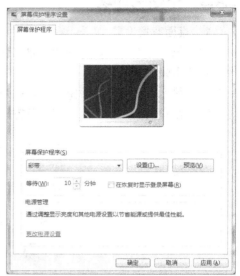

图 2.15　【屏幕保护程序设置】对话框

4．外观设置

用户可以通过外观设置，选取自己喜欢的窗口和按钮样式以及对应样式下的色彩方案，同时可以调整字体的大小等。具体操作步骤如下。

（1）鼠标右键单击桌面空白处，在弹出的快捷菜单中选择【个性化】命令。

（2）在弹出的【个性化】窗口下方，单击【窗口颜色】图标，打开【窗口颜色和外观】窗口，在【更改窗口边框、「开始」菜单和任务栏的颜色】、【颜色浓度】、【高级外观设置】等设置区域选择适合的样式，如图 2.16 所示。

图 2.16　更改窗口颜色和外观

（3）单击【保存修改】按钮，即可完成外观设置。

5．分辨率设置

屏幕分辨率指显示器所能显示的像素的多少。由于屏幕上的点、线和面都是由像素组成的，显示器可显示的像素越多，画面就越精细，同样的屏幕区域内能显示的信息也越多。用户可以根据需要进行设置，具体操作步骤如下。

（1）鼠标右键单击桌面空白处，在弹出的快捷菜单中选择【屏幕分辨率】命令。

（2）在【分辨率】下拉列表中，用鼠标拖动来修改分辨率，如图 2.17 所示。

图 2.17　分辨率的设置

（3）单击【应用】按钮，自动预览后即可完成分辨率的设置。

单击【高级设置】按钮，在打开的对话框中选择【监视器】选项卡，可以设置刷新频率。一般人的眼睛不容易察觉 75Hz 以上刷新频率带来的闪烁感，因此最好将屏幕刷新频率调到 75Hz 以上。

2.4.4　系统设置

1．用户账户设置

在 Windows 7 系统中，有三种用户类型：计算机管理员账户、标准用户账户和来宾账户。计算机管理员账户拥有最高权限，允许更改所有的计算机设置；标准用户账户只允许用户更改基本设置；来宾账户无权更改设置。

要创建新用户，必须以管理员的身份登录，具体操作步骤如下。

（1）创建账户

① 打开【控制面板】窗口，选择【添加或删除用户账户】选项。

② 弹出【管理账户】窗口，单击【创建一个新账户】选项，如图 2.18 所示。

图 2.18　【管理账户】窗口

③ 在【创建新账户】窗口中，依次设定账户名称、账户类型，最后单击【创建账户】按钮即可完成新账户的创建，如图 2.19 所示。

图 2.19　【创建新账户】窗口

（2）更改账户属性

① 打开【控制面板】窗口，单击【添加或删除用户账户】选项。

② 在【管理账户】窗口，选择一个账户。

③ 在【更改账户】窗口可根据需要更改账户名称、更改账户图片、更改账户类型、创建账户密码、更改账户密码、删除账户、设置家长控制等，在弹出的设置窗口中根据提示完成修改。

若需要删除的用户是唯一的计算机管理员账户，那么必须创建一个新的管理员账户才可以删除。

2．添加/删除程序

（1）安装应用程序

① 下载需要安装的应用程序，在安装包中找到安装文件，一般为 Setup.exe 或 Install.exe。

② 安装文件，根据安装向导完成应用程序的安装。

（2）卸载应用程序

① 打开【控制面板】窗口，在【程序】下面单击【卸载程序】选项。

② 在弹出的【卸载或更改程序】窗口中，用鼠标右键单击要卸载的应用程序名称，在弹出的菜单中选择【卸载】命令，根据提示完成卸载操作，如图 2.20 所示。

图 2.20　【卸载或更改程序】窗口

3．系统属性设置

更改计算机名称的具体步骤如下。

（1）用鼠标右键单击【计算机】图标，在弹出的快捷菜单中选择【属性】命令。

（2）在弹出的【系统】窗口中，单击【更改设置】按钮，如图 2.21 所示。

图 2.21　【系统】窗口

（3）在弹出的【系统属性】对话框中，单击【更改】按钮，如图 2.22 所示。

（4）在弹出的【计算机名/域更改】对话框中，输入新的计算机名称，也可以更改工作组和域名。

4．设置自动更新

（1）打开【控制面板】窗口，单击【系统和安全】选项。

（2）在【系统和安全】窗口，单击【Windows Update】下面的【启用或禁用自动更新】选项，如图 2.23 所示。

图 2.22　【系统属性】对话框

图 2.23　【系统和安全】窗口

（3）在打开的窗口中，选择【自动安装更新】方式，如图 2.24 所示。

5．修改系统时间

（1）单击任务栏中的日期、时间显示区域，打开日期和时间窗口，单击【更改日期和时间设置】选项。

图 2.24　选择【自动安装更新】方式

（2）在弹出的【日期和时间】对话框中选择【日期和时间】选项卡，单击【更改日期和时间】按钮，如图 2.25 所示。

（3）在弹出的【日期和时间设置】对话框中完成系统时间的修改，如图 2.26 所示。

图 2.25　【日期和时间】选项卡

图 2.26　【日期和时间设置】对话框

6．安装打印机

在 Windows 7 系统下安装打印机，可以使用控制面板的添加打印机向导，指引用户按照步骤来安装合适的打印机。用户可以通过光盘和互联网下载获得驱动程序，还可使用 Windows 7 系统自带的相应型号的打印机驱动程序来安装打印机，具体步骤如下所述。

（1）关闭计算机，通过数据线将计算机与打印机连接起来。

（2）打开【控制面板】窗口，在【硬件和声音】栏下面单击【查看设备和打印机】选项。

（3）弹出【设备和打印机】窗口，如图 2.27 所示，单击【添加打印机】按钮，依照弹出的【添加打印机】对话框的提示完成打印机的安装。

图 2.27　【设备和打印机】窗口

7．硬件设备管理

（1）查看硬件信息

① 方法一：鼠标右键单击【计算机】图标，在弹出的快捷菜单中选择【属性】命令，在弹出的【系统】窗口中选择【设备管理器】选项，即可查看硬件信息，如图 2.28 所示。

② 方法二：打开【控制面板】，单击【硬件和声音】选项，在弹出的【硬件和声音】窗口中单击【设备和打印机】栏下面的【设备管理器】选项，即可查看硬件信息。

（2）更改硬件驱动

若要更改显卡驱动，具体操作方法如下。

① 单击【设备管理器】对话框的列表中的【显示适配器】选项，用鼠标右键单击下方显示的内容，选择快捷菜单中的【属性】命令。

② 在弹出的属性对话框中，单击【驱动程序】选项卡，在此处选择需要完成的操作，根据提示进行即可，如图 2.29 所示。

图 2.28　设备管理器

图 2.29　【驱动程序】选项卡

2.5 Windows 7 文件与文件夹

2.5.1 认识文件与文件夹

1．文件的概念

计算机中所有的信息（包括文字、数字、图形、图像、声音和视频等）都是以文件形式存放的。文件是一组相关信息的集合，是数据组织的最小单位。

2．文件的命名

每个文件都有文件名，文件名是文件的唯一标记，是存取文件的依据。文件名的构成如图 2.30 所示。

图 2.30　文件的命名

（1）文件的命名规则

① 文件全名由文件名与扩展名组成。文件名与扩展名中间用符号"．"分隔。文件名的格式为：[文件名]．[扩展名]。

② 文件名可以使用汉字、西文字符、数字和部分符号。

③ 文件名中不能包含以下符号：\、/、"、?、*、<、>、:、|。

④ 文件名中的字符可以使用大小写，但不能利用大小写区分文件。如"ABC.TXT"与"Abc.txt"被认为是同名文件。

⑤ 文件名可以使用的最多字符数量为 256 个西文字符或 128 个汉字。

⑥ 同一文件夹内不能有同名的文件或文件夹。

⑦ 文件夹与文件的命名规则相同，但文件夹不使用扩展名。

（2）通配符

通配符是用在文件名中表示一个或一组文件名的符号。查找文件、文件夹时，可以使用通配符代替一个或多个真正的字符。

通配符有两种：问号"？"和星号"＊"。

① "？"为单位通配符，表示在该位置处可以是一个任意的字符。

例如，ab???.txt 表示以 ab 开头的后跟 3 个任意字符的.txt 文件，文件中有几个"?"就表示几个字符。

② "＊"为多位通配符，表示在该位置处可以是 0 个或多个任意的字符。

例如，ab*.txt 表示以 ab 开头的所有.txt 文件。

3．文件的类型

文件的类型由文件的扩展名进行标识，系统对扩展名与文件类型有特殊的约定，常见的文件类型及其扩展名见表 2.6。

4．文件的特性

（1）唯一性：文件的名称具有唯一性，即在同一文件夹下不允许有同名的文件存在。

（2）可移动性：文件可以根据需要移动到硬盘的任何分区，也可通过复制或剪切移动到其他移动设备中。

（3）可修改性：文件可以增加或减少内容，也可以删除。

表2.6 常见的文件类型及其扩展名

扩展名	文件类型	扩展名	文件类型	扩展名	文件类型
*.asc	ASCII 码文件	*.gif	图形文件	*.png	图形文件
*.avi	动画文件	*.hlp	帮助文件	*.jpg	图形文件
*.bak	备份文件	*.htm	超文本文件	*.ppt /*.pptx	PowerPoint 演示文稿文件
*.bat	批处理文件	*.html	超文本文件	*.reg	注册表的备份文件
*.bin	DOS 二进制文件	*.ico	Windows 图标文件	*.scr	Windows 屏幕保护程序
*.bmp	位图文件	*.ini	系统配置文件	*.sys	系统文件
*.c	C 语言程序			*.tmp	临时文件
*.cpp	C++语言程序	*.lib	编程语言中的库文件	*.txt	文本文件
*.dll	Windows 动态链接库	*.mbd	Access 表格文件	*.wav	声音文件
.doc /.docx	Word 文档	*.midi	音频文件	*.wps	WPS 文件、记录文本、表格
*.drv	驱动程序文件	*.mp3	声音文件	*.wma	Windows 媒体文件
*.exe	可执行文件	*.mpeg	VCD 视频文件	*.xls /*.xlsx	Excel 表格文件
*.fon	字库文件	*.obj	编程语言中的目标文件（Object）	*.zip	压缩文件

5．文件的属性

文件的属性信息，如图 2.31 所示。在文件属性的【常规】选项卡中包含文件名、文件类型、打开方式、位置、大小、占用空间、创建时间、修改时间及访问时间等。文件的属性有三种：只读、隐藏、存档。

（1）只读：文件只可以做读操作，不能对文件进行写操作，即文件的写保护。

（2）存档：用来标记文件的改动，即在上一次备份后文件的所有改动，一些备份软件在备份的时候会只去备份带有存档属性的文件。

（3）隐藏：即为隐藏文件，是为了保护某些文件或文件夹。将其设为"隐藏"后，该对象在默认情况下将不会显示在所储存的对应位置，即被隐藏起来了。

图 2.31　文件属性

2.5.2　文件夹的结构

文件夹是用来组织和管理磁盘文件的一种数据结构，是计算机磁盘空间里面为了分类储存文件而建立的独立路径的目录，它提供了指向对应磁盘空间的路径地址。

1．文件夹的结构

文件夹一般采用多层次结构（树状结构），如图 2.32 所示。在这种结构中每一个磁盘有一个根文件夹，它可包含若干文件和文件夹。文件夹不但可以包含文件，而且可包含下一级文件夹，这样类推下去形成的多级文件夹结构既能够帮助用户将不同类型和功能的文件分类储存，又方便用户进行文件查找，还允许不同文件夹中的文件拥有相同的文件名。

2．文件夹的路径

用户在磁盘上寻找文件时，所历经的文件夹线路称为路径。

路径分为绝对路径和相对路径。绝对路径是从根文件夹开始的路径，以"\"作为开始。例如，在 D 盘下的"歌曲"文件夹里的"画心.mp3"，文件路径显示为"D:\歌曲\画心.mp3"；相对路径是从当前文件夹开始的路径。

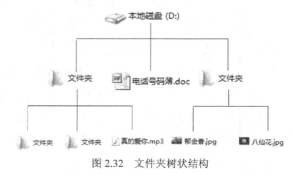

图 2.32　文件夹树状结构

2.5.3　文件与文件夹管理

1．选定文件或文件夹

（1）选定单个对象

选择单一文件或文件夹只需用鼠标单击选定的对象即可。

（2）选定多个对象

① 连续对象

首先单击第一个要选择的对象，按住 Shift 键不放，用鼠标单击最后一个要选择的对象，即可选择多个连续对象。

② 非连续对象

首先单击第一个要选择的对象，按住 Ctrl 键不放，用鼠标依次单击要选择的对象，即可选择多个非连续对象。

③ 全部对象

可使用 Ctrl+A 快捷键选择全部文件或文件夹。

2．新建文件或文件夹

在 C 盘根目录下建立文件夹，并在此文件夹下建立文本文件，具体操作步骤如下。

（1）双击打开【计算机】。

（2）双击 C 盘图标，进入 C 盘根目录。

（3）右键单击 C 盘根目录空白处，在弹出的快捷菜单中选择【新建】命令，再单击【文件夹】命令，此时在 C 盘根目录下就建立了一个名为"新建文件夹"的文件夹。

（4）双击进入"新建文件夹"，右击【新建文件夹】窗口空白处，在弹出的快捷菜单中选择【新建】命令，再单击【文本文档】命令，此时在新建的文件夹下就建立了一个名为"新建文本文档.txt"的文本文件。

在建立文件或文件夹时，一定要记住保存文件或文件夹的位置，以便今后查阅。

2.5.4　文件与文件夹高级管理

1．重命名文件或文件夹

（1）显示扩展名

默认情况下，Windows 系统会隐藏文件的扩展名，以保护文件的类型。若用户需要查看其扩展名，就要进行相关设置，使扩展名显示出来，具体操作步骤如下。

① 在【计算机】窗口的菜单栏，选择【工具】菜单中的【文件夹选项】命令。

② 在弹出的【文件夹选项】对话框中，选择【查看】选项卡，在【高级设置】的列表中，取消勾选【隐藏已知文件类型的扩展名】复选框，如图 2.33 所示，单击【确定】按钮即可显示扩展名。

（2）重命名

将 C 盘根目录下的"新建文件夹"命名为"stu"，将其中的"新建文本文档.txt"命名为"file.txt"。

① 双击打开【计算机】，双击进入【C 盘】根目录。

② 鼠标右键单击新建的文件夹，在弹出的右键菜单中选择【重命名】命令，在文件名文本框中将其更名为"stu"。

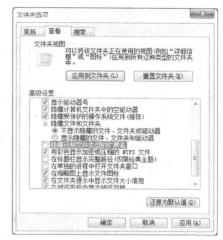

图 2.33 【文件夹选项】对话框

③ 在名为"stu"的文件夹中找到"新建文本文档.txt"，鼠标右键单击"新建文本文档.txt"，在弹出的右键菜单中选择【重命名】命令，在文件名文本框中将其更名为"file.txt"。

> 提示 （1）为文件或文件夹命名时，要选取有意义的名字，尽量做到"见名知意"。
> （2）修改文件名时要保留文件扩展名，否则会导致系统无法正常打开该文件。

2．复制和剪切文件或文件夹

复制和剪切对象都可以将对象移动位置，区别在于：复制对象是将一个对象从一个位置移到另一个位置，操作完成后，原位置对象保留，即一个对象变成两个对象放在不同位置；剪切对象是将一个对象从一个位置移到另一个位置，操作完成后，原位置没有该对象。

（1）复制

复制的方法有以下几种。

① 菜单栏

首先选择对象，单击菜单栏中的【编辑】菜单，选择【复制】命令即可。

② 快捷菜单

右键单击对象，在弹出的快捷菜单中选择【复制】命令，即可实现复制对象。

③ 快捷键

选中对象，使用【Ctrl+C】快捷键来实现复制。

（2）剪切

剪切的方法有以下几种。

① 菜单栏

首先选择对象，单击菜单栏中的【编辑】菜单，选择【剪切】命令即可。

② 快捷菜单

右键单击对象，在弹出的快捷菜单中选择【剪切】命令，即可实现剪切对象。

③ 快捷键

选择对象，使用 Ctrl+X 快捷键来实现剪切。

复制或剪切完对象后，接着需要完成的是粘贴操作，可以使用 Ctrl+V 快捷键来实现。

3．删除文件或文件夹

（1）选择要删除的对象。

（2）右键单击该对象，在弹出的快捷菜单中选择【删除】命令，即可实现删除对象。

（3）若用户想找回文件，可通过回收站来还原文件。

> 提示　① 删除时还可使用 Delete 键或 Shift+Delete 快捷键。
> 　　　② Delete 键表示临时删除，删除的对象可从回收站还原。
> 　　　③ Shift+Delete 快捷键表示不经过回收站彻底删除。

4．修改文件属性

例如，将 C 盘"stu"文件夹中的"file.txt"文件属性更改为"只读"，具体操作步骤如下。

（1）打开在 C 盘创建的"file.txt"文件，右键单击该文件，在弹出的快捷菜单中选择【属性】命令。

（2）在弹出的【file.txt 属性】对话框中，选中【只读】复选框。

5．创建快捷方式

在桌面上创建 c 盘"stu"文件夹中的"file.txt"文件的快捷方式。

右键单击 C:\stu\file.txt 文件，在弹出的快捷菜单中选择【发送到】命令，单击【桌面快捷方式】命令。

> 提示　快捷方式仅仅记录文件所在的路径，当路径所指向的文件更名、被删除或更改位置时，快捷方式不可使用。

6．搜索文件或文件夹

搜索即查找。Windows 7 的搜索功能强大，搜索的方式主要有两种，一种是用【开始】菜单中的【搜索】文本框进行搜索；另一种是使用【计算机】窗口的【搜索】文本框进行搜索。

例如：在计算机中查找文件名为三个字符的文本文件。

（1）单击【开始】菜单，单击【搜索】文本框。

（2）弹出的【搜索】窗口中输入【？？？.txt】。

（3）单击【搜索】按钮，即可完成搜索操作。

如果想在某文件夹下搜索文件，应该首先进入该文件夹，在搜索框中输入关键字即可。在窗口搜索框内还有【添加搜索筛选器】选项，可以提高搜索精度，【库】窗口的【添加搜索筛选器】的功能最为全面。

Windows 7 自带工具

2.6.1　记事本的使用

记事本是 Windows 操作系统中内置的一款纯文本编辑工具，主要用于在电脑中输入与记录各种文本内容，对于一些特殊用户还可以用于编写程序代码。

（1）在【开始】菜单中单击【所有程序】按钮，进入程序列表后单击【附件】列表，然后在列表中选择【记事本】命令，即可启动【记事本】程序。

【记事本】程序的窗口界面非常简洁，仅包括标题栏、菜单栏及文本编辑区域，如图 2.34 所示。

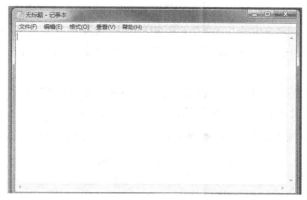

图 2.34 【记事本】界面

（2）打开【记事本】程序后，就可以在其中输入与编辑文本了。先切换输入法，然后按照编码进行输入即可。

2.6.2 写字板工具的使用

写字板也是操作系统中自带的一款文字处理软件，Windows 7 中的【写字板】工具无论在界面上还是功能上都进行了较大的改进，能够满足文档编排、图文混排等各种需求的简单文档制作。

（1）在【附件】列表中选择【写字板】命令后，即可打开【写字板】窗口，Windows 7 中【写字板】窗口采用了 Office 2007 的布局风格，操作起来也更加方便，如图 2.35 所示。

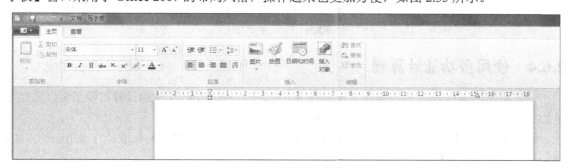

图 2.35 【写字板】界面

【写字板】窗口没有延续之前的菜单栏和工具栏，而是改为功能选项卡，将类型相同的功能分别划分到不同的功能组中，如果用户熟悉 Word 2007 和 Word 2010，那么将会更加轻松地掌握【写字板】工具的使用。

（2）启动【写字板】工具后，就可以在写字板中输入文本了。输入完毕后，可以分别对字体、段落格式进行设置，从而编排出规范的文档。如图 2.35 所示，可以分别设置字体与段落格式。

除了常用的字体、字号、字符颜色、段落对齐与缩进功能外，【写字板】工具还提供了字形、段落缩进、行距、段间距及项目符号与编号等样式，编排文档时可以根据需要选择使用。

（3）Windows 7 中的【写字板】工具新增了插入图片的功能，用户可以直接将电脑中的图片插入到编排好的文档中，从而制作出图文并茂的文档。

2.6.3　用画图工具画图

画图工具同样属于 Windows 操作系统自带的工具之一，用于在电脑中绘制一些简单的图形及对图片进行简单的修饰。Windows 7 中的"画图"工具同样采用了全新的界面布局，使用起来更加简单方便。

（1）在【附件】列表中选择【画图】命令，启动【画图】工具后，在 【形状】组中选择要绘制的形状。

（2）使用画图工具主要可以绘制出线条、笔迹、各种形状及颜色填充，在选择工具或形状后，还需要定义线条的粗细及颜色，然后再开始绘制，如图 2.36 所示。

图 2.36　【画图】界面

2.6.4　使用多功能计算器

计算器也是 Windows 系列操作系统的自带工具之一，Windows 7 中的计算器除了可以进行简单的加、减、乘、除运算外，还可以进行各种复杂的函数与科学运算。

（1）在【附件】列表中选择【计算器】命令即可启动计算器。默认的标准计算器用于计算加、减、乘、除等常规运算。

（2）Windows 7 中的【计算器】工具，除了提供基本的数字计算外，还同时提供了科学型、程序员和统计信息 3 种针对不同用途的计算模式。只要在【查看】菜单中选择对应的命令，即可切换到相应的计算器界面并进行相应的计算。

① 科学型模式：提供了各种方程、函数与几何计算功能，用于日常进行各种较为复杂的公式计算。在科学型模式下，计算器可以精确到 32 位数。

② 程序员模式：提供了程序代码的转换与计算功能，以及不同进制数字的快速计算功能。在程序员模式下，计算器最多可以精确到 64 位数，这取决于用户输入的数字大小，如图 2.37 所示。

③ 统计信息模式：使用统计信息模式时，可以同时显示要计算的数据、运算符及计算结果，便于用户直观地查看与核对。其他功能与标准计算器相同，如图 2.38 所示。

图 2.37　程序员模式计算器界面

图 2.38　统计信息模式计算器界面

2.6.5　实用的辅助功能

除了上面介绍的各种常用工具外，Windows 7 中还提供了很多非常实用的工具，其中部分工具延续了先前的 Windows 版本，另一部分工具则是在 Windows 7 中新出现的。

1. 截图工具

截图工具是 Windows 7 新增的一款图像截取工具，该工具可以将屏幕中显示的任意部分截取为图像，并以图片的形式保存起来。使用截图工具截取图像并保存为图片的具体操作方法如下所述。

（1）在【附件】列表中选择【截图工具】命令，在屏幕中将显示【截图工具】对话框 。

（2）单击【新建】下拉按钮，在打开的列表中选择截图方式，这里选择【矩形截图】选项，也是最常用的截图方式，如图 2.39 所示。

截图工具提供的截图方式中，【任意格式截图】选项用于截取任意形状、位置和大小的图像；【矩形截图】选项用于截取任意位置、大小的矩形图像；【窗口截图】选项用于截取屏幕中打开的完整窗口图像；【全屏幕截图】选项用于截取整个屏幕图像。

（3）此时整个屏幕将变为淡化显示，在屏幕中拖动鼠标选择要截取的矩形区域，截取范围由鼠标控制。

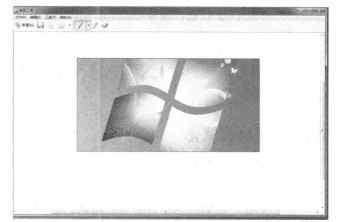

图 2.39　【截图工具】界面

（4）截取完毕后，松开鼠标按键即可将选取的范围截取为图片并显示在【截图工具】窗口中。

（5）在【文件】菜单中选择【另存为】命令，在打开的对话框中选择保存的位置并设置保存名称后，单击【保存】按钮，即可将截取的图像以图片形式保存到电脑中。

2. 屏幕键盘

屏幕键盘是 Windows 操作系统提供的一个虚拟屏幕键盘，适用于键盘损坏或者光线太暗无法看清按键的情况，通过鼠标单击键盘进行操作。下面通过使用屏幕键盘在"记事本"程序中输入文字，从而了解屏幕键盘的使用方法，具体操作如图 2.40 所示。

图 2.40　【屏幕键盘工具】界面

3．便笺工具

便笺是 Windows 7 中的新增功能，适用于在使用电脑的过程中临时记录一些备忘信息，与现实中使用的便利贴的功能相同。【便笺】工具的具体使用方法如下所述。

（1）在【附件】列表中选择【便笺】命令，将在屏幕中新建一个便笺，用鼠标可以在屏幕中任意移动便笺的位置。

（2）将光标移动到便笺中，切换到对应的输入法，在其中输入要记录的文本内容，如图 2.41 所示。

图 2.41　【便签工具】界面

（3）单击【+】按钮，即可添加新的空白便笺，单击【×】按钮即可删除当前便笺。

2.7　Windows 7 系统管理

2.7.1　磁盘格式化

1．磁盘格式化的目的

（1）把磁道划分成一个个扇区，每个扇区为 512 字节。

（2）安装文件系统，建立根目录。注意：格式化磁盘会丢失磁盘上的所有信息。

2．磁盘格式化的步骤

（1）右键单击要格式化的磁盘，在弹出的快捷菜单中选择【格式化】命令。

（2）在弹出的【格式化】对话框中，选择【文件系统】的类型，再输入该卷名称，如图 2.42 所示。

（3）单击【开始】按钮，即可格式化该磁盘。

Windows 7 系统默认为 NTFS 格式的文件系统。

图 2.42　【格式化】对话框

2.7.2　磁盘清理

磁盘清理是为了清理磁盘上的垃圾文件或临时文件，达到提高磁盘的可用空间的目的。具体操作过程如下。

（1）单击【开始】菜单，依次选择【所有程序】|【附件】|【系统工具】命令，单击【磁盘清理】命令。

图 2.43　磁盘清理

（2）在弹出的【磁盘清理：驱动器选择】对话框中，选择待清理的驱动器。

（3）单击【确定】按钮，系统自动进行磁盘清理操作，如图 2.43 所示。

（4）磁盘清理完成后，在【磁盘清理】结果对话框中勾选要删除的文件，单击【确定】按钮即可完成磁盘清理操作。

2.7.3　磁盘碎片整理

磁盘碎片整理程序是使磁盘上分散存储的文件重新连续存放，以提高磁盘的访问速度。

具体操作过程如下。

（1）单击【开始】菜单，依次选择【所有程序】|【附件】|【系统工具】命令，单击【磁盘碎片整理程序】命令。

（2）在弹出的【磁盘碎片整理程序】对话框中，选择需要整理的驱动器。

（3）单击【分析】按钮，系统将分析磁盘的碎片，如图 2.44 所示。

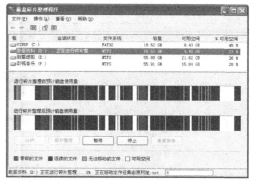

图 2.44　磁盘碎片分析过程

（4）碎片分析完成后，若需要碎片整理，则单击【碎片整理】按钮；否则，单击【关闭】按钮即可。

2.8 拓展实训

2.8.1　更换桌面背景

为了让工作更有效率，今天小王重装了新的 Windows 7 系统，面对新的系统，小王首先给自己更换了桌面背景并设置桌面背景的幻灯片效果，开启 Aero 特效。

Windows 7 的桌面背景，广义上是包含桌面主题（桌面风格）和背景图片的，狭义上仅指桌面背景图片（也称桌布或墙纸）。

1. 更换背景图片

打开桌面快捷菜单，选择【下一个桌面背景】或直接按 N 键，背景图片即更改为下一张图片。

在【个性化】设置窗口，选择【桌面背景】选项，链接到【选择桌面背景】窗口。在【图片位置】下拉列表中选择存放图片的位置，然后在不同分组中选择背景图片。

2. 桌面背景的幻灯片放映效果

在 Windows 7 环境中，按住 Ctrl 键，用鼠标单击选择多个桌面背景并指定【更换图片时间间隔】，背景图片会根据时间进行切换。

2.8.2　Aero 特效的开启

只有在计算机的硬件和视频卡都满足特定的要求，才能显示 Aero 图形，具体操作步骤如下所述。

（1）在桌面空白处单击鼠标右键，在弹出的快捷菜单中选择【个性化】命令项，打开【个性化】窗口。

（2）在【个性化】窗口中选择【我的主题】或者【Aero 主题】中的一个主题，如图 2.45 所示。

图 2.45　【个性化】设置窗口

（3）然后关闭【个性化】窗口，即可完成 Aero 特效的设置工作。

习题 2

一、单项选择题

1．计算机系统中必不可少的软件是（　　　）。

　　A．操作系统　　　　　B．语言处理程序　　　　C．工具软件　　　　D．数据库管理系统

2．在计算机中，文件是存储在（　　　）。

　　A．磁盘上的一组相关信息的集合　　　　　　B．内存中的信息集合

　　C．存储介质上一组相关信息的集合　　　　　D．打印纸上的一组相关数据

3．Windows 7 目前有（　　）版本。

　　A．3　　　　　　　　　B．4　　　　　　　　　C．5　　　　　　　　D．6

4．在 Windows 7 的各个版本中，支持的功能最少的版本是（　　　）。

　　A．家庭普通版　　　　B．家庭高级版　　　　　C．专业版　　　　　D．旗舰版

5．Windows 7 是一种（　　　）。

   A．数据库软件　　　　B．应用软件　　　　　C．系统软件　　　　D．中文字处理软件

6．在 Windows 7 操作系统中，将打开窗口拖动到屏幕顶端，窗口会（　　　）。。

   A．关闭　　　　　　　B．消失　　　　　　　C．最大化　　　　　D．最小化

7．在 Windows 7 操作系统中，显示桌面的快捷键是　（　　　）。

   A．Win+D　　　　　　B．Win+P　　　　　　C．Win+Tab　　　　D．Alt+Tab

8．在 Windows 操作系统中，【Ctrl+C】是（　　　）命令的快捷键。

   A．复制　　　　　　　B．粘贴　　　　　　　C．剪切　　　　　　D．打印

9．在安装 Windows 7 的最低配置中，硬盘的基本要求是（　　　）GB 以上可用空间。

   A．8G 以上　　　　　B．16G 以上　　　　　C．30G 以上　　　　D．60G 以上

10．在 Windows 7 中，下列文件名正确的是（　　　）。

   A．My file1.txt　　　　B．file1/　　　　　　C．A<B.C　　　　　D．A>B.DOC

二、判断题

1．正版 Windows 7 操作系统不需要激活即可使用。　　　　　　　　　　　（　　　）

2．Windows 7 旗舰版支持的功能最多。　　　　　　　　　　　　　　　　（　　　）

3．任何一台计算机都可以安装 Windows 7 操作系统。　　　　　　　　　　（　　　）

4．要开启 Windows 7 的 Aero 效果，必须使用 Aero 主题。　　　　　　　（　　　）

5．在 Windows 7 中默认库被删除了就无法恢复。　　　　　　　　　　　　（　　　）

6．正版 Windows 7 操作系统不需要安装安全防护软件。　　　　　　　　　（　　　）

7．安装安全防护软件有助于保护计算机不受病毒侵害。　　　　　　　　　（　　　）

8．直接切断计算机供电的做法，对 Windows 7 系统有损害。　　　　　　　（　　　）

9．使用【开始】菜单上的【我最近的文档】命令将迅速打开最近使用的文档。（　　　）

10．任务栏可以拖动到桌面上的任何位置。　　　　　　　　　　　　　　（　　　）

三、填空题

1．在安装 Windows 7 的最低配置中，内存的基本要求是＿＿＿＿GB 及以上。

2．Windows 7 是由＿＿＿＿公司开发，是具有革命性变化的操作系统。

3．要安装 Windows 7，系统磁盘分区必须为＿＿＿＿格式。

4．在 Windows 操作系统中，Ctrl+V 是＿＿＿＿命令的快捷键。

5．Windows 7 有 4 个默认库，分别是视频、图片、＿＿＿＿和音乐。

6．记事本是 Windows 7 操作系统内带的专门用于＿＿＿＿＿＿＿的应用程序。

7．Windows 7 中"剪贴板"是一个可以临时存放＿＿＿＿、＿＿＿＿等信息的区域，专门用于在＿＿＿＿之间或＿＿＿＿之间传递信息。

8．磁盘是存储信息的物理介质，包括＿＿＿＿、＿＿＿＿。

9．在计算机中，"*"和"？"被称为＿＿＿＿。

10．＿＿＿＿是一个小型的文字处理软件，能够对文章进行一般的编辑和排版处理，还可以进行简单的图文混排。

Word 2010 文字处理软件

本章学习目标

- ➤ 熟悉 Word 2010 操作界面
- ➤ 熟练掌握 Word 2010 文档编辑的基本操作
- ➤ 掌握字符、段落及页面格式的设置方法
- ➤ 掌握表格的制作方法
- ➤ 掌握图文混排文档的制作方法
- ➤ 掌握长文档样式和目录的设置方法
- ➤ 掌握邮件合并文档的制作方法

美国微软公司推出的 Office 2010 办公集成软件主要包括 Word（文字处理软件）、Excel（电子表格软件）、PowerPoint（演示文稿制作软件）、Outlook（桌面信息管理软件）、Access（数据库管理软件）、Publisher（出版应用软件）等组件（或称应用程序），几乎涵盖了日常办公的各个方面。这些组件的用户界面统一，功能强大，并且各个组件之间能够协同工作，实现单个组件无法完成的任务。

Word 2010 是文字编辑处理软件，是 Office 2010 办公集成软件的一个重要组件，凭借友好的界面、方便的操作、强大的功能和简单易学等诸多优点，已成为目前应用最广泛的文字编辑处理软件之一。

3.1 Word 2010 概述

近年来，微软公司不断对 Word 文字处理软件的功能进行改进升级，Word 2010 与前期版本相比，界面更加清爽友好，操作更加简单易学，功能也更为强大齐全。Word 2010 可以方便地进行文档建立、编辑排版、制作表格、图文混排、预览打印、文档管理等一系列完整的文档处理过程，适宜制作各种文档，如日常办公文档、书刊、信函、宣传单、简历和网页等。

3.1.1 启动与退出 Word 2010

1. 启动 Word 2010

安装 Word 2010 后，就可以启动并使用该软件了。启动 Word 2010 的方法主要有以下三种。

（1）方法一：单击【开始】|【所有程序】|【Microsoft Office】|【Microsoft Office Word 2010】即可启动 Word 2010。

（2）方法二：安装 Word 2010 后，系统会自动在桌面上添加快捷方式，双击该快捷方式图标即可启动。

（3）方法三：双击图标为 的 Word 文档（扩展名为 docx），可启动 Word 2010 并打开该文档。

2．退出 Word 2010

退出 Word 2010 即关闭应用程序窗口，常用的退出方法有以下四种。

（1）方法一：单击 Word 窗口右上角的【关闭】按钮 。

（2）方法二：双击 Word 窗口左上角的控制菜单图标 。

（3）方法三：单击【文件】|【退出】命令。

（4）方法四：按键盘上的【Alt+F4】快捷键。

3.1.2　Word 2010 的工作界面

启动 Word 2010 之后，系统会自动建立一个名为"文档 1"的空白文档，打开如图 3.1 所示的工作界面。该工作界面与普通 Windows 窗口相比，增加了与文档编辑相关的区域，如快速访问工具栏、功能选项卡、功能区、文档编辑区等。

图 3.1　Word 2010 的工作界面

1．快速访问工具栏

快速访问工具栏用来存放常用的命令按钮，如保存、撤销、重复等，实现快速操作。如果需要添加或删除命令按钮，可以单击快速访问工具栏右侧的 按钮，在打开的下拉列表中选中相应的选项，前面有对勾的选项即可显示在快速访问工具栏。

2．标题栏

标题栏是 Windows 窗口的通用组件，用来显示用户正在编辑文档的文件名。

3．文件按钮

单击【文件】按钮，即可打开【文件】窗格，实现文档的保存、新建、打印和发送等操作。

4．功能选项卡

功能选项卡简称"选项卡"，默认包括【开始】、【插入】、【页面布局】、【引用】、【邮件】、【审阅】、【视图】等基本选项卡。除了基本选项卡之外，还有特定选项卡，只有在编辑特定的对象时才会出现。例如，在选定并编辑图片时会出现【图片工具格式】选项卡。

5．功能区

功能区包含许多选项、命令和按钮。功能选项卡和功能区是对应关系，选择某个功能选项卡即可打开与其对应的功能区。

6．组

功能组简称"组"，即功能区按功能分为若干个组。单击组右下角的功能扩展按钮，可打开该功能组的对话框或任务窗格。

7．标尺

标尺分为水平标尺和垂直标尺，用于对齐文本、图片等对象，也可用来调整缩进方式。用户可以通过单击【视图】|【显示】|【标尺】复选框，或者单击窗口中垂直滚动条上方的【标尺】按钮，控制标尺是否显示。

8．文档编辑区

文档编辑区是 Word 2010 工作界面中面积最大的一块空白区域，用于显示和编辑文本、图片、表格等对象。

9．快速浏览按钮

快速浏览按钮位于垂直滚动条下部，包括三个按钮、和，默认状态分别为"前一页""选择浏览对象"和"后一页"。单击时，光标移到上一页处；单击时，光标移到下一页处；单击时，弹出【选择浏览对象】对话框，系统提供了 12 种浏览对象供用户选择。例如选择的浏览对象为图形时，单击光标移到上一张图形处，单击光标移到下一张图形处。

10．状态栏

状态栏在窗口的底部，显示当前文档的状态信息。状态栏的左侧显示当前页码、总页数、字数、语言等信息；状态栏的右侧显示视图模式按钮、当前显示比例和显示比例滑块等。

3.2　文档的基本操作

3.2.1　建立新文档

启动 Word 2010 后，系统会自动建立一个名为"文档 1"的空白文档，用户可以直接使用它，也可以新建其他类型的文档，比如"博客文章""书法字帖""样本模板"等。

1．新建空白文档

如果需要再次建立一个空白文档，可单击【文件】|【新建】命令，在右侧出现的【可用模板】窗格中选择【空白文档】类型，单击【创建】按钮即可，如图 3.2 所示。

2．新建基于模板的文档

在 Word 2010 中内置了多种用途的模板，用户可以根据实际需要快速新建带有格式和内容的文档。使用模板创建文档的步骤如下所述。

（1）选择【文件】|【新建】命令。

（2）在右侧窗格【可用模板】中选择模板。

（3）单击【创建】或【下载】按钮（也可以直接双击该模板）即可创建基于该模板的文档。

图 3.2　新建空白文档

　　如图 3.3 所示，依次选择【文件】|【新建】|【可用模板】|【Office.com 模板】|【营销】|【小型商业广告传单（8.5×11，单面）】命令创建文档，单击【下载】按钮即可从微软的网站下载并新建基于所选模板的文档。

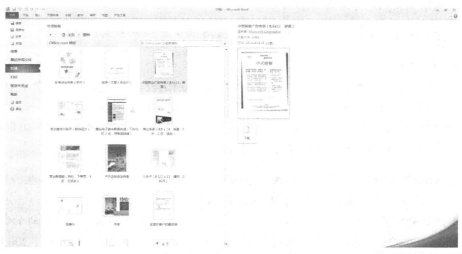

图 3.3　新建基于模板的文档

3.2.2　保存文档

　　在 Word 中编辑文档时，系统将文档临时存放在计算机的内存中，当退出 Word 或者关闭计算机之后，内存中的信息就会丢失。为了将文档资料长期保存，必须将它们保存在外存储器中。

1．保存新建文档

　　保存新建文档实际上是对文档进行首次保存操作，可应用以下方法打开如图 3.4 所示【另存为】对话框。

　　（1）方法一：单击【快速访问工具栏】中的【保存】按钮 。

　　（2）方法二：单击【文件】|【保存】命令。

（3）方法三：使用快捷键【Ctrl+S】。

图 3.4　【另存为】对话框

在【另存为】对话框中，选择保存位置，输入文件名，单击【保存】按钮即可保存新建文档。

首次保存文档后，标题栏中会显示刚刚输入的文件名，再次保存文档将不再弹出【另存为】对话框，直接对原文档进行覆盖保存。

提示　如果未保存就关闭 Word 窗口，系统会提醒用户保存文件后再退出。

2．另外保存文档

若对已经保存的文档进行编辑和修改后，执行保存操作会将原文档覆盖，如果希望保留原文档或者备份文档，可以采用另外保存文档的方式。选择【文件】|【另存为】命令，弹出【另存为】对话框，选择保存位置，输入文件名，默认的保存类型为"Word 文档（*.docx）"，可根据需要选择其他的保存类型，设置完成后单击【保存】按钮。

提示　自 Word 2007 版本开始 Word 操作界面与之前版本区别较大，且扩展名也不同，Word
97-2003 文档的扩展名为.doc，而 Word 2007 版本之后的文档的扩展名为.docx。高版
本能够兼容低版本，但低版本无法兼容高版本，如果要使 Word 2010 编辑的文档可以
用 Word 2003 之前的版本打开并编辑，需要在保存类型中选择"Word 97-2003 文档"。

3.2.3　打开文档

如果要对已有的 Word 文档进行查看、编辑等操作，首先应该打开该文档。打开文档的操作方法如下所述。

（1）方法一：单击【文件】|【打开】命令，弹出【打开】对话框，如图 3.5 所示，选择文件路径及名称，单击【打开】按钮。

（2）方法二：双击需要打开的 Word 文档。

提示　最近使用过的文档会显示在【文件】|【最近所用文件】|【最近使用的文档】列表中，
单击文档即可打开。

图 3.5 【打开】对话框

3.2.4 文档的显示方式

在 Word 2010 中，用户可以选择不同的方式来显示文档，例如选择不同的视图模式或使用不同的比例显示文档。

1. 视图模式

Word 2010 提供了 5 种视图模式用于显示文档，即页面视图、阅读版式视图、Web 版式视图、大纲视图和草稿视图。文档的视图模式可以在【视图】|【文档视图】组中选择不同的视图进行切换，如图 3.6 所示，也可以单击状态栏右侧的 ![视图按钮] 视图按钮进行切换。

图 3.6 【视图】选项卡

（1）页面视图

页面视图是 Word 2010 系统默认的视图方式，该视图方式是按照文档的打印效果显示文档，显示与实际打印效果完全相同的文件样式，具有"所见即所得"的效果。

（2）阅读版式视图

阅读版式视图是模拟书本阅读方式，即以图书的分栏样式显示，将两页文档同时显示在一个窗口的视图方式。

（3）Web 版式视图

Web 版式视图是以网页的形式显示文档，适用于发送电子邮件、创建和编辑 Web 页。文档在 Web 版式视图模式下和使用浏览器打开文档显示的效果相同。

（4）大纲视图

大纲视图主要用于查看文档的结构，以及通过拖动标题来移动、复制和重新组织文档结构，广泛应用于论文、书籍等长文档的快速浏览和编辑中。

（5）草稿视图

草稿视图主要用于以草稿形式查看文档，不显示页面边距、分栏、页眉页脚和图形对象等元素，简化了页面布局，用于快捷编辑文档。

2．显示比例

在 Word 2010 中，用户可以根据需要随时调整文档的显示比例，例如为了看到全貌而缩小文档显示比例，或是为了关注局部而放大文档显示比例。调整显示比例的方法主要有以下两种。

（1）方法一：切换至【视图】选项卡，在【显示比例】组选择【单页】、【双页】或【页宽】等选项，或单击【显示比例】选项，打开【显示比例】对话框，选择或输入所需的显示比例。

（2）方法二：用鼠标拖动位于状态栏右侧的【显示比例】滑块，调整文档的显示比例。

3.2.5　文本的输入与编辑

1．输入文本

在 Word 中输入和编辑文本时，插入符（即光标在文本编辑区中呈闪烁状的短竖线）非常重要，它决定了输入和修改文本的位置。要将插入符移动到现有文本的某个位置，可将鼠标指针移至该位置并单击鼠标左键；要将插入符移动到页面的空白处，则需要在该位置双击鼠标左键。

例如，要在"大数据时代.docx"文档中增加标题"大数据时代"。首先打开文档，插入符默认在文档的开始位置，无需移动，按回车键增加一个空行，在空行中间位置双击鼠标左键，插入符移动至首行中间位置，输入"大数据时代"，如图 3.7 所示。

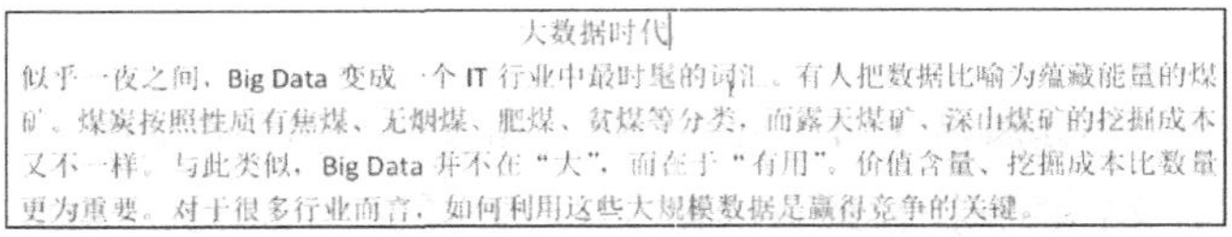

大数据时代

似乎一夜之间，Big Data 变成一个 IT 行业中最时髦的词汇。有人把数据比喻为蕴藏能量的煤矿。煤炭按照性质有焦煤、无烟煤、肥煤、贫煤等分类，而露天煤矿、深山煤矿的挖掘成本又不一样。与此类似，Big Data 并不在"大"，而在于"有用"。价值含量、挖掘成本比数量更为重要。对于很多行业而言，如何利用这些大规模数据是赢得竞争的关键。

图 3.7　输入标题

> 提示　输入文本时，文档默认状态为插入文本，状态栏显示【插入】状态，即进行文本插入；如果状态栏显示当前处于【改写】状态，输入的新文本将把插入点之后的文本替换掉，即进行文本改写。按【Insert】键或单击状态栏上的【插入】/【改写】标记，可以切换插入状态和改写状态。

2．插入符号和特殊字符

Word 2010 提供了插入符号和特殊字符的功能，操作步骤如下。

（1）移动插入符，选择【插入】|【符号】命令，如图 3.8 所示。

（2）单击【其他符号】选项，弹出如图 3.9 所示的【符号】对话框，选择要插入的符号。

图 3.8　【符号】命令下拉列表

图 3.9　【符号】对话框

（3）单击【插入】按钮，或者双击要插入的符号字符，即可完成符号的插入。

例如，要在"大数据时代.docx"文档末尾输入"※※※THE END※※※"，在【符号】对话框的【子集】下拉列表中选择【广义标点】，找到符号"※"，如图3.9所示，双击即可插入一个符号，重复操作，插入6个"※"符号。符号插入完成后，系统会将最近插入的符号显示在【插入】|【符号】命令的下拉列表中，方便后续操作。

3．选定文本

Word排版时，通常要遵守"先选择，再设置"原则，即在进行移动、复制、格式设置等操作之前，首先需要选定操作对象。用户可以利用鼠标或键盘等方式选定操作对象，被选定的对象以淡蓝色为底纹突出显示，如图3.10所示，标题"大数据时代"处于选定状态。若要取消选定，只需要在文档的任意位置单击鼠标即可。选定操作对象的方法如下所述。

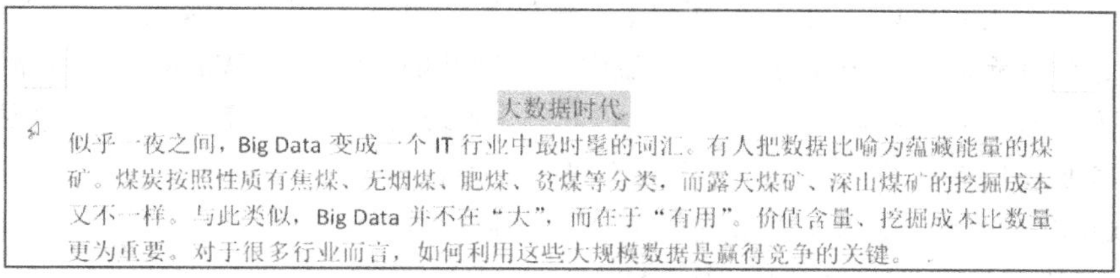

图3.10 被选定文本的特征

（1）方法一：使用鼠标。在Word中使用鼠标选定对象既方便又快捷，具体操作如表3.1所示。

表3.1 Word中的鼠标操作

要进行的操作	具体的操作方法
选定任何数量的文本	按住鼠标左键拖过这些文本
选定图片	单击这一图片
选定一行文本	在该行的左侧的选定区单击鼠标
选定一个段落	在该段左侧的选定区双击鼠标
选定整个文档	在该文档左侧的选定区三击鼠标

（2）方法二：使用键盘。用户也可以使用键盘，或者键盘与鼠标配合选定文本。常用的键盘快捷键操作如表3.2所示。

表3.2 Word中的键盘操作

要进行的操作	具体的操作方法
将选定范围扩展到行尾	按Shift+End键
将选定范围扩展到行首	按Shift+Home键
将选定范围扩展到文档结尾	按Ctrl+Shift+End键
将选定范围扩展到文档开头	按Ctrl+Shift+Home键
将选定范围扩展到整个文档	按Ctrl+A键
选定文档中的矩形范围	按住Alt键的同时用鼠标左键拖动出矩形区域

4．删除文本

用户删除文本时，如果文本较少，可将插入符移动到指定的位置，按【Backspace】键可删除插入符左侧的字符，按【Delete】键可删除插入符右侧的字符。如果需要删除的文本较多，可以先选择文本，然后按【Delete】键或【Backspace】键删除选中的文本。

5. 移动、复制、剪切、粘贴

（1）方法一：拖曳。

当用户在同一个文档中进行短距离的复制和移动文本时，可使用拖曳方法。使用拖曳的方法复制或移动文本时不经过"剪贴板"，因此该方法较为快捷，具体操作步骤如下所述。

① 选中要复制或移动的文本。

② 将鼠标指针移到选中区域内，使鼠标变成斜向上的箭头。

③ 按住鼠标左键拖动文本到新的位置即可实现文本的移动。如果按住【Ctrl】键的同时按住鼠标左键拖动，则将选中的文本复制到新的位置。

（2）方法二：利用剪贴板操作。

选取对象后，用户可以使用【开始】|【剪贴板】中的 剪切、 复制、 粘贴命令。剪切和复制操作是将对象存放到 Windows 剪贴板中，而粘贴操作则是将 Windows 剪贴板中的内容插入到插入符所在的位置。粘贴完成后，文本右下角会出现【粘贴选项】提示栏，如图 3.11 所示，用户可根据需要选择不同的粘贴选项，主要有以下几种。

① 【保留源格式】 ：粘贴文本的格式不变，将保留源格式。

② 【合并格式】 ：粘贴文本的格式将与目标格式一致。

③ 【只保留文本】 ：不仅源格式会被去掉，同时还会去掉图片等对象，只保留文本。

图 3.11　粘贴选项

6. 查找与替换

在大段的文章中寻找指定的某个字或词，用户如果采用手工查找的方法，速度慢而且容易出现遗漏和错误，而使用 Word 的"查找"和"替换"功能能够做到事半功倍。替换的操作方法如下所述。

（1）在【开始】|【编辑】组，单击 替换按钮，打开【查找和替换】对话框。

（2）输入查找和替换的内容，单击【全部替换】按钮，如图 3.12 所示。

如果只是进行查找，单击 查找按钮，打开【导航】任务窗格，如图 3.13 所示，输入查找内容，系统将以橙色底纹突出显示查找到的内容。单击 ▲ 按钮或 ▼ 按钮，可以依次定位到上一个或下一个查找的内容处。

图 3.12　【查找和替换】对话框

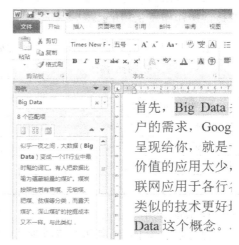

图 3.13　查找的"导航"任务窗格

另外，用户还可以查找限定格式的文本，并将替换的内容设置为特定的格式。操作方法是在【查找和替换】对话框中单击【更多】按钮，则对话框向下展开，如图 3.14 所示。例如，在"大数据时代.docx"文档中查找的内容格式设置为【区分大小写】，替换内容的字体格式设置为【黑体】、【加粗】，设置完成后单击【全部替换】按钮，系统替换完成后弹出如图 3.15所示的对话框。

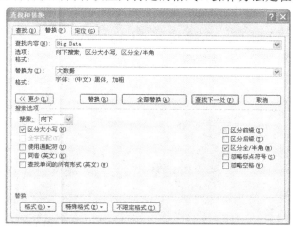

图 3.14 【查找和替换】对话框

7．操作的撤销、恢复和重复

在编辑文档的过程中，Word 会自动记录用户执行的操作，这使得撤销错误操作和恢复被撤销的操作非常容易实现。

（1）撤销

在编辑文档过程中，若误执行了某个操作，可单击【快速访问工具栏】中的【撤销】命令，或者按【Ctrl+Z】组合键撤销最近的一次操作。若要撤销多步操作，可重复执行【撤销】命令，或单击【撤销】命令右侧的下三角按钮，在打开的列表框中单击选择要撤销的操作，如图 3.16 所示。

图 3.15 替换完成

图 3.16 【撤销】下拉列表框

（2）恢复

执行撤销操作后又觉得没必要撤销，用户可以恢复已撤销掉的操作。单击【快速访问工具栏】中的【恢复】命令，或者按【Ctrl+Y】快捷键恢复被撤销的操作。若要恢复多步操作，可连续单击【恢复】命令。

（3）重复

【恢复】|【重复】按钮是个可变按钮，当用户撤销了某个操作时，该按钮变成了【恢复】按钮；当用户进行录入、编辑等操作时，该按钮变为【重复】按钮，允许用户重复执行最近的操作。例如，用户刚刚为一些文字设置了颜色，另外一些文字也要进行同样的操作，则可以选定文字，单击【重复】按钮，选定的文字也会被设置为相同的颜色。

3.2.6 打印文档

完成文档的编辑工作之后，就可以将文档打印出来了。为了准确地把握打印效果，通常需要在正式打印之前进行打印预览，操作方法为：选择【文件】|【打印】选项或单击快速访问工具栏中的【打印预览】按钮，对文档进行打印预览。如图 3.17 所示，右侧为预览区，中间区域为打印参数设置区，用户可以根据需要选择打印机、设置打印份数等。

图 3.17　打印设置

提示　系统默认的打印范围为打印所有页，如果需要更改打印范围，可以在【设置】栏中
单击【打印所有页】按钮，选择【打印当前页面】、【打印所选内容】、【打印自定义
范围】等选项，其中【打印自定义范围】选项需要用英文状态下的","和"-"确
定打印范围。例如打印文档的第 1 页、第 3 页、第 5 页，在文本框中输入"1,3,5"；
如果需要打印文档的第 3 页至第 6 页，则在文本框中输入"3-6"。

3.3　Word 简单排版

文档排版是指为了增强文档可读性及艺术性，设置字符格式、段落格式、页面格式等操作。
本节主要讲述 Word 2010 中简单格式的排版方法。

3.3.1　设置字符格式

在 Word 中字符可以是一个汉字，也可以是一个字母、一个数字或一个单独符号，设置字符格式
主要包括设置字符的字体、大小、粗细及颜色等。用户可以通过以下 4 种方式设置字符格式。

（1）方法一：通过浮动工具栏设置。

选中字符对象后松开鼠标，稍微向上移动鼠标会出现一个半透明的矩形区域。若将鼠标光标
移动至矩形区域，该区域即可清晰地显示出来，这个区域被称作浮动工具栏，它包含了最常用的
格式设置按钮，单击按钮可完成字符格式设置。

例如，选定"大数据时代.docx"文档正文第一段文字，通过浮动工具栏设置字符格式为"华
文隶书"、"四号"、"倾斜"、"紫色"，如图 3.18 所示。

（2）方法二：通过【字体】常用工具按钮设置。

切换至【开始】选项卡，利用【字体】组中的常用工具按钮来设置字体、字号、加粗、倾斜等格
式，如图 3.19 所示。将鼠标移至字体组的按钮时，按钮下方会自动弹出提示信息，说明该按钮的作用。

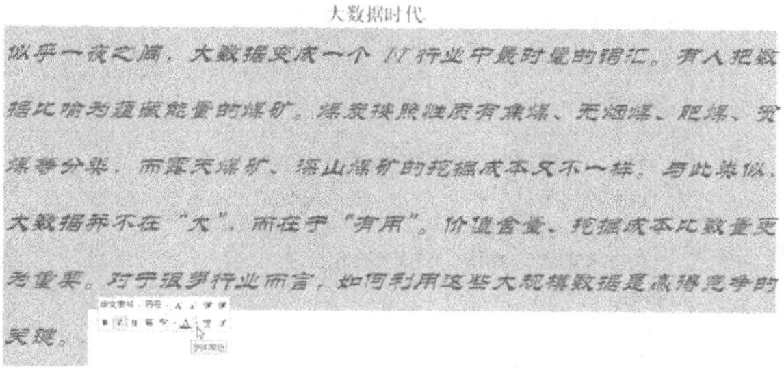

图 3.18 利用浮动工具栏设置字符格式

图 3.19 【字体】组

例如，在"大数据时代.docx"文档中将插入点移至正文第二段开始的位置，按【Ctrl+Shift+End】快捷键，选中正文第二段至文档末尾所有的文字，在【开始】|【字体】组中设置字符格式为"楷体""四号""深蓝"，如图 3.19 所示。

（3）方法三：通过【字体】对话框设置。

单击【开始】|【字体】组右下角的功能扩展按钮，弹出【字体】对话框，除了可以设置常用字符格式外，还可设置文字效果及字符间距等格式。

大 数 据 时 代

图 3.20 标题设置完成的效果图

图 3.20 所示为标题"大数据时代"设置字符格式的效果，具体操作步骤如下所述。

① 选定文档标题"大数据时代"，在【字体】对话框的【字体】标签中设置字符格式为黑体、加粗、小初、蓝色，如图 3.21 所示。

② 单击【文字效果】按钮，打开【设置文本效果格式】对话框，如图 3.22 所示，设置文字的【阴影】为【内部上方】、【映像】为【紧密映像，8pt 偏移量】。

③ 在【字体】对话框【高级】标签中设置【间距】为【加宽】、【磅值】为【5 磅】，如图 3.23 所示。

图 3.21 【字体】对话框

> 提示 字号有两种表示方法，一种是用"一号、小一、二号、三号"等表示字号名称，另一种用"5、5.5、6.5"等阿拉伯数字表示字号大小，单位是磅。后一种字号名称中的数值越大，字符的尺寸也越大，而前者则恰恰相反。

（4）方法四：通过【中文版式】按钮设置。

Word 还提供了一些符合中文习惯的文字效果，如"加注拼音""带圈字符""纵横混排""合并字符""双行合一""调整宽度"和"字符缩放"效果等。其中，"加注拼音""带圈字符"通过【开始】|【字体】|【带圈字符】⊕或【拼音指南】按钮来设置，而"纵横混排""合并字符""双行合一""调整宽度"和"字符缩放"效果则通过【开始】|【段落】组中的【中文版式】按钮设置，如图 3.24 所示。图 3.25 所示为中文版式的一些应用实例。

图 3.22　设置文本格式效果

图 3.23　字符间距设置

图 3.24　中文版式

图 3.25　中文版式实例

3.3.2　设置段落格式

段落是构成整个文档的骨架，由文字、图片、图形等加上段落标记↵构成。如果文档中没有任何段落标记显示，单击【开始】|【段落】组中的【显示/隐藏编辑标记】按钮，可显示或隐藏段落标记。为了使文档结构更加清晰，层次更加明了，Word 2010 提供了段落格式设置功能，包括段落的对齐方式、缩进方式、行间距和段间距等。在进行段落格式设置时，如果只对一个段落进行设置，通常不用选定，只需将光标置于段落中的任意位置即可。而如果需要对多个段落同时进行设置，需要遵循"先选择，再设置"原则，即先选择段落，再设置段落格式。通常情况，段落格式可通过以下三种方式进行设置。

① 方法一：通过常用工具按钮设置。选择【开始】|【段落】组中的常用工具按钮，如图 3.26 所示。

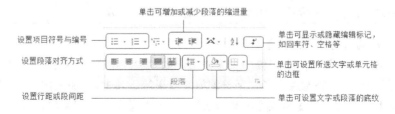

图 3.26　【段落】组常用工具

② 方法二：通过浮动工具栏设置。操作方法与字符格式的设置相同。

③ 方法三：通过【段落】对话框设置。单击【开始】|【段落】组右下角的功能扩展按钮 ，弹出【段落】对话框，在【缩进与间距】选项卡中进行设置，如图 3.27 所示。

1. 设置段落对齐方式

段落对齐是指文档边缘的对齐方式，Word 2010 提供了 5 种段落对齐方式。选择【开始】|【段落】组中的 、 、 、 和 按钮分别对应左对齐、居中、右对齐、两端对齐、分散对齐，系统默认的对齐方式是两端对齐。

（1）左对齐：使段落文本靠页面左边界对齐。

（2）居中对齐：使段落文本与页面中心对齐。

（3）右对齐：使段落文本靠页面右边界对齐。

（4）两端对齐：系统根据需要增加或缩小字符间距，使段落文本与页面的两端对齐，不满一行的文本靠左边界对齐。

（5）分散对齐：使段落中所有行的文本等间距地分散并布满在各行中。与"两端对齐"不同的是，不满一行的文本会均匀分布在左右边界之间。

图 3.28 所示为通过常用工具按钮设置段落右对齐的效果图。

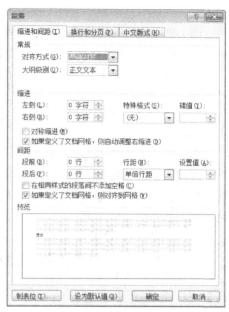

图 3.27 【段落】对话框

图 3.28 右对齐效果

2. 段落缩进

段落缩进是指段落两端与页边距的距离，Word 2010 提供了左缩进、右缩进、首行缩进和悬挂缩进 4 种方式。

（1）左缩进：使段落中所有行的左边界向右缩进。

（2）右缩进：使段落中所有行的右边界向左缩进。

（3）首行缩进：使段落首行文字相对其他行向内缩进。一般情况，首行缩进两个字符。

（4）悬挂缩进：段落中除首行外其他行向内缩进。

用户还可以通过水平标尺快速设置段落的缩进方式及缩进量，如图 3.29 所示，拖动各标记可直观地调整段落缩进。

图 3.29 通过水平标尺设置段落缩进

3．设置行间距和段间距

行间距，简称"行距"，指一行底部到下一行底部之间的距离。系统提供了以下几种设置行距的方式。

（1）单倍行距：系统的默认设置方式，也是最常用的方式。当文本的字体或字号发生变化时，行距也会自动调整。

（2）多倍行距：行距在单倍行距的基础上增加指定的倍数。

（3）固定值：行距为固定值，不会随字体、字号的大小而改变。

（4）最小值：行距为最小值。

段间距可分为段前间距和段后间距，本段首行与上段末行之间的距离叫做段前间距，本段末行与下段首行之间的距离叫作段后间距。

图 3.30 所示为设置"大数据时代.docx"文档正文第一段缩进方式为【左缩进】|【1 字符】，【右缩进】|【1 字符】，【首行缩进】|【2 字符】，行距为【固定值】、【28 磅】，段后间距为【0.5 行】。

图 3.30　段落格式设置

> 提示　在 Word 2010 中，可以使用厘米、英寸、毫米、磅和十二点活字作为度量单位。用户根据需要设置度量单位，操作方法为单击【文件】|【选项】|【高级】|【显示】|【度量单位】命令，打开下拉列表，选择所需的单位。如果段落设置时需要以字符或行为度量单位时，还需要选中【以字符宽度为度量单位】选项，如图 3.31 所示。

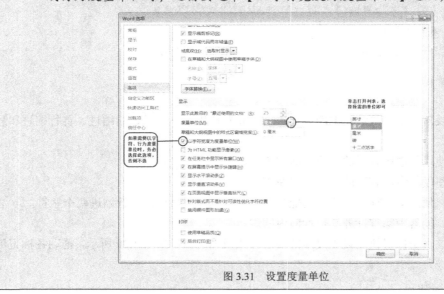

图 3.31　设置度量单位

3.3.3　利用格式刷复制格式

Word 2010 提供了格式刷的功能，可以实现格式复制，即将选定的文本、段落等对象的格式

复制并应用到其他对象上。选中文字，单击【开始】|【格式刷】按钮 ✔ 格式刷 ，鼠标就变成了一个小刷子的形状 🖌️，用这把小刷子"刷"过的文字格式就变得和之前选中的文字格式一样了；如果选中段落，单击【格式刷】按钮，则可以复制整个段落和文字的所有格式。

> 提示　双击"格式刷"可以将选中的格式多次应用于不同的对象，待编辑完成后再单击"格式刷"按钮即可恢复正常。

3.3.4　设置项目符号和编号

使用项目符号和编号可使文档条理清晰，层次分明。创建项目符号和编号的方法基本相同，单击【开始】|【段落】组中的【项目符号】☰ ▾ 或【编号】☰ ▾ 按钮即可。

3.3.5　设置首字下沉

首字下沉是将段落开头的第一个字或若干字母放大。放大的程度用户可以自行设置，并以下沉或悬挂的方式显示。设置首字下沉可以改善文档的外观，使文档更美观、更引人注意。

图 3.35 所示为"大数据时代.docx"文档第一段设置首字下沉的效果图。操作步骤如下所述。

（1）将光标放在需要设置首字下沉的段落，选择【插入】|【文本】|【首字下沉】选项，在弹出的下拉列表中选择【首字下沉】选项。

（2）弹出【首字下沉】对话框，选择【位置】选项下的【下沉】选项，将【选项】一栏中的【下沉行数】设为 3，如图 3.32 所示。

（3）设置完成后单击【确定】按钮，完成首字下沉制作。

图 3.32 【首字下沉】对话框

> 提示　若希望取消首字下沉的设置，在【首字下沉】对话框中选择【位置】选项下的【无】选项，即可取消。

3.3.6　设置页面格式

日常生活中，许多文档最终是以页面的形式打印输出的，因此页面的美观显得尤为重要。设置页面格式包括选择纸张的大小及方向、设置页边距、页面背景等，主要在【页面布局】选项卡中进行设置，如图 3.33 所示。具体案例详见 3.4.1。

图 3.33 【页面布局】选项卡

3.3.7　设置分栏

分栏是指按排版需求将文本分成若干个条块，使版面更为美观。设置分栏的方法是：选中需要分栏的文本，选中【页面布局】|【页面设置】组，单击 ☰ 分栏 ▾ 按钮，在弹出的菜单中可直接

设置分栏效果，也可以选择 更多分栏(C)... 命令，打开【分栏】对话框进行更加详细的设置，如设置【栏数】、【分割线】、栏的【宽度】和【间距】等，如图 3.34 所示。为"大数据时代.docx"正文第二段设置的分栏效果如图 3.35 所示。

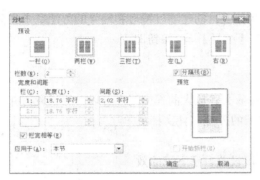

图 3.34　【分栏】对话框

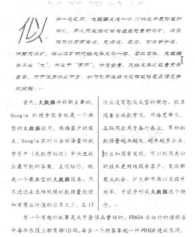

图 3.35　首字下沉以及分栏效果

3.3.8　插入页眉和页脚

页眉和页脚是指文档的每个页面的顶部、底部和两侧页边距（即页面上打印区域以外的空白空间）。通常比较正式的文档比如论文、书籍等需要设置页眉和页脚，用于显示文档的附加信息，如页码、时间、日期、标题、作者、徽标等，得体的页眉和页脚会使文档显得更加规范，也会给读者带来方便。

图 3.36 所示为"大数据时代.docx"文档插入页眉和页码的效果图，具体操作步骤如下。

图 3.36　插入页眉和页码的效果图

（1）单击【插入】|【页眉和页脚】|【页眉】选项，在弹出的选项列表中选择【空白】，激活页眉区域，工作界面出现【页眉和页脚工具设计】选项卡，如图 3.37 所示。

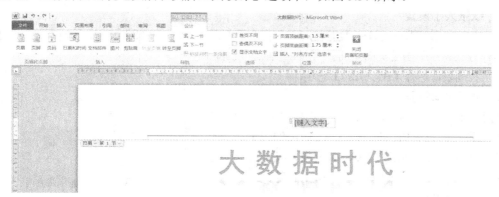

图 3.37 插入页眉

（2）在页眉文本输入框中输入"大数据时代"。

（3）页眉设置完成，单击【页眉和页脚工具设计】|【关闭页眉和页脚】命令，返回文档编辑界面。

（4）单击【插入】|【页眉和页脚】|【页码】选项，选择【页面底端】|【普通数字 2】选项，如图 3.38 所示。

图 3.38 插入页码

（5）页码设置完成，单击【页眉和页脚工具设计】|【关闭页眉和页脚】命令。

3.4 图文混排

在 Word 中，用户不仅可以对文字进行排版，还可以通过插入图片、艺术字、绘制图形等功能制作图文并茂的文档效果。下面以制作一张贺卡文档为例，学习制作图文混排文档的方法。

3.4.1　准备工作

1．纸张大小设置

Word 2010 系统默认的纸张大小为 A4，贺卡文档拟采用 B5 型号的纸张，需要对纸张大小进行设置。操作方法为：单击【页面布局】|【页面设置】|【纸张大小】下拉列表，选择【B5（JIS）】选项。

2．纸张方向设置

纸张方向有"横向"和"纵向"两种，Word 2010 中默认的纸张方向为纵向。贺卡文档拟采用"横向"，操作方法为：单击【页面布局】|【页面设置】|【纸张方向】下拉列表，选择【横向】即可，如图 3.39 所示。

图 3.39　设置纸张方向

3．页面背景设置

页面背景包括水印、页面颜色及页面边框等，可在【页面布局】|【页面背景】组中进行设置。贺卡文档页面背景设置的操作步骤如下所述。

（1）单击【页面布局】|【页面背景】|【页面边框】，弹出【边框与底纹】对话框，切换至【页面边框】标签，如图 3.40 所示。

（2）在【艺术型】边框中选择边框样式。

（3）单击【页面布局】|【页面背景】|【页面颜色】下拉列表，选择【填充效果】选项。

（4）弹出【填充效果】对话框，切换至【纹理】标签，选择【羊皮纸】纹理，如图 3.41 所示。

图 3.40　【页面边框】设置

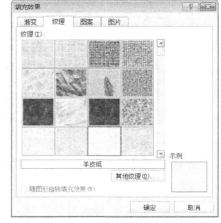

图 3.41　设置纹理填充效果

3.4.2　插入图片/剪贴画

为了使文档更加美观生动，可以在其中插入图片。在 Word 2010 中，不仅可以插入系统提供的剪贴画，还可以插入外部图片。

1．插入剪贴画

Word 2010 提供的剪贴画库内容丰富、设计精美、色彩鲜艳、空间占用小，能够表达不同的主题，适合于制作各种文档。

选择【插入】|【插图】组中的【剪贴画】按钮，在弹出的【剪贴画】任务窗格中输入搜索文字，单击【搜索】按钮即可显示相关的剪贴画缩略图，单击剪贴画可将其插入到文档中。

2．插入外部图片

插入外部图片是指在文档中插入计算机中已保存的图片，具体操作方法如下所述。

（1）选择【插入】|【插图】|【图片】按钮，打开【插入图片】对话框。

（2）指定图片位置，选择需要插入的图片文件。

（3）单击【插入】按钮，如图 3.42 所示。

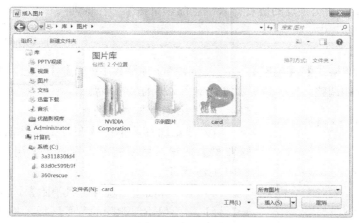

图 3.42　插入图片

3．选定图片

在对图片进行设置之前，首先应选定图片。单击图片的任意位置，图片四周将显示 8 个控点，同时 Word 工作界面中会出现【图片工具格式】选项卡，用户可以通过该选项卡对图片的大小、位置、样式等格式进行设置，如图 3.43 所示。

图 3.43　【图片工具格式】选项卡

4．缩放图片

插入图片后，通常需要对图片的大小进行调整，从而更好地适应版面，主要有以下两种方法。

（1）方法一：利用控制点调整图片大小。选定图片，将鼠标光标移动到控点上，鼠标呈双向箭头显示，进行拖曳操作，图片随之放大或缩小。

（2）方法二：在选项卡中设置图片大小。如果对图片的大小要求比较精确，则应指定图片的高度和宽度。选定图片，切换至【图片工具格式】选项卡，在【大小】组中输入高度和宽度值。

5．裁剪图片

选定图片，单击【图片工具格式】|【大小】|【裁剪】按钮，拖曳图片边框的控点即可实现裁剪操作。

6．设置图片自动换行方式

图片插入成功后，默认的【自动换行】方式为【嵌入型】，通常无法移动图片的位置，用户可以通

过设置图片的自动换行方式，将其移动到文档中的其他位置。在贺卡文档中，将图片的自动换行方式设置为"四周型环绕"，操作方法为：单击【图片工具格式】|【排列】|【自动换行】下拉列表，选择【四周型环绕】选项，如图 3.44 所示。设置完成后，用鼠标将图片拖放至页面右下角的位置。

7．应用图片样式

在 Word 2010 中，可以为图片添加多种图片样式。图片样式的设置可在【图片工具格式】|【图片样式】组中完成。单击样式列表右下角的其他按钮 ，显示系统预设的所有样式示意图，单击某一样式即可将其应用在选定的图片中。

图 3.44　图片自动换行方式

8．调整图片

选择【图片工具格式】|【调整】组，单击【删除背景】、【更正】、【颜色】、【艺术效果】等选项可以实现对图片的调整，使图片更加符合整个文档的风格和要求。在贺卡文档中删除图片的背景色，具体操作步骤如下所述。

图 3.45　调整删除背景区域

（1）选定图片，单击【图片工具格式】|【调整】|【删除背景】按钮，系统智能识别背景并用玫红色突出显示，如图 3.45 所示。

（2）工作界面中出现【背景消除】选项卡，如图 3.46 所示。标记需要保留或删除的背景区域，拖动图片中的控点，调整图片显示区域。

（3）设置完成后，单击【保留更改】命令，图片背景即可删除，如图 3.47 所示。

图 3.46　【背景消除】选项卡

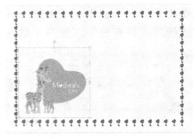

图 3.47　完成背景删除效果

> 提示　当对图片的大小、边框、样式等进行调整后，若需要返回到图片初始的格式，可选择【调整】组中的 重设图片按钮撤销对图片的所有更改。

3.4.3　插入艺术字

在报纸、广告、请柬、节目单等文档中经常会使用各式各样的艺术字，给文档增添了强烈的视觉冲击效果。Word 提供了艺术字功能，使文档更加生动醒目，插入艺术字后系统会激活【绘图工具格式】选项卡，如图 3.48 所示。

在贺卡文档中插入"母亲节快乐"几个艺术字，效果如图 3.49 所示，具体操作方法如下所述。

（1）选择【插入】|【文本】|【艺术字】下拉列表 ，显示艺术字式样列表，如图 3.50 所示。

图 3.48 【绘图工具格式】选项卡

图 3.49 贺卡文档效果图

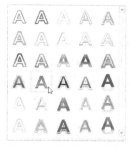

图 3.50 选择艺术字样式

（2）单击选择渐变填充 - 橙色，强调文字颜色 6，内部阴影样式，文档编辑区出现艺术字"请在此放置您的文字"，用鼠标单击，将文字替换为"母亲节快乐！"。

（3）单击【绘图工具格式】|【艺术字样式】|【文本效果】|【转换】按钮，在选项中选择【弯曲】|【双波形 2】。

（4）单击【绘图工具格式】|【艺术字样式】|【文本效果】|【阴影】按钮，选择【透视】|【右上对角透视】选项。

（5）用鼠标拖动艺术字至合适的位置。

3.4.4 绘制文本框

文本框是存放文本图形等对象的容器，可置于页面中的任何位置，并可以随意调整大小。文本框属于一种特殊图形对象，插入文本框后，系统激活【绘图工具格式】选项卡，所有编辑和处理图形的方法对文本框也适用。

在贺卡文档中，为了方便调整贺词的位置和显示区域，使用文本框的形式制作了贺词，效果如图 3.49 所示，具体操作步骤如下所述。

（1）单击【插入】|【文本】|【文本框】|【绘制文本框】选项，此时鼠标形状变为十。

（2）用鼠标左键在页面中拖动，绘制出一个文本框，输入贺词，并设置贺词字符格式。

（3）选定文本框，单击【绘图工具格式】|【形状样式】|【形状填充】按钮，选择【无填充颜色】选项。

（4）单击【绘图工具格式】|【形状样式】|【形状轮廓】按钮，选择【无轮廓】选项。

（5）拖曳文本框至合适的位置，并调整大小。

3.4.5 绘制形状

形状是指一些由简单线条组合而成的图形。Word 2010 为用户提供了一些预定义的形状，包括直线、箭头、流程图、星与旗帜、标注等。

1. 插入形状

选择【插入】|【插图】组，单击【形状】按钮，打开【形状】选项下拉列表，从中选

择所需的形状，此时鼠标将变为十，在文档中拖曳鼠标光标绘制形状。

2．修饰形状

绘制形状或选定形状后，如同插入艺术字、文本框一样，系统激活【绘图工具格式】选项卡。该选项卡提供了形状格式设置选项，可对形状进行具体的设置。

3．组合形状

为了方便整体调整和移动形状，可以将多个形状组合为一个形状。

图 3.51 所示为利用绘制形状功能制作的"办公室文员岗位要求"图形，具体操作步骤如下所述。

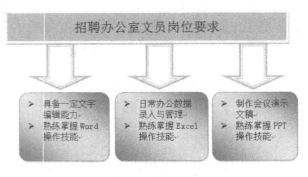

图 3.51 绘制形状

（1）选择【插入】|【插图】|【形状】按钮，打开形状下拉列表，在文档中绘制 7 个基本形状，单击【绘图工具格式】|【形状样式】|【其他】下拉按钮，为每个形状设置了样式（相同的形状也可复制）。

（2）用鼠标右键单击形状，选择【添加文字】命令，在形状中输入文字并调整文字大小。

（3）按住【Ctrl】键或者【Shift】键，逐一选择 7 个形状，单击【绘图工具格式】|【排列】|【组合】命令，将形状组合在一起。

3.4.6 绘制 SmartArt 图形

SmartArt 图形主要用于制作组织结构图、流程图等，是信息和观点的视觉表示形式，可以使文档更加形象生动。

1．插入 SmartArt 图形

单击【插入】|【插图】|【SmartArt】按钮，打开【选择 SmartArt 图形】对话框，如图 3.52 所示，从中选择所需样式，单击【确定】按钮返回文档编辑区，在插入的 SmartArt 图形中单击文本占位符输入合适的文字。

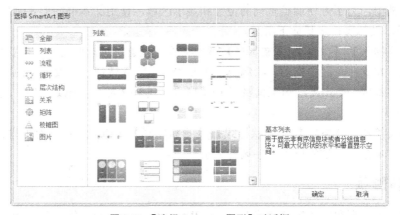

图 3.52 【选择 AmartArt 图形】对话框

2．编辑 SmartArt 图形

插入 SmartArt 图形将激活的【SmartArt 工具设计】和【SmartArt 工具格式】选项卡。

（1）【SmartArt 工具设计】选项卡如图 3.53 所示，可为 SmartArt 图形添加形状、设置布局以及设置 SmartArt 样式等。

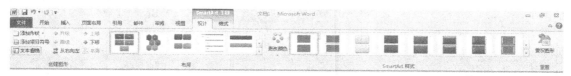

图 3.53 【SmartArt 工具设计】选项卡

（2）【SmartArt 工具格式】选项卡如图 3.54 所示，可设置 SmartArt 图形的形状样式、大小等。

图 3.54 【SmartArt 工具设计】选项卡

图 3.55 所示为利用 SmartArt 工具制作的"田径运动会项目设置"图形，分别使用了两种布局方式。

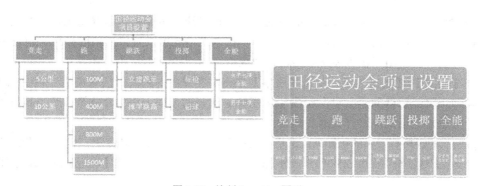

图 3.55 绘制 SmartArt 图形

3.4.7 插入公式

在文档编辑过程中，有时需要输入如图 3.56 所示的数学公式。Word 2010 提供了高效的数学公式输入方式，具体操作方法如下所述。

（1）单击【插入】|【符号】|【公式】按钮，打开下拉列表，选择【内置】|【傅立叶级数】公式，即可在当前的文档中插入图 3.56 所示的第一个数学公式，系统激活【公式工具设计】选项卡，如图 3.57 所示。

（2）将插入符移至文档空白处，单击【插入】|【符号】|【公式】|【插入新公式】命令。

（3）文档编辑窗口出现公式编辑框，可以直接键入公式，输入"P="，单击【公式工具设计】|【结构】|【根式】按钮，选择【根式】|【平方根】选项，依次选择极限、上下标、分数、根式等结构，完成如图 3.56 所示的第二个数学公式的输入。

$$f(x) = a_0 + \sum_{n=1}^{\infty} \left(a_n \cos \frac{n\pi x}{L} + b_n \sin \frac{n\pi x}{L} \right)$$

$$P = \sqrt{\lim_{n \to \infty} \left(\frac{\pi}{2} + \frac{\sqrt{y}}{x^2} + \frac{1}{n} \right)^n}$$

图 3.56 插入公式

图 3.57　【公式工具设计】选项卡

3.5　处理表格

表格作为日常工作中一种常见的简明扼要的表达方式，具有结构严谨、效果直观、信息量大等特点。表格由行和列组成，表格中容纳资料的基本单元简称为"单元格"，单元格可容纳文本、图形、图片等信息。

3.5.1　创建表格

Word 2010 提供了多种创建表格的方法，不仅可以通过按钮或对话框完成表格的创建，还可以根据内置的样式快速插入表格，对于简单的不规则表格还可以直接拖动鼠标来绘制表格。

（1）方法一：使用【插入表格】按钮创建表格。

选择【插入】|【表格】组，单击【表格】按钮，在弹出的列表"插入表格"栏中拖动鼠标，文档中随即预览出表格创建效果，如图 3.58 所示，选择要创建表格的行列数，单击鼠标即可。

（2）方法二：插入指定行列数的表格。

如果插入的表格有较多的行和列，选择【表格】按钮的下拉列表中的 插入表格(I)... 选项，打开【插入表格】对话框，如图 3.59 所示，分别输入表格行数和列数，单击【确定】按钮即可插入表格。

图 3.58　表格列表

图 3.59　【插入表格】对话框

（3）方法三：绘制表格。

对于一些不规则的表格，可以使用绘制表格的方法来创建表格。选择【表格】按钮的下拉列表中的 绘制表格(D)选项，这时鼠标变为一支笔的形状，可以用它在页面中绘制表格边框线。绘制表格时，激活【表格工具设计】和【表格工具布局】选项卡，如图 3.60 和图 3.61 所示。绘制完表格后单击【绘制表格】按钮完成操作，如果绘制了多余的边框线，可以使用【擦除】按钮删除。

图 3.60 【表格工具设计】选项卡

图 3.61 【表格工具布局】选项卡

（4）方法四：制作快速表格。

选择【表格】按钮的下拉列表中的【快速表格】选项，则显示常用的内置表格样式，选定某一种样式即可快速插入具有特定样式的表格。

（5）方法五：将文本转换成表格。

若将文本转换成表格，数据之间需要由特殊的分隔符（如空格、逗号、制表符、段落标记等）分隔开，且分隔符不能用全角字符，具体操作步骤如下所述。

① 选定需转换成表格的文本。

② 选择【插入】|【表格】组，单击【表格】按钮，如图 3.62 所示，在弹出的菜单中选择 文本转换成表格(V).../选项，弹出的对话框如图 3.63 所示。

图 3.62 文本转化为表格

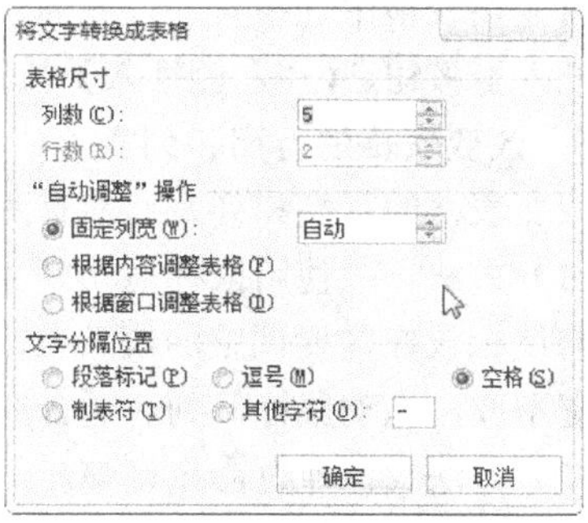

图 3.63 【将文字转化为表格】对话框

③ 设置完成后单击【确定】按钮。图 3.64 所示为文本转化为表格的效果图。

课程表

星期一	星期二	星期三	星期四	星期五
大学英语	计算机	大学语文	健美操	田径

图 3.64 文本转化为表格效果

提示　如果未选择文本， 文本转换成表格(V)...选项为灰色，不可使用。

表格同样可以转换为文本，方法为：选定表格，单击【表格工具布局】|【数据】|【转化为文本】。

3.5.2　编辑表格

1．在表格中移动光标位置

在表格中移动光标位置，可敲击【←】和【→】键，还可以按【Tab】键，每次可以向右移动一个单元格，如果按住【Shift】键的同时再按一下【Tab】键，则向左移动一个单元格。

2．选定表格内容

选定表格中的内容，方法如表 3.3 所示。此外，选定单元格、列、行或整个表格，也可选择【表格工具布局】|【表】组，单击【选择】下拉列表。

表 3.3　　　　　　　　　　　　　选定表格方法

选 定 对 象	操 　　作
一个单元格	单击单元格左端的选定标记 ⏎
一行	单击该行的左侧
一列	把光标移动到某列顶端呈现 ↓ 时，单击鼠标
多个单元格、行或列	在要选定的单元格、行或列上拖动鼠标
选定整个表格	单击表格左上角的 ⊞ 图标

3．删除表格对象及内容

（1）删除表格内容：首先选定要删除的表格内容，然后按下【Delete】键。

（2）删除表格、单元格、行或列：首先选定删除对象，或将鼠标放置在需要删除的对象中，选择【表格工具布局】|【行和列】组，单击【删除】按钮弹出下拉列表，选择所需的命令。

4．在表格中插入行或列

首先在表格中选中某一行或列，选择【表格工具布局】|【行和列】组，单击插入方式，如【在下方插入】按钮、【在左侧插入】按钮等。

5．改变表格的行高和列宽

改变表格的行高和列宽通常有两种方法。具体如下所述。

（1）方法一：使用鼠标拖动。

将鼠标放在需要调整的线条上，如果是竖线，光标变成 ◀┃▶；如果是横线，光标变成 ≑ 形。按住左键不放，拖动鼠标，到达适合的宽度或高度放开左键，完成操作。

（2）方法二：通过命令调整。

选定需要调整的列或行，选择【布局】|【单元格大小】组，单击【自动调整】按钮，在弹出的菜单中选择 ▦ 根据内容自动调整表格(C)选项、▦ 根据窗口自动调整表格(W)选项或 ▦ 固定列宽(N)选项。如果对行高和列宽有具体值的要求，则可在 ▦ 高度:和 ▦ 宽度:数值框里输入相应的数值。

> 提示　要将多行或多列表格的高度或宽度设置为相同，可以在选定行或列后单击 ▦ 分布行或 ▦ 分布列按钮实现平均分布行或列。

6．单元格的合并或拆分

合并是指将多个对象（单元格或表格）合并成一个，拆分是指将一个或多个对象分成若干个。单元格的合并或拆分首先选定要操作的单元格，选择【布局】|【合并】组，单击 ▦ 合并单元格或 ▦ 拆分单元格按钮。若是拆分单元格，将打开【拆分单元格】对话框，用来设置需要拆分的列数和行数。

7．设置对齐方式

为了使表格更加美观，通常需要设置表格和单元格的对齐方式。

（1）表格的对齐方式

将插入符定位到表格中，单击【表格工具布局】|【表】|【属性】按钮，弹出【表格属性】对话框，选择【表格】标签，在【对齐方式】栏中选择对齐方式。

（2）单元格的对齐方式

将插入符定位到单元格中，切换至【表格工具布局】|【对齐方式】组，其中显示了 9 种对齐方式，选择所需的对齐方式即可。

8．设置斜线表头

绘制简单的斜线表头，可以单击【表格工具设计】|【绘图边框】|【绘制表格】按钮，在单元格内手动绘制对角线。也可以通过【表格工具设计】|【边框】|【边框】|【斜下框线】选项绘制斜线表头。

斜线表头绘制完成后，输入相应的表头文字，根据单元格空间设置文字大小，并通过输入空格与回车符将表头文字移动到合适的位置。

图 3.65 所示为利用上述创建表格和编辑表格的操作方法，设计制作的"课程表"文档效果图。

课程表

节次＼星期		星期一	星期二	星期三	星期四	星期五
上午	1	大学英语	计算机	大学语文	健美操	田径
	2		教育学			
	3	音乐鉴赏		高等数学	大学英语	教育学
	4		健美操			
下午	5	高等数学	田径		游泳	计算机
	6	大学语文				音乐鉴赏
	7		跆拳道		跆拳道	
	8	自由活动				

图 3.65　课表制作效果

3.5.3　格式化表格

1．设置表格边框和底纹

将插入点定位在表格中，切换至【表格工具设计】|【绘图边框】组，单击功能扩展按钮，弹出【边框和底纹】对话框，设置边框样式和底纹颜色，如图 3.66 所示。

2．套用表格样式

Word 2010 为我们预定义了多种表格样式，可以根据需要套用表格样式。

将插入点定位在表格中，单击选择【表格工具设计】|【表格样式】|【其他】下拉按钮，在弹出的下拉列表中选择一种表格样式。还可根据需要在【表格工具设计】|【表格样式选项】组中设定子样式，如"标题行"、"第一列"和"镶边列"等。

3．表格的跨页处理

若一张表格在一个页面中无法全部显示，

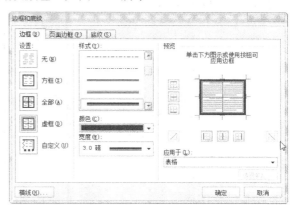

图 3.66　设置表格边框和底纹

就会出现表格跨页问题。为了防止表格在另一页缺少标题行，可以选中表格或将鼠标放置在标题行，切换至【表格工具布局】|【数据】组，单击【重复标题行】按钮，即可在另一页面自动添加

标题行，如图 3.67 所示。

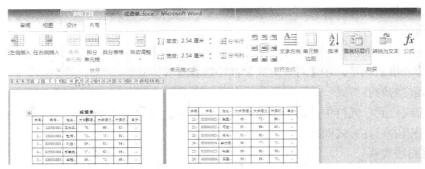

图 3.67　设置重复标题行

3.5.4　表格中的数据处理

1．表格中的计算

用户可以对表格中的数值型数据进行简单计算，如求和、求平均值等。计算成绩单表格中的"总分""平均分"的操作步骤如下所述。

（1）将光标置于第一位同学的总分单元格。

（2）切换至【表格工具布局】选项卡，在【数据】组中单击【公式】按钮，打开【公式】对话框，在【公式】文本框中显示系统默认的求和公式，如图 3.68 所示，单击【确定】按钮，则求出第一位同学的"总分"，依次插入公式，在最后一行的"总分"单元格中将【公式】文本框中的公式删除，输入"=SUM(LEFT)"，求出所有同学的总分。

（3）将光标定位在"大学英语"列最下方的单元格中，单击【公式】按钮，打开【公式】对话框，将【公式】文本框中的公式删除，输入"=AVERAGE(ABOVE)"，则求出"大学英语"课程的平均分。采用同样的办法，依次求出"大学语文"和"计算机"的平均成绩。

（4）若原始数据有变动，公式则需要重新计算，一种方法是删除原有公式并重新插入公式；另一种方法是将鼠标选中需要更新的公式单元格，单击鼠标右键，在弹出的快捷命令中选择【更新域】，如图 3.69 所示。

图 3.68　插入公式

图 3.69　更新公式

2．表格中的数据排序

在 Word 2010 中，可以按照递增和递减的顺序把表格的内容按笔画、数字、拼音及日期进行排序。

成绩单表格设置数据排序的操作方法如下所述。

（1）选中成绩单表格除最后一行平均分行外所有的行。

（2）切换至【表格工具布局】选项卡，在【数据】组中单击【排序】按钮，打开【排序】对话框，如图 3.70 所示。

（3）设置【主要关键字】为"总分""降序"，【次要关键字】为"学号""升序"，单击【确定】按钮。

图 3.70 【排序】对话框

> 提示 设置表格排序时，【排序】对话框中【列表】项若选择【有标题行】选项，则表格标题行不参与排序，否则标题行会参与排序。本例中由于设置了重复标题行，【列表】选项为【有标题行】且不能修改。

3.6 高级排版

3.6.1 设置样式

样式是指字符格式和段落格式的集合。使用样式可以确保格式编排的一致性，显著提高格式编排的效率。

1. 查看与应用样式

在文档编辑区选择文本，在【开始】|【样式】组中处于选中的按钮即表示该文本应用的样式。在 Word 2010 中，若需要应用其他内置样式，单击【样式】组中的【其他】按钮▼弹出样式列表，从中选择样式即可，图 3.71 所示是为"一、主办单位"应用"标题 1"样式的效果。

图 3.71 应用样式

2. 新建与修改样式

（1）新建样式

如果样式库中的样式不符合当前文本格式的要求，可以新建样式，具体操作步骤如下所述。

① 单击【开始】|【样式】组中的功能扩展按钮，打开【样式】任务窗格，如图 3.71 所示。

② 单击【样式】任务窗格左下角的【新建样式】按钮，打开【根据格式设置创建新样式】对话框，在【属性】组中输入"名称"，选择"样式类型"、"样式基准"和"后续段落样式"，单击【格式】按钮设置字体、字号等，具体设置如图 3.72 所示。

（2）修改样式

若要修改某一个已经存在的样式，例如将刚刚新建的"bt"样式的大纲级别修改为"1 级"，具体操作步骤如下所述。

① 单击【开始】|【样式】组中的功能扩展按钮，打开【样式】任务窗格。

② 在【样式】任务窗格中，将鼠标移动至需要更改的样式名称上，单击鼠标右键，在弹出的菜单中选择【修改】命令，打开【修改样式】对话框，如图 3.73 所示。

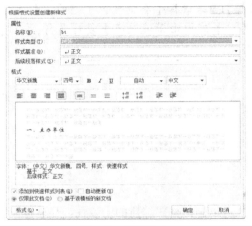

图 3.72 新建样式

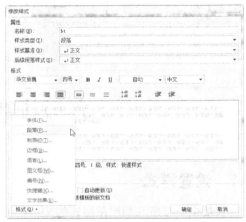

图 3.73 修改样式

③ 在【修改样式】对话框中，单击左下角的【格式】按钮，在弹出的选项列表中选择【段落】选项，弹出【段落】对话框，如图 3.74 所示。

④ 选择【缩进和间距】标签，单击【常规】项下的【大纲级别】下拉列表按钮，选择【1 级】选项，单击【确定】按钮。

图 3.75 所示为"运动会竞赛规程.docx"文档中一级标题"主办单位""承办单位"等应用了"bt"样式的效果图。

图 3.74 修改样式

图 3.75 使用样式后的效果图

3.6.2 设置文档目录

在篇幅较长的文档中（如书籍、论文等）通常将文档分为若干章节，Word 2010 提供了使用文档中的章节标题自动生成目录的功能，能够帮助用户快速掌握文档内容，查找所需信息，纵览全文结构并管理文档。

1. 创建文档目录

图 3.76 所示为"运动会竞赛规则"文档创建目录后的效果图，具体操作步骤如下所述。

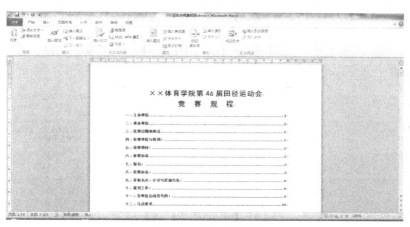

图 3.76 创建文档目录

（1）打开"运动会竞赛规则.docx"文档，单击【视图】|【文档视图】|【大纲视图】按钮，文档进入大纲视图模式，同时在功能区中出现【大纲】选项卡，如图 3.77 所示。

（2）选择一个文档的一级标题，在【大纲】选项卡【大纲工具】组中设置【大纲级别】为【1级】，依次设置所有的一级标题。若希望目录中包含二级标题和三级标题，则将文档的二级标题大纲级别设置为【2级】，三级标题大纲级别设置为【3级】。

（3）单击【关闭】|【关闭大纲视图】按钮，返回页面视图。

（4）将光标定位到要存放目录的位置，单击【引用】|【目录】|【目录】按钮，在展开的下拉列表中选择【插入目录】选项。

（5）打开【目录】对话框，如图 3.78 所示。单击【格式】后的下拉式按钮 未目模板 ，从列表框中选择"正式"；单击制表符前导符⑱：的下拉式按钮，从中选择目录名与页码之间的连接符；单击【显示级别】后的调节按

图 3.77 【大纲】选项卡

钮 ，选择提取目录的级别，设置完成后单击【确定】按钮，则目录建立成功。

2．更新文档目录

插入目录后，若因后期修改目录标题或增删正文内容导致页码变化而需要更新目录，具体操作步骤如下所述。

（1）单击【引用】|【目录】|【更新目录】按钮，弹出的【更新目录】对话框，如图 3.79 所示。

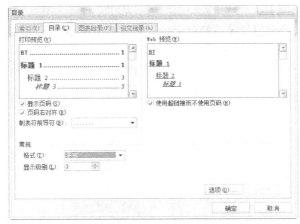

图 3.78　插入目录

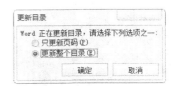

图 3.79　更新目录

（2）根据需要选择【只更新页码】或【更新整个目录】选项。

（3）单击【确定】按钮，完成目录更新。

3.6.3　制作邮件合并文档

在日常生活和工作中，有时需要制作多个内容大体相同的文档，利用 Word 2010 提供的邮件合并功能，只需要编辑两个文件即可批量生成多个文件，让工作更有效率。

邮件合并的原理是：将内容相同的部分保存成一个文档，称为主文档；将内容不同部分以表格形式保存到另外一个文档，称为数据源；然后将数据源中的信息合并到主文档，称为"合并域"；最后批量生成若干文档。邮件合并不仅仅用于处理邮件，具有上述原理的文档都可以用到邮件合并功能。

邮件合并需要建立主文档和数据源两个文档，这两个文档可预先建立，也可在编辑的过程中临时创建并使用。

邮件合并通常包含以下 4 个步骤，下面以制作"成绩报告单"为例，介绍制作邮件合并文档的过程。

1．创建主文档

利用前期学到的知识，新建一个如图 3.80 所示的 Word 文档，另存为"成绩单.docx"。

2．创建数据文档

在本例中使用之前编辑完成的考试成绩文档，将文件另存为"考试成绩.docx"，如图 3.81 所示。

成绩报告单

姓名：
学号：

序号	课程名称	成绩
1.	大学语文	
2.	大学英语	
3.	计算机	

图 3.80　创建成绩单主文档

3．建立邮件合并域

建立邮件合并域是指在主文档中的相应位置插入合并域，具体操作步骤如下所述。

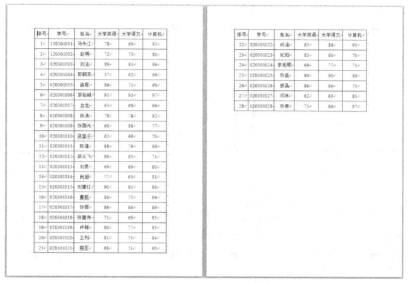

图 3.81　创建考试成绩数据文档

（1）打开邮件合并时的主文档（成绩单.docx）。

（2）选择【邮件】|【开始邮件合并】组，单击 开始邮件合并▾ 按钮，在弹出的下拉列表中选择 邮件合并分步向导(W)... 选项，打开【邮件合并】任务窗格。

（3）选择 ◉ 信函 单选框，单击【下一步：正在启动文档】选项。

（4）选择 ◉ 使用当前文档 单选框，单击 ➡ 下一步：选择收件人 选项。

（5）单击 浏览... 按钮，打开【选取数据源】对话框，此实例中选择数据表文件"考试成绩.docx"，单击【确定】按钮。

在打开的【邮件合并收件人】对话框中，还可以进行数据的排序、筛选等操作，如图 3.82 所示，单击【确定】按钮。

（6）单击【下一步：撰写信函】。

（7）将光标定位到主文档的"姓名"后的下划线上，单击【邮件】|【插入合并域】下拉列表，选择"姓名"域。"姓名"域便插入到主文档"姓名"后的下画线上。

（8）依次将"学号"域、"大学英语"域、"大学语文"域、"计算机"域插入到主文档的相应位置，如图 3.83 所示。

图 3.82　邮件合并收件人

4.预览和打印信函

在邮件合并 第 4 步，共 6 步中，单击 ➡ 下一步：预览信函 选项，弹出主文档与数据源合并后的效果图，在【邮件】|【预览结果】中可预览所有合并后的信函，效果如图 3.84 所示。单击 ➡ 下一步：完成合并 选项，单击 打印... 按钮便可打印全部成绩单；也可单击【编辑单个信函】，

将所有内容合并为一个文档。

成绩报告单

姓名：《姓名》。

学号：《学号》。

序号	课程名称	成绩
1.	大学语文	《大学语文》
2.	大学英语	《大学英语》
3.	计算机	《计算机》

图 3.83　插入合并域

成绩报告单

姓名：邹延峰。

学号：020301006

序号	课程名称	成绩
1.	大学语文	95.
2.	大学英语	91.
3.	计算机	97.

图 3.84　邮件合并预览

提示　在邮件合并过程中，也可以使用【邮件】选项卡中的功能按钮，如图 3.85 所示。例如，单击【预览结果】组中的【预览结果】按钮，可实现"域名"及"预览"显示效果之间的切换。

图 3.85　【邮件】选项卡

3.7　拓展实训

3.7.1　设计毕业论文存放袋封面

某高校学生毕业论文要求统一规范管理，教务部门需要重新制作论文存放袋，请设计如图 3.86 所示的毕业论文存放袋封面。

提示

（1）插入特殊符号。切换至【插入】|【符号】组，单击【符号】按钮，选择【其他符号】，弹出【符号】对话框，选择需要的符号。

（2）设置段落对齐。切换至【开始】|【段落】组，设置对齐方式。

（3）设置下划线。输入空格，选定空格，切换至【开始】|【字体】组，单击【下划线】按钮。

3.7.2　制作计算机知识学习材料

某高校需要制作一批计算机操作技能学习材料，要求设计美观、重点突出，请利用素材文件设计如图 3.87 所示的学习材料。

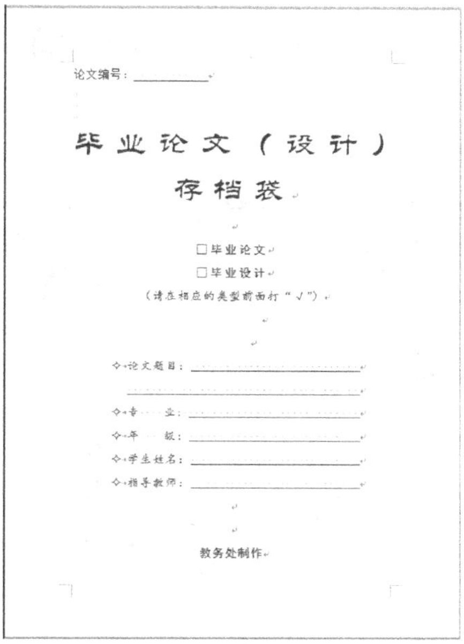

图 3.86 毕业论文存放袋封面

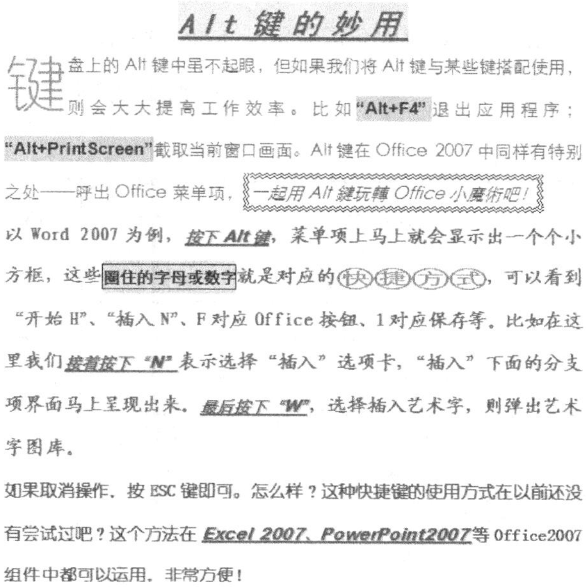

图 3.87 计算机知识学习材料

提示

（1）首先设置各段主体格式，包括字体、字号、颜色等，再通过设置倾斜、加粗、下划线、边框、底纹、改变文字颜色、带圈文字等格式突出显示文字。

（2）设置标题突出显示。单击【开始】|【字体】组在"突出显示"按钮的下拉列表中选择"黄色"。

（3）设置首字下沉。将光标定位在第一段，选择【插入】|【文本】组，单击"首字下沉"样式列表中的【首字下沉选项】选项。打开【首字下沉】对话框，选择位置为"下沉"，下沉行数为"2"，单击【确定】按钮。选中"键"字，将字体设为"橙色"。

（4）复制格式。可以通过"格式刷"快速复制格式。选中已设置好的文字格式，选择【开始】|【剪贴板】组，单击格式刷按钮，此时鼠标变为。按下鼠标左键，用鼠标拖过其他文字，即完成格式的复制。

（5）简繁体转换。选中"一起用 Alt 键玩转 Office 小魔术吧！"，选择【审阅】|【中文简繁转换】组，单击简转繁按钮。

（6）快速设置边框和底纹。选中"圈住的字母或数字"文字，单击【开始】|【字体】组中的字符边框和字符底纹按钮。

（7）缩放及带圈文字设置。选中"快捷方式"文字，选择【开始】|【段落】组，单击【中文版式】按钮，从列表框中选择字符缩放(C)选项，此处将比例设置为 150%。带文字的设置方法是单击【字体】组中的带圈字符按钮，弹出【带圈字符】对话框，设置样式为【增大圈号】，圈号为"圆圈"。

3.7.3　制作收费票据

某网络传媒有限公司需要制作收费票据，请根据图 3.88 所示的样式设计并制作收费票据。

××市网络传媒有限公司收费票据

用户名称：　　　　　　　　　　　　　　　　　　　　　　　　年　　　月　　　日

收费项目	单位	数量	单价	金额							
				十	万	千	百	十	元	角	分
合计金额（大写）　拾　万　仟　佰　拾　元　角　分											
备注				本发票不盖章、不写明收费项目无效。							

开票人单位（盖章）　　　　　　　　　　收款人：　　　　　　　　　开票人：

图 3.88　收费票据

提示

（1）插入表格。选择【插入】|【表格】组，单击【表格】按钮，指定行列数为 5×7，即在文档中插入 7 行 5 列的表格。

（2）调整列宽。将鼠标移至列之间的分割线上，根据图示调整各列的宽度。选中"单位""数量"和"单价"三列，切换至【表格工具布局】|【单元格大小】组，单击 分布列 按钮，平均分布列宽。

（3）拆分单元格。选中"金额"单元格，选择【表格工具布局】|【合并】组中的 拆分单元格 按钮，打开【拆分单元格】对话框，指定拆分单元格的列数为 2、行数为 1，单击【确定】按钮。按相同的方法，将"金额"下面的单元格拆分成 8 列 7 行。

（4）调整行高。选中第 2 至第 7 行，切换至【布局】|【单元格大小】组，单击 分布行 按钮，平均分布行高。

（5）设置单元格对齐方式。选中表格，选择【表格工具布局】|【对齐方式】组中的【水平居中】按钮 。

（6）合并单元格。选择第 6 行左边 4 个单元格，单击【表格工具布局】|【合并】|【合并单元格】按钮。同理合并第 7 行除第 1 个单元格之外的其他单元格。

（7）美化表格。选中表格，单击【表格工具设计】|【绘图边框】组右下角的功能扩展按钮，弹出【边框和底纹】对话框，切换至【边框】标签，选择"虚框"样式为"上粗下细型"，颜色为 蓝色，强调文字颜色 1，深色 25% ，宽度为"1.5 磅"。

3.7.4　制作录取通知书

高考录取工作结束后，某高校招生办要给新生发放录取通知书，请参考图 3.89 所示的样式，设计一张图文并茂的录取通知书，并利用邮件合并功能批量制作录取通知书。

图 3.89 录取通知书

> 提示
>
> （1）单击【页面布局】|【水印】|【自定义水印】选项，设置图片水印效果。水印效果设置完成后，页眉部分有一条黑色的边框线，单击【开始】|【字体】|【清除格式】按钮可将边框线清除。
>
> （2）切换至【页面布局】选项卡，单击【页面背景】|【页面边框】，设置艺术型页面边框。
>
> （3）插入图片后，如果无法移动图片，则需要选定图片，单击【图片工具格式】|【排列】|【自动换行】，选择【紧密型环绕】选项，用鼠标拖动图片移至合适的位置。
>
> （4）选择【邮件】|【开始邮件合并】组，单击 开始邮件合并 按钮，在弹出的下拉列表中选择邮件合并分步向导(W)...选项，打开【邮件合并】任务窗格，开始进行邮件合并操作。
>
> （5）在邮件合并分布向导的最后一步，即"完成合并"步骤选择【编辑单个信函】选项。

习题 3

一、单项选择题

1. Word 2010 文件的扩展名是（   ）。
   A. TXT   B. DOC   C. WPS   D. DOCX
2. 在 Word 中，按（   ）键可以在插入和改写中进行切换。
   A. ALT   B. CTRL   C. SHIFT   D. INSERT
3. 在 Word 的编辑状态，当前输入的文字显示在（   ）。
   A. 鼠标光标处   B. 插入符所在位置   C. 文件尾部   D. 当前行尾部
4. 在 Word 中，当建立一个新文档时，默认的文档格式为（   ）。
   A. 居中   B. 左对齐   C. 两端对齐   D. 分散对齐
5. 在 Word 中，选定文本块后，（   ）拖曳文本到需要处即可实现文本块的移动。
   A. 按住 Ctrl 键的同时   B. 按住 Esc 键的同时
   C. 按住 Alt 键的同时   D. 无需按键
6. Word 常用工具栏中的"格式刷"可用于复制文字或段落的格式，若要将选中的文字或段落格式重复应用多次，应执行的操作是（   ）。
   A. 单击格式刷   B. 双击格式刷   C. 右击格式刷   D. 拖动格式刷

7．在 Word 中，下述关于分栏操作的说法，正确的是（　　　）。

　A．可以将指定的段落分成指定宽度的两栏　　B．任何视图下均可看到分栏效果

　C．设置的各栏宽度和间距与页面宽度无关　　D．栏与栏之间不可以设置分隔线

8．在 Word 中，当剪贴板中的"复制"按钮呈灰色而不能使用状态时，原因可能是（　　　）。

　A．剪切板里没有内容　　　　　　　　　　B．剪切板里有内容

　C．在文档中没有选定内容　　　　　　　　D．在文档中已选定内容

9．在 Word 文档中，有一个段落的最后一行只有一个字符，想把该字符合并到上一行，下述方法中（　　　）无法达到该目的。

　A．减少页面的左右边距　　　　　　　　　B．减小该段落的字体的字号

　C．减小该段落的字间距　　　　　　　　　D．减小该段落的行间距

10．在 Word 文档中，选定从插入符开始到文档结尾内容的组合键是（　　　）。

　A．Shift + ↑　　　　B．Shift + ↓　　　　C．Ctrl +Shift + End　　D．Ctrl +Shift + Home

二、判断题

1．设置段落格式时，必须选定该段落的全部文字。　　　　　　　　　　　　　　（　　）

2．在 Word 中，如果选中表格再按【Delete】键，则该表格被删除。　　　　　　（　　）

3．表格可以合并单元格，但无法拆分单元格。　　　　　　　　　　　　　　　　（　　）

4．设置分栏后，各栏的宽度一定相同。　　　　　　　　　　　　　　　　　　　（　　）

5．表格和文本可以相互转换。　　　　　　　　　　　　　　　　　　　　　　　（　　）

6．页眉与页脚一经插入，就不能修改了。　　　　　　　　　　　　　　　　　　（　　）

7．对当前文档的分栏最多可分为三栏。　　　　　　　　　　　　　　　　　　　（　　）

8．按【Delete】键删除图片后，可以通过【粘贴】命令恢复删除。　　　　　　　（　　）

9．页边距可以通过标尺设置。　　　　　　　　　　　　　　　　　　　　　　　（　　）

10．在 Word 中选择某段文字后，连击两次【开始】|【字体】组中的【倾斜】按钮后，这段文字的格式不变。　　　　　　　　　　　　　　　　　　　　　　　　　　　　　　（　　）

三、填空题

1．Word 文档分左右两个版面的功能叫做_____，将段落的第一个字放大突出显示的是_____功能。

2．当执行了错误操作后，可以单击快速访问工具栏中_____按钮撤销当前操作。

3．段落对齐方式可以有左对齐、_____、右对齐、_____和_____五种方式。

4．使用【开始】|【编辑】组中的_____命令，可以将 Word 文档中的一个关键词改变为另一个关键词。

5．在 Word 文档编辑时，段落标记是在按键盘_____键之后产生的。

6．如果要在文档中添加水印效果，需使用【_____】选项卡中的【水印】命令。

7．在 Word 中，要插入页眉、页脚，可以选择【_____】|【页眉和页脚】组中的按钮。

8．将鼠标指针移到文档左侧的选定区并要选定某行的内容，则鼠标的操作是_____。

9．在 Word 文档中，如果需要设置页面边框，应使用_____视图方式。

10．Word 文档在打印之前最好进行_____，以确保满意的打印效果。

Excel 2010 电子表格软件

本章学习目标

➢ 熟悉 Excel 2010 的工作界面
➢ 理解工作簿、工作表和单元格的基本概念
➢ 掌握数据输入方法
➢ 掌握公式和函数的使用方法
➢ 掌握数据的排序、筛选、分类汇总和数据透视表的基本操作
➢ 掌握图表的创建和编辑
➢ 掌握工作表的页面设置和打印

Excel 是 Microsoft Office 办公自动化软件的重要组件之一,能够方便地制作出各种电子表格,具有强大的数据计算与分析功能,并可以通过各种统计图直观地表示数据,被广泛应用于管理、统计、财经、金融等众多领域。

4.1 Excel 2010 基础知识

近年来,Microsoft 公司不断对 Excel 的功能进行改进,先后推出了 Excel 97、Excel 2000、Excel XP(即 Excel 2002)、Excel 2007、Excel 2010 等。Excel 2010 传承了 Excel 2007 的风格,较之前的 Excel 2003 有了很大的变化,使用选项卡和功能区代替了以往版本中的菜单和工具栏,功能也更加强大,操作更为简便,带给用户更多新的体验。

4.1.1 Excel 2010 的工作界面

Excel 2010 的启动、退出与 Word 2010 类似,不再赘述。

Excel 2010 应用程序的窗口如图 4.1 所示,主要包括快速访问工具栏、标题栏、窗口控制按钮、选项卡、功能区、名称框、编辑栏、工作区、工作表标签以及状态栏等,与 Word 类似。下面只介绍名称框、编辑栏、工作区和工作表标签。

1. 名称框和编辑栏

名称框是用来定义单元格和单元格区域的名称,或根据名称寻找单元格或单元格区域。

编辑栏用于输入数据及编辑公式和函数。可以在编辑栏中方便地创建各种复杂的计算公式,也可以使用编辑栏编辑当前活动单元格的内容。如果确认输入数据,可单击【确认】按钮或按回车键;如果输入的数据有误,则可单击【取消】按钮,或按 Esc 键;单击【插入函数】按钮,可以插入函数。

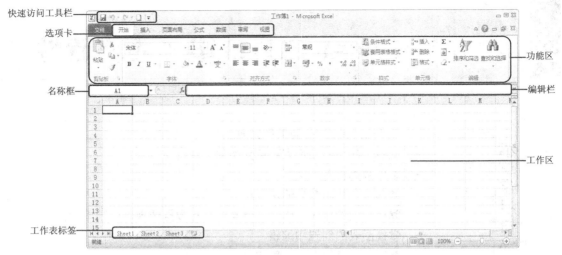

图 4.1　Excel 2010 工作界面

2．工作区

工作区是用来编辑和处理数据的区域，位于窗口的中间位置。工作区由行号、列标、单元格、工作表标签和滚动条组成。列标和行号分别在工作区的上方和左边，工作表内每个小方块形成一个单元格。

3．工作表标签

工作区左下方是工作表标签，用于标识工作表的位置和工作表的名称，单击不同的工作表标签可在工作表间进行切换。

4.1.2　工作簿、工作表和单元格的概念

1．工作簿

工作簿是 Excel 环境中用来存储并处理数据的文件，即 Excel 文档就是工作簿。它是 Excel 工作区中一个或多个工作表的集合，Excel 2010 的文件扩展名是.xlsx。

启动 Excel 2010，系统会自动建立一个默认名为工作簿 1.xlsx 的文件，新建的工作簿默认包含 3 个工作表，分别是 Sheet1、Sheet2、Sheet3，用户可以根据需要添加或删除工作表。

2．工作表

工作表是显示在工作簿窗口中由行和列构成的表格。它主要由单元格、行号、列标和工作表标签等组成。行号显示在工作簿窗口的左侧，依次用数字 1，2，…1048576 表示；列标显示在工作簿窗口的上方，依次用字母 A，B，…，XFD 表示。当前正在使用的工作表称为活动工作表。

3．单元格

单元格是 Excel 工作簿的最小组成单位，所有的数据都存储在单元格中。工作表编辑区中每一个长方形的小格就是一个单元格，每一个单元格都可用其所在的列标和行号标识，如 A1 单元格表示位于第 A 列第 1 行的单元格。

在 Excel 中，用户接触最多就是工作簿、工作表和单元格，工作簿就像是我们日常生活中的账本，而账本中的每一页账表就是一个工作表，账表中的一格就是一个单元格，工作表中包含了数以百万计的单元格。

Excel 2010 基本操作

Excel 的基本操作有工作簿的管理、工作表的编辑、单元格区域的选择和数据的输入。

4.2.1 工作簿的管理

工作簿的管理主要涉及文档的新建、保存、打开和关闭等，这部分的操作与 Word 文档类似，不再赘述。下面仅对使用"模板"建立工作簿和应用"主题"功能格式化工作簿进行简单介绍。

1. 使用模板新建工作簿

默认情况下，新建的工作簿都是基于空白的模板。除此之外，Excel 2010 还提供了大量表格模板，如会议议程、预算、日历、发票等。这些模板都有预设的字体、对齐方式、边框等格式设置，用户使用系统模板可以轻松地设计出具有专业功能和独特外观的电子表格。

单击【文件】选项卡，选择【新建】选项，此时在右侧显示"可用模板"和"Office.com 模板"的相关信息，如图 4.2 所示。"可用模板"提供了本机上已有的电子表格模板，而在"Office.com 模板"中显示的是网络服务器中的资源。用户可以根据需要选择模板进行文档的创建。

图 4.2 Excel 模板

2. 应用主题功能格式化工作簿

Excel 2010 提供了很多非常精美的文档主题，这些主题将一组字体、颜色、线条和填充效果预定义，可以应用于整个工作簿，也可以通过指定主题元素创建自定义的主题。

将光标定位在工作簿中，选择【页面布局】选项卡，单击【主题】功能组中的【主题】按钮下拉菜单，可以看到系统提供了多种多样的主题风格，如图 4.3 所示，直接选择就可以完成设置。

另外，也可以通过【主题】功能组中的【字体】或【颜色】命令单独设置整个页面的"主题字体"及"主题颜色"。

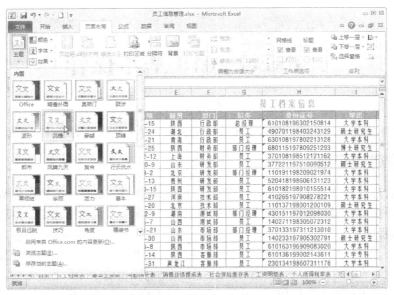

图 4.3　设置工作簿的主题

3．保护工作簿

有些时候，为了防止误操作或其他人修改自己的工作簿，可以使用 Excel 的保护工作簿功能将工作簿保护起来。

切换至【审阅】选项卡，在【更改】组中单击【保护工作簿】按钮，弹出【保护结构和窗口】对话框，如图 4.4 所示。在【保护工作簿】选项组中可以选择【结构】或【窗口】复选框，也可选择是否采用加密方式来保护工作簿，若采用加密的方式，则在"密码"文本框中输入密码，例如输入"1234"，单击【确定】按钮。弹出

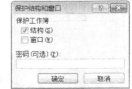

图 4.4　【保护结构和窗口】对话框

图 4.5　【确认密码】对话框

【确认密码】对话框（如图 4.5 所示），在【重新输入密码】文本框中再次输入"1234"，然后单击【确定】按钮。

返回工作表，右键单击工作表标签，在弹出的快捷菜单中可看到【工作表标签颜色】、【隐藏】等命令均为灰色，即处于不可执行的状态。双击工作表标签，会弹出【提示】对话框，提示"工作簿有保护，不能更改"。

如果要撤销保护，再次单击【保护工作簿】按钮，在弹出的【撤销工作簿保护】窗口中输入设置的密码即可。

4.2.2　工作表的编辑

1．插入工作表

如果工作簿中工作表的数量不够，用户可以在工作簿中插入新的工作表，插入新工作表的方法如下。

（1）方法一：单击工作表标签右侧【插入工作表（Shift+F11）】按钮，末尾工作表之后就会插入一个新的工作表。

提示 插入的新工作表的名称由 Excel 自动命名。默认情况下，第一个插入的工作表为
Sheet 4，以后依次为 Sheet 5、Sheet 6……

（2）方法二：选择某一工作表标签，单击【开始】选项卡【单元格】组中【插入】按钮下面的下三角按钮，在弹出的下拉菜单中选择【插入工作表】命令，则可以在选定工作表标签前插入一个工作表。

（3）方法三：选择某一工作表标签，单击鼠标右键，在快捷菜单中选择【插入】命令，在弹出的【插入】对话框中选择插入已有的工作表模板。

提示 Excel 中也可以一次插入多个工作表。按住 Shift 键，同时单击并选定与待添加工作
表相同数目的工作表标签。例如，若希望在工作簿中插入 3 个工作表，按下 Shift 键并
单击 3 个工作表标签（工作表标签在选择后其颜色将产生变化），单击【单元格】组中
的【插入】按钮，从中选择【插入工作表】命令，这时将在当前位置上插入与所选工
作表个数一样多的工作表。
一定要选中连续的工作表，这样才能插入多张工作表，如果选择的多张工作表是不连
续的，则提示"不能对多重选定区域使用此命令"。

2．删除工作表

在实际操作中，有时需要将不用的工作表删除，删除工作表的方法如下所述。

（1）方法一：选择要删除的工作表标签，单击【开始】选项卡【单元格】组中的【删除】按钮，在下拉菜单中选择【删除工作表】，则删除此工作表。

（2）方法二：右键单击要删除的工作表标签（如果要删除一个工作表，用鼠标右键单击该工作表标签；如果要删除多个工作表，按下 Ctrl 键并用鼠标右键单击已选定的多个工作表中任一工作表标签），然后从快捷菜单中选择【删除】命令。

3．重命名工作表

用户可以对工作表进行重命名操作，以更好地管理工作表。

双击要重命名的工作表标签，或右键单击工作表标签，在弹出的快捷菜单中选择【重命名】命令，此时该标签以高亮显示，进入可编辑状态，输入新的标签名，按 Enter 键即可完成该工作表的重命名。

提示 Excel 2010 规定工作表的名称最多可以使用 31 个中英文字符。

4．移动、复制工作表

工作表可以在同一 Excel 工作簿或不同的 Excel 工作簿间进行移动或复制，其操作方法如下所述。

（1）方法一：使用鼠标拖动法。

如果要移动某个工作表，首先选择该工作表标签，按住鼠标左键进行拖动，此时鼠标指针变成白色方块和箭头的结合，同时在该标签栏上方出现一个小黑三角形（用于指示当前工作表要插入的位置），如图 4.6 所示。沿着工作表标签拖动鼠标指针到所需位置，松开鼠标左键，即可将该工作表移动到指定位置。

如果要复制工作表，按住 Ctrl 键，用鼠标拖动工作表标签，就可以复制一个工作表，产生的新工作表内容与原工作表一样。

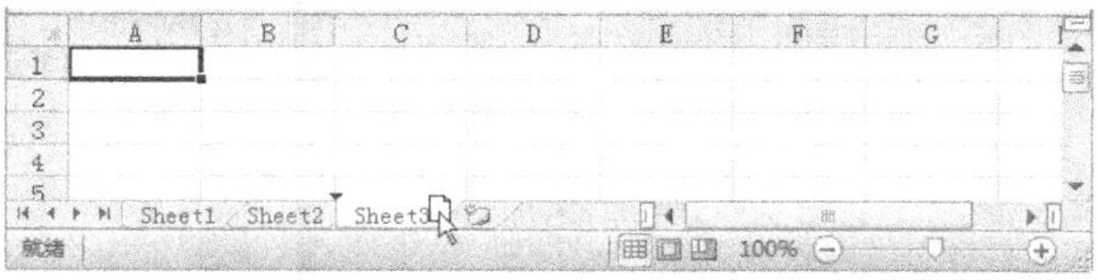

图 4.6 使用鼠标移动工作表

（2）方法二：使用快捷菜单。

鼠标右键单击需要移动或复制的工作表标签，在弹出的快捷菜单中选择【移动或复制工作表】命令，

打开【移动或复制工作表】对话框中，从中选择目标工作簿，并设置工作表的粘贴位置，以及是复制还是移动工作表（选择【建立副本】复选框表示复制），如图 4.7 所示，设置完成后单击【确定】按钮。

5．显示、隐藏工作表

用户可以将含有重要数据的工作表或者暂时不用的工作表隐藏起来。对于隐藏的工作表，即使用户不可见，它仍是打开的。

选择要隐藏的工作表标签，单击鼠标右键，在弹出的快捷菜单中选择【隐藏】命令，实现工作表的隐藏。

如果要取消被隐藏的工作表，用鼠标右键单击任意一张工作表标签，选择快捷菜单中的【取消隐藏】命令，在弹出的【取消隐藏】对话框中选择要取消隐藏的工作表，然后单击【确定】按钮，如图 4.8 所示。

图 4.7　【移动或复制工作表】对话框

图 4.8　【取消隐藏】对话框

6．窗口的拆分和冻结

如果工作表中的内容过宽或多长，通常需要使用滚动条来查看全部内容。在查看时表格的标题、项目名等也会随着数据一起移出屏幕，造成只能看到内容，而看不到标题、项目名的情况。使用 Excel 2010 的"拆分"和"冻结"窗格功能可以解决该类问题。

（1）拆分窗口

切换到【视图】选项卡，单击【窗口】组中的【拆分】按钮，即可将窗口拆分为 4 个窗口，如图 4.9 所示。可以通过鼠标拖动拆分框来调整窗格的大小。

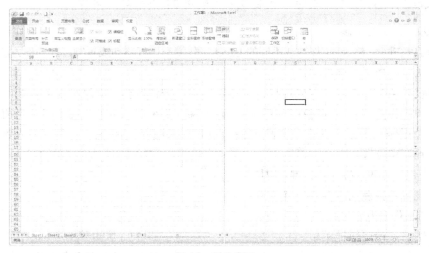

图 4.9　拆分窗口

（2）取消拆分

再次单击【视图】|【窗口】组中的【拆分】按钮，即可取消窗口的拆分。

（3）冻结窗口

将单元格所在的行或列进行冻结后，用户可以任意查看工作表的其他部分而不移动表头所在的行或列，尤其是方便用户查看表格末尾的数据，冻结线以上或是冻结线以左的数据在进行滚动的时候位置不发生变化。

切换到【视图】选项卡，单击【窗口】组中的【冻结窗格】按钮，根据需要在下拉菜单中选择【冻结拆分窗格】、【冻结首行】或【冻结首列】命令。

（4）取消冻结

图 4.10 【保护工作表】对话框

再次单击【视图】|【窗口】组中的【冻结窗口】按钮，在弹出的下拉菜单中选择所需菜单项。

7．保护工作表

文档中的数据如果不希望他人更改，或者只能在某些单元格填写数据，可以进行工作表的保护。

选择【审阅】选项卡，在【更改】组中单击【保护工作表】按钮，弹出【保护工作表】对话框，如图 4.10 所示，输入密码（取消工作表保护时需要输入），在"允许此工作表的所有用户进行"列表框中，选择允许他人能够操作的内容项。设置完成后单击【确定】按钮，弹出【确认密码】对话框，确认密码。对工作表数据进行修改，则会弹出如图 4.11 所示的提示信息。

图 4.11 提示信息

保护后的工作表如果需要重新编辑，只需选择【审阅】选项卡，在【更改】组中单击【撤销工作表保护】按钮，如果之前未设置密码，则工作表保护直接被撤销；如果已设有密码，则弹出【撤销工作表保护】对话框，输入密码，单击【确定】按钮即可。

4.2.3 单元格区域的选择

单元格是工作表中最基本的单位，在对单元格操作之前，需要选定某一个或多个单元格作为操作对象。

1．选择单个单元格

鼠标移动到指定的位置，单击即可选择指定的单个单元格，选中的单元格以黑色边框标记，名称框会显示该单元格的名称或地址。

2．选择连续单元格区域

选中单元格区域的左上角（如 A1），拖动鼠标到要选区域的右下角（如 D7），然后松开鼠标，即可选择从 A1 到 D7 的连续单元格区域，表示为 A1:D7。

提示　表示单元格区域的冒号和逗号一定要使用半角符号，否则在进行公式引用时会出现错误。

3．选择多个不连续单元格

按住 Ctrl 键，依次单击需要选择的单元格即可。例如，可以先单击其中一个单元格（如 A1），然后在按住 Ctrl 键的同时单击其他单元格（如 C5 和 F6），这样就可以同时选择 A1、C5 和 F6 这三个不连续的单元格，表示为 A1,C5,F6。

4．选择整行或整列

将鼠标指向要选中的行号或列标上，当鼠标变成黑色箭头时单击鼠标即可。

4.2.4　数据的输入

Excel 常见的数据类型包括：数值型、文本型、日期型、时间型、逻辑型等。Excel 将多种数据形式归纳为两类：常量和公式。常量是指文字、数字、日期和时间等一些不可变的数据；公式则指包含"="的函数、宏和命令等。每种数据类型都有其特定的格式和输入方法，下面介绍常量的输入方法，公式的输入在本章第 4 节会有详细介绍。

1．输入文本

Excel 单元格中的文本包括任何文字或字母以及数字、空格和非数字字符的组合。输入文本时，单元格默认靠左对齐，按一下回车键即表示结束当前单元格的输入。

对于身份证号、银行账号、以 0 开头的编号等纯数字的文本数据，如果直接输入，Excel 会自动按数值数据进行处理，不能正确显示。输入时，应在数字前添加一个英文的单引号，Excel 会将其后的数字作为文本处理；另一种方法是将该单元格格式设置为文本型，然后再输入内容。

> 提示　当需要设置单元格格式为文本类型时，鼠标右键单击该单元格，从弹出的快捷菜单中选择【设置单元格格式】命令，打开【设置单元格格式】对话框，在【数字】选项卡中选择分类栏中的【文本】项。

2．输入数值

在 Excel 中，数值数据可以以不同的格式显示，如整数、小数、分数、百分比、科学记数和货币等。默认情况下，输入到单元格中的数值将自动右对齐。

Excel 2010 的单元格中默认显示 11 位有效数字，如果输入的数字超过 11 位，将用科学记数法显示，如图 4.12 所示。

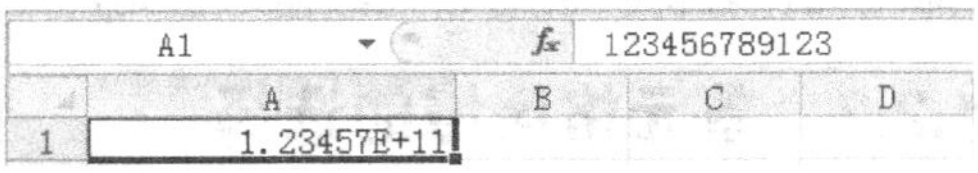

特殊格式的数值输入方法如下所述。

（1）分数：0□分子/分母，例如要输入 1/3，采用"0□1/3"的输入形式（□表示"空格"）。

图 4.12　使用科学记数法显示数字

（2）负数：负数的输入有两种方式，如可输入-50，也可以输入（50），回车后都可以得到-50。

（3）百分数：百分号的位置可在数字前，也可在数字后，如 80%或者%80。

3．输入日期时间

Excel 中日期的格式一般为 yyyy-mm-dd 或 yyyy/mm/dd，例如 2016-7-30 或 2016/7/30。

时间默认格式为 hh:mm:ss，若要采用 12 小时制，需要在时间后加一空格并输入"AM"或"PM"，分别表示上午或下午，例如 8:20 AM。

> 提示　如果要输入系统当前日期，按【Ctrl+;】快捷键；如果需要输入当前时间，按【Ctrl+Shift+;】快捷键；同时输入日期和时间时，则要在日期和时间之间加一个空格。

4．修改数据类型及格式

数据输入后，如果需要的显示格式与 Excel 默认的格式不同，可采用以下两种方式进行修改，数字格式改变并不影响实际单元格数字的大小。

可以通过【开始】|【数字】功能组中的【数字格式】下拉列表框进行数据类型的修改，如图 4.13 所示。例如在某单元格输入 100，默认情况下该单元格显示 100，如果选择【数字格式】下拉列表框中的【会计专用】命令，则该单元格显示¥100.00。

也可以通过【设置单元格格式】对话框完成数据类型或格式修改。选择【开始】|【数字】组右下角的按钮，打开的【设置单元格格式】对话框，如图 4.14 所示，从中可以完成数据格式的设置。

图 4.13 数字格式下拉列表

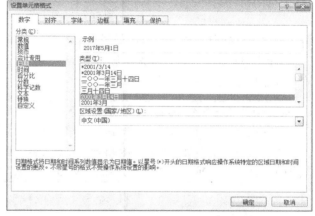

图 4.14 【设置单元格格式】对话框

例如，某一单元格的日期显示为 2017-5-1，选中该单元格，打开【设置单元格格式】对话框，在【数字】选项卡的【分类】项中选择【日期】，在右侧【类型】中选择【2001 年 3 月 14 日】选项，单击【确定】按钮，则该单元格的日期格式显示为 2017 年 5 月 1 日。

5．自动填充数据

当要输入重复数据或具有一定规律的数据和序列时，可以使用 Excel 提供的自动填充数据功能来提高工作效率。下面介绍几种自动填充功能。

（1）相同数据填充

在单元格中输入数据，将鼠标指针放置到该单元格右下角，鼠标指针变成实心十字形，将其称为填充控制柄或填充柄，此时按着左键不要松开，拖动鼠标，即可在鼠标经过的单元格中填充相同的数据，如图 4.15 所示。

（2）填充有规律的数据

在相邻的两个单元格分别输入数据，选中这两个单元格，将鼠标指针放置到选择区域右下角的填充控制柄上，拖动鼠标，Excel 将按照这两个数据的规律填充后续单元格，如图 4.16 所示。

图 4.15 填充相同数据

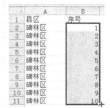

图 4.16 填充有规律的数据

> 提示　自动填充数字时，在数字后面加上文本内容，如"1 年"，进行自动填充时，其中的
> 文本内容将重复填充，而数字可以进行等差或等比填充。

（3）序列数据填充

如果一组数据有固定的顺序，如"甲、乙、丙……"或者"星期一、星期二、星期三……"
等，可输入其中某个数据，如在 B2 中输入"星期一"，选中该单元格，拖动填充柄至目标单元格
后释放鼠标左键，即可完成序列填充，结果如图 4.17 所示。

图 4.17　填充序列

序列可以是 Excel 预设的，也可以是用户输入的。例如在一列的连续 3 个单元格中输入文字
"张""王""李"，选择这 3 个单元格后拖动填充控制柄填充单元格，将可按照"张""王""李"
的顺序在单元格中重复填充这 3 个字。

> 提示　Excel 预设了一部分序列，其查看方式为：选择【文件】选项卡，单击【选项】一项，弹
> 出【Excel 选项】对话框，在该对话框中单击左侧列表中的【高级】项，再单击右侧的【编
> 辑自定义列表】按钮，如图 4.18 所示。在打开的【自定义序列】对话框（如图 4.19 所示）
> 中的"自定义序列"中显示出"Sun、Mon……Sat""子、丑……亥"等已定义的序列。

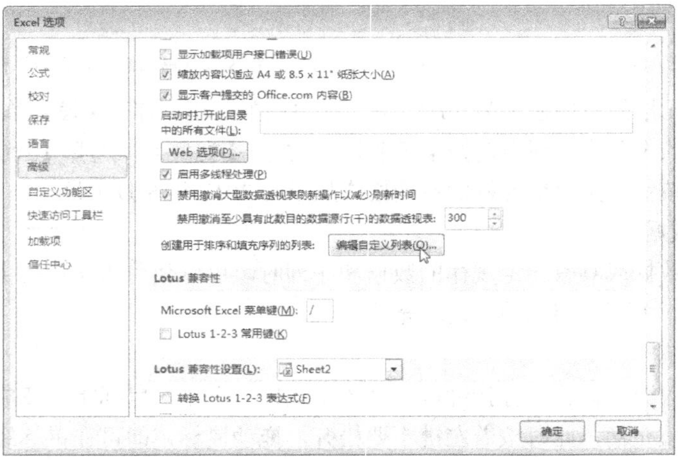

图 4.18　【Excel 选项】对话框

图 4.19　【自定义序列】对话框

（4）使用对话框方式

选定含有初始值的单元格，单击【开始】选项卡【编辑】组中的【填充】按钮，在打开的下拉列表中选择【系列】选项，打开【序列】对话框，如图 4.20 所示。在“类型”栏中选择填充序列类型，并为填充序列指定步长值（序列增加或减少的数量）和终止值（填充序列的最后一个值，用于限定输入数据的有效范围），单击【确定】按钮即完成填充。

图 4.20 使用【序列】对话框

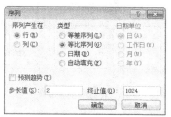

例如，填充一个等比数列，在单元格输入“1”，将其选择后打开【序列】对话框，在“类型”栏中选择【等比序列】单选按钮，在“步长值”文本框中输入步长值“2”，在“终止值”文本框中输入终止值“1024”，填充后的效果如图 4.21 所示。

下面在 Excel 2010 中创建一个名为“学生信息表.xlsx”的工作簿文件，学生的基本信息如图 4.22 所示。

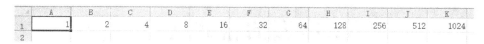

	A	B	C	D	E	F	G	H	I	J	K
1	1	2	4	8	16	32	64	128	256	512	1024
2											

图 4.21 填充序列

	A	B	C	D	E	F	G	H
1	学生基本信息表							
2	学号	姓名	性别	出生日期	政治面貌	民族	身份证号	专业
3	160101001	侯倩	女	1998-4-18	共青团员	蒙古族	620103199804184041	表演专业
4	160101002	刘思雨	女	1998-9-28	共青团员	汉族	140624199809280128	表演专业
5	160101003	梁佳伟	男	1997-7-12	共青团员	汉族	620102199707121838	表演专业
6	160101004	马旭阳	男	1998-9-14	中共党员	汉族	340302199809141214	表演专业
7	160101005	张雨轩	男	1999-5-29	共青团员	汉族	622901199905292032	表演专业
8	160101006	孙妍	女	1997-7-25	共青团员	汉族	340621199707250883	表演专业
9	160101007	李海洋	男	1996-10-21	共青团员	汉族	37030219961021831X	表演专业
10	160101008	王欣然	女	1998-3-12	共青团员	满族	421281199803120048	表演专业
11	160101009	赵瑞坤	男	1997-1-3	共青团员	汉族	610523199701030115	表演专业
12	160101010	李鑫磊	男	1998-5-31	共青团员	汉族	620104199805310278	表演专业
13	160101011	李子濛	女	1998-8-15	群众	汉族	610102199808153160	表演专业
14	160101012	栗家悦	男	1997-3-20	共青团员	汉族	142703199703201234	表演专业
15	160101013	刘意茹	女	1999-10-12	共青团员	回族	61042419991012492X	表演专业
16	160101014	张琦	女	1999-7-26	共青团员	汉族	620102199907261104	表演专业
17	160101015	柳沛林	男	1998-11-24	群众	汉族	422201199811240019	表演专业
18	160101016	王莹	女	1997-12-12	共青团员	汉族	320322199712128223	表演专业
19	160101017	刘磊	男	1997-2-6	共青团员	汉族	620422199702068710	表演专业
20	160101018	王笑笑	女	1996-1-27	群众	汉族	620104199601270824	表演专业
21	160101019	李昊阳	男	1997-10-8	共青团员	汉族	130322199710084255	表演专业
22	160101020	刘宇	男	1998-6-1	共青团员	汉族	140109199806015510	表演专业

图 4.22 学生基本信息表

具体操作步骤如下。

（1）启动 Excel 2010，创建一个空白工作簿。

（2）在工作表 Sheet1 的 A1 单元格中输入表格标题“学生基本信息表”。

（3）在 A2:H2 中依次输入“学号”“姓名”“性别”“出生日期”“政治面貌”“民族”“身份证号”“专业”。

（4）在 A3 单元格输入“’160101001”，使用填充柄拖动至 A22 单元格。

（5）按前面讲述的方法手工输入姓名、性别、出生日期、民族、专业等信息。

（6）选中 E3:E22，单击【数据】|【数据工具】|【数据有效性】按钮，打开【数据有效性】对话框，选择【设置】选项卡【允许】下拉列表中的“序列”，在【来源】中输入“群众,共青团员,中共党员”，如图 4.23 所示。设置后，用户可以单击所在区域的单元格，从列表中选择值进行快速输入。

注意　在输入“群众,共青团员,中共党员”时，选项与选项之间用英文逗号隔开。

（7）选择 G3:G22，设置输入文本长度为 18，如图 4.24 所示。之后在单元格中手工输入每一个身份证号。

图 4.23　序列有效性设置　　　　　　　　　　图 4.24　文本有效性设置

4.3　工作表的格式化

为了更直观、有效地表达工作表的数据，可以适当地格式化工作表。格式化工作表包括设置单元格格式、调整表格行高和列宽、套用表格格式、设置条件格式等。

4.3.1　设置单元格格式

1. 设置字符格式

默认情况下，Excel 2010 表格中的字体格式为黑色、宋体、11 号，如果用户对此格式不满意，可以进行设置。一般可以使用以下两种方法。

（1）方法一：使用【开始】|【字体】组中的功能按钮进行字体格式设置，操作方法与 Word 类似。

（2）方法二：单击【字体】组右下角的 按钮，打开【设置单元格格式】对话框，在【字体】选项卡中对字体格式进行设置，如图 4.25 所示。

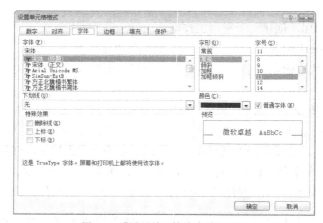

图 4.25　【设置单元格格式】对话框

2．设置对齐方式

在 Excel 中，每一个单元格都是独立的，可以设置格式和对齐方式。可通过【开始】|【对齐方式】组中的功能按钮更改设置，也可使用【设置单元格格式】对话框中的【对齐】选项卡实现不同的对齐方式，如图 4.26 所示。

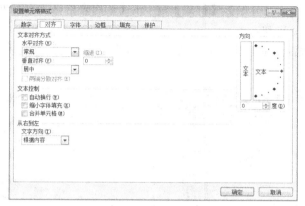

图 4.26 【对齐】选项卡

> 说明　在【设置单元格格式】对话框中【对齐】选项卡下，【文本控制】栏各项功能描述如下。
> ① 自动换行：在单元格中输入文本时自动换行。
> ② 缩小字体填充：将字体缩小以填充单元格。
> ③ 合并单元格：将几个单元格合并成一个单元格。

3．设置边框和底纹

Excel 中显示的表格是淡灰色的，打印时边线不显示，如果需要显示边框或突出显示某些单元格则可以给单元格添加边框、底纹。

设置边框时，选中要添加边框的单元格，单击【开始】选项卡【字体】功能组中【框线】按钮，在展开的下拉列表中选择边框类型和样式，如需其他高级设置，可选择【其他边框】选项，打开【设置单元格格式】对话框进行操作。

设置底纹时，选中要添加底纹的单元格，单击【开始】选项卡【字体】功能组中【填充颜色】按钮，在下拉列表中选择底纹颜色，也可选择【其他颜色】选项，打开【颜色】对话框选择其他底纹。如果需要对单元格底纹设置"图案样式"或"填充效果"等，可以使用【设置单元格格式】对话框的【填充】选项卡进行相应设置。

4.3.2　调整表格行高和列宽

当一个单元格中的数据较多时，有些数据就会被隐藏，这时改变单元格的行高和列宽可以使其显示出来。

在工作表两行（或两列）分隔线上，按住鼠标左键拖曳到合适位置即可实现行高或列宽的调整；另一种方法是通过单击【开始】|【单元格】|【格式】按钮进行精确设置。

> 提示　可以通过【格式】下拉列表中的【自动调整行高】、【自动调整列宽】选项快速设置合适的行高及列宽。

4.3.3 自动套用系统默认格式

Excel 2010 提供了多种专业表格样式供用户选择，可以通过“套用表格格式”功能快速实现工作表的多重格式设置。

选择单元格区域，选择【开始】|【样式】组中的【套用表格格式】按钮，打开表格样式列表，从中单击选择合适的格式即可。

图 4.27 所示是“表演专业学生基本信息表”套用【表样式浅色 20】后，再进行简单修饰后的效果。

	A	B	C	D	E	F	G	H
1	表演专业学生基本信息表							
2	学号	姓名	性别	出生日期	政治面貌	民族	身份证号	专业
3	160101001	侯倩	女	1998-4-18	共青团员	蒙古族	620103199804184041	表演专业
4	160101002	刘思雨	女	1998-9-28	共青团员	汉族	140624199809280128	表演专业
5	160101003	梁佳伟	男	1997-7-12	共青团员	汉族	620102199707121838	表演专业
6	160101004	马旭阳	男	1998-9-14	中共党员	汉族	340302199809141214	表演专业
7	160101005	张雨轩	男	1999-5-29	共青团员	汉族	622901199905292032	表演专业
8	160101006	孙妍	女	1997-7-25	共青团员	汉族	340621199707250883	表演专业
9	160101007	李海洋	男	1996-10-21	共青团员	汉族	37030219961021831X	表演专业
10	160101008	王欣然	女	1998-3-12	共青团员	满族	421281199803120048	表演专业
11	160101009	赵瑞坤	男	1997-1-3	共青团员	汉族	610523199701030115	表演专业
12	160101010	李鑫磊	男	1998-5-31	共青团员	汉族	620104199805310278	表演专业
13	160101011	李子濛	女	1998-8-15	群众	汉族	610102199808153160	表演专业
14	160101012	栗家悦	男	1997-3-20	共青团员	汉族	142703199703201234	表演专业
15	160101013	刘意茹	女	1999-10-12	共青团员	回族	61042419991012492X	表演专业
16	160101014	张琦	女	1999-7-26	共青团员	汉族	620102199907261104	表演专业
17	160101015	柳沛林	男	1998-11-24	群众	汉族	422201199811240019	表演专业
18	160101016	王莹	女	1997-12-12	共青团员	汉族	320322199712128223	表演专业
19	160101017	刘磊	男	1997-2-6	共青团员	汉族	620422199702068710	表演专业
20	160101018	王笑笑	女	1996-1-27	群众	汉族	620104199601270824	表演专业
21	160101019	李昊阳	男	1997-10-8	共青团员	汉族	130322199710084255	表演专业
22	160101020	刘宇	男	1998-6-1	共青团员	汉族	140109199806015510	表演专业

图 4.27 套用表格格式效果图

4.3.4 设置条件格式

Excel 中的条件格式功能是将工作表中所有满足特定条件的单元格数据按照指定格式突出显示。

例如，要求以醒目的方式显示超额完成图书销售计划目标（即 115 本）的数据，如图 4.28 所示。其主要步骤如下所述。

（1）选定需要设置单元格的区域 B2:G9。

（2）单击【开始】|【样式】组中的【条件格式】按钮，从下拉列表中选择【突出显示单元格规则】命令，在子菜单中选择【大于】命令。

	A	B	C	D	E	F	G
1	书名	1月	2月	3月	4月	5月	6月
2	计算机网络基础	126	83	54	265	183	177
3	电脑办公从入门到精通	115	297	184	286	163	303
4	Excel 2010标准教程	47	226	230	319	149	323
5	PowerPoint幻灯片设计与制作	49	236	81	115	188	272
6	Office 2010电脑办公	63	114	82	68	296	98
7	二级MS Office 高级应用教程	268	206	199	299	271	287
8	电子邮件使用技巧	116	43	66	59	88	76
9	Excel数据统计与分析	280	137	310	324	320	227

图 4.28 设置条件格式后的效果

（3）打开【大于】对话框中，在【为大于以下值的单元格设置格式】下方的文本框中输入“115”，并在【设置为】列表中选择【浅红填充色深红色文本】项，如图 4.29 所示。单击【确定】按钮，此格式即应用到选定区域所有符合条件的单元格中。

如果想选择更多类型的规则，可以在【突出显示单元格规则】的子菜单中选择【其他规则】命令，打开【新建格式规则】对话框，如图 4.30 所示。在【编辑规则说明】栏中可以选择更多类型的条件规则，设置完毕后单击【确定】按钮。

重复以上方法，可以为单元格区域设置更多条件规则。

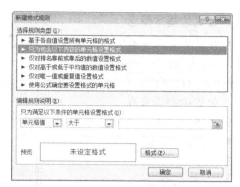

图 4.29 【大于】对话框

图 4.30 【新建格式规则】对话框

4.4 公式与函数

Excel 除了能够存储数据外，还有一项非常重要的功能就是对工作表中的数据进行计算。Excel 不仅可以对数据进行加、减、乘、除等计算，还可以对数据进行逻辑和比较运算。对于一些复杂、特殊的问题，当无法通过直接创建公式计算时，可以使用函数进行处理。

本节以"表演专业一班学生成绩表"数据计算为例，讲解 Excel 中公式和函数的使用，原始数据如图 4.31 所示。

	A	B	C	D	E	F	G	H	I	J	K
1	学号	姓名	性别	英语	计算机	艺术概论	运动生理学	健美操	总分	平均分	名次
2	160101001	侯倩	女	89	76	85	89	88			
3	160101002	刘思雨	女	85	80	74	71	80			
4	160101003	梁佳伟	男	70	85	80	89	86			
5	160101004	马旭阳	男	83	96	90	87	89			
6	160101005	张雨轩	男	74	72	89	56	76			
7	160101006	孙妍	女	87	91	77	89	81			
8	160101007	李海洋	男	54	86	41	88	76			
9	160101008	王欣然	女	81	84	93	91	80			
10	160101009	赵瑞坤	男	72	88	90	77	92			
11	160101010	李鑫磊	男	71	91	89	81	86			
12	160101011	李子潇	女	84	55	87	85	84			
13	160101012	栗家悦	男	86	85	85	87	91			
14	160101013	刘意茹	女	58	86	93	66	75			
15	160101014	张琦	女	55	93	72	49	87			
16	160101015	樗沛林	男	38	60	73	89	50			
17	160101016	王莹	女	78	89	74	83	73			
18	160101017	刘磊	男	82	90	88	85	84			
19	160101018	王笑笑	女	92	70	86	88	95			
20	160101019	李昊阳	男	72	47	71	53	88			
21	160101020	刘宇	男	72	89	92	76	71			
22		各科最高分									
23		各科最低分									
24		各科平均分									

图 4.31 表演专业一班学生成绩表

4.4.1 公式的使用

在 Excel 单元格中输入正确的计算公式后，其计算结果会立即显示，如果工作表中的数据有变动，系统会自动根据公式更新计算结果。

1．公式的基本概念

Excel 公式是工作表中进行数值计算的等式，输入时以"="开始。

公式的格式："=表达式"。

表达式由运算符、常量、单元格地址、函数及括号组成。

2．公式中的运算符

Excel 公式中的运算符主要包括引用运算符、算术运算符、文本运算符、比较运算符等，其表示形式及含义如表 4.1 所示。

表 4.1　　　　　　　　　　　　　　　　Excel 公式中的运算符

运算符名称	表示形式及含义
引用运算符	：（冒号）、，（逗号）
算术运算符	+（加）、−（减）、*（乘）、/（除）、%（百分比）、∧（乘方）
文本运算符	&（文本字符串连接）
比较运算符	=、<、>、>=、<=、<>（不等于）

当一个公式中出现多个运算符参与运算时，则存在优先顺序。Excel 中运算符的优先顺序为：引用运算符、算术运算符、文本运算符、比较运算符。相同优先级的运算符，将从左到右进行计算。需要指定运算顺序时，可用小括号括起相应部分。

> 注意　当用户用鼠标选择公式中的连续区域时，Excel 自动插入区域运算符"："，如果用户选择不连续的单元格或区域时，Excel 自动插入联合运算符"，"。

3．单元格的引用

在公式中，可使用单元格的地址引用来获取单元格中的数据，其引用方式包括"相对引用""绝对引用"和"混合引用"3 种。

（1）相对引用：公式中的单元格地址随公式的复制而发生相应的变化，引用格式形如"A1"。

（2）绝对引用：公式中的单元格地址随公式的复制而不发生任何变化，引用格式形如"$A$1"。

（3）混合引用：单元格地址中既有相对引用部分，又有绝对引用部分。引用格式形如"$A1"或"A$1"。

例如，单元格 C1 的公式为"=A1+B1"，如将此公式复制到 D3 单元格，则根据相对引用变化规律，D3 的公式为"=B3+C3"。

如果单元格 C1 的公式为"=$A$1+$B$1"，如将此公式复制到 D3 单元格，则根据绝对引用变化规律，D3 的公式为"=$A$1+$B$1"。

如果单元格 C1 的公式为"=A$1+$B1"，如将此公式复制到 D3 单元格，则根据混合引用变化规律，D3 的公式为"=B$1+$B3"。

4．公式的输入

Excel 中公式的输入有以下两种。

（1）在单元格直接输入。选择要输入公式的单元格，在该单元格输入"="，然后输入公式，按 Enter 键确认。

例如，要计算图 4.32 所示的侯倩同学的总分，在 I2 中输入"=D2+E2+F2+G2+H2"后，按 Enter 键，此时在 I2 中显示其总分，编辑栏中会显示输入的公式。

RANDBETWEEN =D2+E2+F2+G2+H2

	A	B	C	D	E	F	G	H	I	J	K
1	学号	姓名	性别	英语	计算机	艺术概论	运动生理学	健美操	总分	平均分	名次
2	160101001	侯倩	女	89	76	85	89		=D2+E2+F2+G2+H2		
3	160101002	刘思雨	女	85	80	74	71	80			
4	160101003	梁佳伟	男	70	85	80	89	86			
5	160101004	马旭阳	男	83	96	90	87	89			
6	160101005	张雨轩	男	74	72	89	56	76			

图 4.32 在单元格中输入公式

（2）在编辑栏输入公式。单击选中要输入公式的单元格，再在编辑栏中输入公式，按 Enter 键或单击编辑栏的【确认】按钮。

例如，计算侯倩同学的平均分，单击 J2 单元格，再在编辑栏中输入“=I2/5”，如图 4.33 所示，按 Enter 键，此时在 J2 中显示侯倩同学的平均分，编辑栏中显示输入的公式。

RANDBETWEEN =I2/5

	A	B	C	D	E	F	G	H	I	J	K
1	学号	姓名	性别	英语	计算机	艺术概论	运动生理学	健美操	总分	平均分	名次
2	160101001	侯倩	女	89	76	85	89	88	427	=I2/5	
3	160101002	刘思雨	女	85	80	74	71	80			
4	160101003	梁佳伟	男	70	85	80	89	86			
5	160101004	马旭阳	男	83	96	90	87	89			
6	160101005	张雨轩	男	74	72	89	56	76			

图 4.33 在编辑栏输入公式

5．公式的复制

与常量数据填充相同，使用填充柄也可以进行公式的自动填充。利用相对引用、绝对引用及混合引用的不同特点，配合自动填充功能，可以快速地成批建立公式。

例如，通过 I2 单元格公式的复制计算其他学生的总分，其操作步骤如下所述。

（1）单击选中 I2 单元格，编辑栏显示 I2 中输入的公式。

（2）向下拖动 I2 单元格的填充柄至 I21 单元格，即可将 I2 中的公式复制到 I3:I21 单元格中。图 4.34 所示的编辑栏中是 I6 单元格复制的公式。

I6 =D6+E6+F6+G6+H6

	A	B	C	D	E	F	G	H	I	J	K
1	学号	姓名	性别	英语	计算机	艺术概论	运动生理学	健美操	总分	平均分	名次
2	160101001	侯倩	女	89	76	85	89	88	427	85.4	
3	160101002	刘思雨	女	85	80	74	71	80	390		
4	160101003	梁佳伟	男	70	85	80	89	86	410		
5	160101004	马旭阳	男	83	96	90	87	89	445		
6	160101005	张雨轩	男	74	72	89	56	76	367		

图 4.34 复制公式的结果

4.4.2 函数的使用

Excel 函数是预定义的公式，是由 Excel 内部预先定义按照特定的顺序、结构来执行计算、分析等数据处理任务的功能模块，Excel 函数的最终返回结果为值。

1．函数的格式

函数由函数名和参数组成，一般格式为

函数名（参数 1,参数 2,…）

在使用函数时一般应注意以下几点。

（1）函数必须有函数名，如 SUM、MAX。

（2）函数名后面必须有一对括号。

（3）参数可以是数值、单元格引用、文本、其他函数。

（4）参数可以有，也可以没有；可以有一个，也可以有多个。

2．常用函数

Excel 2010 为用户提供了 12 类数百个函数，其中包括数据库函数、日期与时间函数、工程函数、财务函数、信息函数、逻辑函数、数学与三角函数、统计函数、查找与引用、文本函数、多维数据集函数、兼容性函数等。表 4.2 介绍了几个常用函数。

表 4.2　　　　　　　　　　　　　　常用函数

函 数 形 式	功 能 说 明
SUM(A1,A2,…)	求参数的和
AVERAGE(A1,A2,…)	求参数的平均值
MAX(A1,A2,…)	求参数的最大值
MIN(A1,A2,…)	求参数的最小值
COUNT(A1,A2,…)	求参数中数值型数据的个数
ABS(A1)	求参数的绝对值
RANK(A1,A2,A3)	求一个数值在一组数值中的名次
TODAY( )	求系统的日期

3．输入函数

函数的输入方法主要有手工输入和插入函数两种。

（1）手工输入

按函数的语法格式直接在单元格中输入，方法与在单元格中输入公式的方法相同。例如利用函数计算图 4.31 所示的 I2 单元格的值，可以在该单元格输入 "=SUM(D2:H2)"。

（2）插入函数

如果要输入比较复杂的函数或者为了避免在输入过程中产生错误，可以通过插入函数功能输入函数。

选定使用函数的单元格，单击【公式】|【函数库】|【插入函数】按钮，或者单击编辑栏中的【插入函数】按钮，均可弹出【插入函数】对话框，如图 4.35 所示，可在该对话框中选择要使用的函数。

下面以图 4.31 所示的表中各统计项的计算为例，介绍插入函数的具体应用方法。

（1）用 SUM 函数计算总分。选取 I2 单元格，单击【开始】|【编辑】组中的【自动求和】按钮，执行下拉列表中的【求和】命令。拖动鼠标选取 D2:H2 单元格区域，按 Enter 键计算出第一位学生的总分，向下拖动 I2 单元格的填充柄至 I21 单元格。

（2）与上面的方法类似，用 AVERAGE 函数计算平均分，用 MAX 函数计算最高分，用 MIN 函数计算最低分。

（3）用 RANK 函数计算名次。选择 K2 单元格，单击编辑栏中的【插入函数】按钮，在【插入函数】对话框的"或选择类别"下拉表中选择【全部】选项，从"选择函数"列表中选择【RANK】函数，单击【确定】按钮。

在弹出的【函数参数】对话框中输入如图 4.36 所示的参数，单击【确定】按钮。复制 K2 单元格公式到单元格 K3:K21 中。

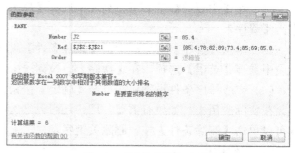

图 4.35 【插入函数】对话框　　　　　　　　　图 4.36 【函数参数】对话框

数据管理

4.5

数据管理是指对数据进行排序、筛选、分类汇总等管理和分析。Excel 2010 通过这些管理工具，帮助用户快速直观地显示数据和更好地理解数据。

4.5.1 数据排序

排序是数据处理的基本操作之一，Excel 2010 中提供的数据排序功能可以很容易地按照指定的关键字进行升序或降序排列。

1. 单关键字排序

单关键字排序的操作非常简单，下面以图 4.27 中的学生基本信息表为例进行说明。

例如，要求以"出生日期"为关键字按升序排列学生信息，如图 4.37 所示。

表演专业学生基本信息表							
学号	姓名	性别	出生日期	政治面貌	民族	身份证号	专业
160101018	王笑笑	女	1996-1-27	群众	汉族	620104199601270824	表演专业
160101007	李海洋	男	1996-10-21	共青团员	汉族	37030219961021831X	表演专业
160101009	赵瑞坤	男	1997-1-3	共青团员	汉族	610523199701030115	表演专业
160101017	刘磊	男	1997-2-6	共青团员	汉族	620422199702068710	表演专业
160101012	栗家悦	男	1997-3-20	共青团员	汉族	142703199703201234	表演专业
160101003	梁佳伟	男	1997-7-12	共青团员	汉族	620102199707121838	表演专业

图 4.37 按"出生日期"排序

单击选中"出生日期"列的任意一个单元格，在【数据】|【排序和筛选】组中单击【升序】按钮即可。

2. 多关键字排序

多关键字排序就是多列数据的排序，是指用户可以设置多个排序条件对数据清单中的数据内容进行排序。在对表格数据进行排序时，有时需要先按一列数据进行排序后，再在此基础上再按另外一列数据进行排序。

例如，要求将本章第 4 节完成计算后的学生成绩表，按总分从高到低排序，在总分相同的情况下，再按照英语成绩由高到低排序。主要操作步骤如下所述。

（1）选中 A1:K21 单元格区域，在【数据】选项卡的【排序和筛选】组中单击【排序】按钮，打开【排序】对话框。

（2）在【主要关键字】下拉列表中选择【总分】选项，在【次序】下拉列表中选择排序的次序为【降序】。

（3）单击【排序】对话框中的【添加条件】按钮，添加次要关键字，从【次要关键字】下拉列表中选择【英语】选项，在【次序】下拉列表中选择排序的次序为【降序】，如图 4.38 所示。

（4）完成排序条件设置后，单击【确定】按钮。

在实际应用中，如果有需要，用户还可以继续添加次要关键字以实现更多关键字的排序，并且可以单击【删除条件】按钮删除关键字。

3．其他排序

Excel 2010 中的排序包含多种情况，在默认情况下文字是按拼音排序的，很多时候需要其他的排序方法，比如按姓氏的笔画来排序；Excel 2010 中默认是列排序，而有时则需要按水平方向重新排列数据；Excel 2010 中的数据是不区分大小写的，但如果用户需要区分也是可以实现的。

如果需要对数据按照以上方式进行排序，则只需要在【排序】对话框中设置好关键字排序次序后，再单击其中的【选项】按钮，弹出【排序选项】对话框，如图 4.39 所示，按照实际需要选择设置。

图 4.38　【排序】对话框

图 4.39　【排序选项】对话框

4.5.2　数据筛选

数据筛选就是只显示出符合指定筛选条件的记录，而将不满足条件的记录隐藏起来，以方便用户查询。Excel 2010 提供了"自动筛选"和"高级筛选"这两种方式筛选数据。一般情况下，"自动筛选"就能够满足大部分的需要。不过，当需要利用复杂的条件来筛选数据时，则要使用"高级筛选"的方式。

1．自动筛选

自动筛选是筛选最快捷的方式，只需要通过简单的操作就可以快速地显示满足条件的记录。

例如，从本章第 4 节所示的学生成绩表中筛选出"王莹"同学的成绩记录，具体操作步骤如下。

（1）选定表格中任意一个数据单元格，单击【数据】|【排序和筛选】功能组中的【筛选】按钮，则表中各列标题右侧出现下拉按钮。

（2）单击"姓名"旁的下拉按钮，在弹出的下拉菜单中单击【全选】复选框，取消所有姓名前的选中标记，然后单击"王莹"前的复选框，如图 4.40 所示。

（3）单击【确定】按钮，完成筛选。

例如，从学生成绩表中筛选出英语大于或等于 85 分以上的女生，具体操作步骤如下。

（1）单击【数据】|【排序和筛选】功能组中的【清除】按钮，取消上面实例的筛选结果。

（2）首先根据"性别"列数据筛选出女生的全部记录，方法同上例。

（3）单击"英语"旁的下拉按钮，在弹出的下拉菜单中选择【数字筛选】|【大于或等于】选项，如图 4.41 所示，打开【自定义自动筛选方式】对话框。

图 4.40　选择筛选项

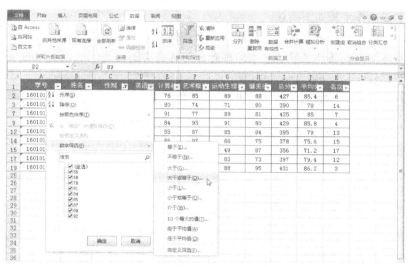

图 4.41　选择筛选条件

（4）在【自定义自动筛选方式】对话框中"大于或等于"右侧的文本框中输入"85"，如图 4.42 所示，单击【确定】按钮。

图 4.42　【自定义自动筛选方式】对话框

（5）数据表显示的筛选结果如图 4.43 所示。

	A	B	C	D	E	F	G	H	I	J	K	L
1	学号	姓名	性别	英语	计算机	艺术概	运动生理	健美操	总分	平均分	名次	
2	160101001	侯倩	女	89	76	85	89	88	427	85.4	6	
3	160101002	刘思雨	女	85	80	74	71	80	390	78	14	
7	160101006	孙妍	女	87	91	77	89	81	425	85	7	
19	160101018	王笑笑	女	92	70	86	88	95	431	86.2	3	
25												

图 4.43　筛选结果

注意　自动筛选每次只能对一列数据筛选，若要利用自动筛选对多列数据筛选，每个追加的筛选都是基于之前的筛选结果。

2. 高级筛选

高级筛选能实现数据表中多字段之间复杂的筛选关系。在进行高级筛选之前，需要在数据表区域以外的位置设置条件区域，条件区域至少有两行，首行是数据表中相应的列标题，其他行则为筛选条件。

> **注意**　同一行的条件关系为"逻辑与"，不同行之间的条件关系为"逻辑或"。

例如，使用高级筛选功能筛选出英语成绩高于 90 分的女生和计算机成绩高于 90 分的男生。主要操作步骤如下所述。

（1）在数据表的空白处建立一个条件区域，将需要筛选的多个条件中的每一列列标题和筛选条件输入到条件区域，注意列标题和筛选表中的标题一致。本例的条件区域如图 4.44 所示。

	A	B	C	D	E	F	G	H	I	J	K		M	N	O
1	学号	姓名	性别	英语	计算机	艺术概论	运动生理学	健美操	总分	平均分	名次		性别	英语	计算机
2	160101001	侯倩	女	89	76	85	89	88	427	85.4	6		女	>90	
3	160101002	刘思雨	女	85	80	74	71	80	390	78	14		男		>90
4	160101003	梁佳伟	男	70	85	80	89	86	410	82	10				
5	160101004	马旭阳	男	83	96	90	87	89	445	89	1				
6	160101005	张雨轩	男	74	72	89	56	76	367	73.4	16				
7	160101006	孙妍	女	87	91	77	89	81	425	85	7				
8	160101007	李海洋	男	54	86	41	88	76	345	69	18				
9	160101008	王欣然	女	81	84	93	91	80	429	85.8	4				
10	160101009	赵瑞坤	男	72	88	90	77	92	419	83.8	8				
11	160101010	李鑫磊	男	71	91	89	81	86	418	83.6	9				
12	160101011	李子潇	女	84	55	87	85	84	395	79	13				
13	160101012	栗家悦	男	86	85	85	87	91	434	86.8	2				
14	160101013	刘童茹	女	58	86	93	66	75	378	75.6	15				
15	160101014	张琦	女	55	93	72	49	87	356	71.2	17				
16	160101015	樊沛林	男	38	60	73	89	50	310	62	20				
17	160101016	王莹	女	78	89	74	83	73	397	79.4	12				
18	160101017	刘磊	男	82	90	88	85	84	429	85.8	4				
19	160101018	王笑笑	女	92	70	86	88	95	431	86.2	3				
20	160101019	李昊阳	男	72	47	71	53	88	331	66.2	19				
21	160101020	刘宇	男	72	89	92	76	71	400	80	11				

图 4.44　建立条件区域

（2）单击【数据】选项卡的【排序和筛选】功能组的【高级】按钮，打开【高级筛选】对话框。

（3）在【高级筛选】对话框中，单击【列表区域】的【拾取】按钮，返回到工作表，拖动鼠标选定筛选区"A1:K21"；单击【条件区域】的【拾取】按钮，返回到工作表，拖动鼠标选定筛选区"M1:O3"，如图 4.45 所示。

（4）单击【确定】按钮，筛选完成，结果如图 4.46 所示。

图 4.45　【高级筛选】对话框

	A	B	C	D	E	F	G	H	I	J	K
1	学号	姓名	性别	英语	计算机	艺术概论	运动生理学	健美操	总分	平均分	名次
5	160101004	马旭阳	男	83	96	90	87	89	445	89	1
11	160101010	李鑫磊	男	71	91	89	81	86	418	83.6	9
19	160101018	王笑笑	女	92	70	86	88	95	431	86.2	3

图 4.46　高级筛选结果

4.5.3　分类汇总

分类汇总是对数据清单按某个字段进行分类，将字段值相同的记录作为一类，再按类别进行求最大值、求和等汇总计算。

在对数据进行分类汇总前，要将数据按分类的字段进行排序，以便将分类字段值相同的记录排在一起。

分类汇总通常分为简单分类汇总和嵌套分类汇总两类。

1. 简单分类汇总

简单分类汇总是按数据表中的某个字段仅做一种方式的汇总。下面以实例讲解其操作过程。

例如，计算本章第4节成绩表中男、女生各门课程的平均分，主要步骤如下所述。

（1）将学生成绩表按照"性别"排序（升序或降序均可，只要将性别字段值相同的记录排在一起即可），本例中按升序排列。

（2）单击【数据】选项卡【分级显示】功能组的【分类汇总】按钮。打开【分类汇总】对话框。

（3）在【分类汇总】对话框中的【分类字段】下拉列表中选择【性别】，在【汇总方式】下拉列表中选择【平均值】，在【选定汇总项】中选择【英语】、【计算机】、【艺术概论】、【运动生理学】、【健美操】，如图4.47所示。

（4）单击【确定】按钮，分类汇总结果如图4.48所示。

图4.47 【分类汇总】对话框

学号	姓名	性别	英语	计算机	艺术概论	运动生理学	健美操	总分	平均分	名次
160101003	梁佳伟	男	70	85	80	89	86	410	82	10
160101004	马旭阳	男	83	96	90	87	89	445	89	1
160101005	张雨轩	男	74	72	89	56	76	367	73.4	16
160101007	李海洋	男	54	86	41	88	76	345	69	18
160101009	赵瑞坤	男	72	88	90	77	92	419	83.8	8
160101010	李鑫磊	男	71	91	89	81	86	418	83.6	9
160101012	栗家悦	男	86	85	85	87	91	434	86.8	2
160101015	柳沛林	男	38	60	73	89	50	310	62	20
160101017	刘磊	男	82	90	88	85	84	429	85.8	4
160101019	李昊阳	男	72	47	71	53	88	331	66.2	19
160101020	刘宇	男	72	89	92	76	71	400	80	11
		男 平均值	70.3636	80.8182	80.72727	78.9090909	80.8182			
160101001	侯倩	女	89	76	85	89	88	427	85.4	6
160101002	刘思雨	女	85	80	74	71	80	390	78	14
160101006	孙妍	女	87	91	77	89	81	425	85	7
160101008	王欣然	女	81	84	93	91	80	429	85.8	4
160101011	李子潇	女	84	55	87	85	84	395	79	13
160101013	刘蕙茹	女	58	69	93	66	75	378	75.6	15
160101016	张峰	女	55	93	72	49	87	356	71.2	17
160101016	王莹	女	78	89	74	83	73	397	79.4	12
160101018	王笑笑	女	92	70	86	88	95	431	86.2	3
		女 平均值	78.7778	80.4444	82.33333	79	82.5556			
		总计平均值	74.15	80.65	81.45	78.95	81.6			

图4.48 简单分类汇总结果

若要删除分类汇总，则需要再次单击【数据】选项卡【分级显示】功能组中的【分类汇总】按钮，在弹出的【分类汇总】对话框中单击【全部删除】按钮即可。

2．嵌套分类汇总

嵌套分类汇总是对同一字段进行多种方式的汇总，也可以是基于多个字段的数据汇总。

例如，在上例计算男、女生各门课程平均成绩的基础上，再统计男、女生人数，主要操作步骤如下所述。

（1）如上例所示，完成男、女生各门课程的平均成绩的计算。

（2）单击【数据】选项卡【分级显示】功能组中的【分类汇总】按钮，在弹出的【分类汇总】对话框中的【分类字段】下拉列表中选择【性别】，在【汇总方式】下拉列表中选择【计数】，在【选定汇总项】中选择【学号】，取消【替换当前分类汇总】复选框，如图4.49所示，单击【确定】按钮。

3．分级显示

为数据清单进行分类汇总后，Excel会自动按汇总时的分类分级显示数据，在数据表的左侧显示"－"或"＋"【分级显示】按钮。可单击【分级显示】按钮设置汇总数据的显示与隐藏。

在【分级显示】按钮上方，显示分类级别"1、2、3、4"等，如上例中，若只需要显示男、女生人数，男、女生各门课平均成绩及总计情

图4.49 设置嵌套分类汇总

况，可单击"3"级按钮，显示结果如图 4.50 所示。

1 2 3 4		A	B	C	D	E	F	G	H	I	J	K
	1	学号	姓名	性别	英语	计算机	艺术概论	运动生理学	健美操	总分	平均分	名次
	13	11		男 计数								
	14			男 平均值	70.3636	80.8182	80.72727	78.9090909	80.8182			
	24	9		女 计数								
	25			女 平均值	78.7778	80.4444	82.33333	79	82.5556			
	26	20		总计数								
	27			总计平均值	74.15	80.65	81.45	78.95	81.6			

图 4.50　显示 3 级结果

4.5.4　数据透视表

数据透视表是一种对大量数据进行快速汇总和建立交叉列表的交互式表格，它不仅可以对多个字段进行汇总，也可以转换行和列来查看数据的不同汇总结果，还可以根据需要显示某区域中的数据细节。

例如，以图 4.27 所示的学生基本信息表作为数据源，对男、女生不同政治面貌的人数进行统计，具体操作步骤如下所述。

（1）选取数据区域中的任意一个单元格。

（2）在【插入】选项卡【表格】功能组中单击【数据透视表】按钮。

（3）在打开的【创建数据透视表】对话框（见图 4.51）中，单击【表/区域】的【拾取】按钮，返回到工作表，拖动鼠标选定筛选区"A2:H22"。

（4）单击【确定】按钮后，Excel 创建一个如图 4.52 所示的新工作表，工作表的左边是数据透视表的布局式样；

图 4.51　【创建数据透视表】对话框

右边的界面是数据透视表字段列表的任务窗格，用于设置和调整数据透视表的内容。

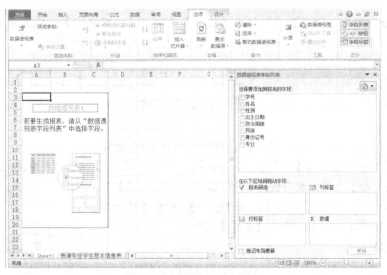

图 4.52　数据透视表布局界面

（5）将"性别"拖动到【行标签】列表框中，将"政治面貌"拖动到【列标签】列表框中，将【学号】拖动到【Σ数值】列表框中。在拖动数据源到对应栏目的过程中，位于左边的区域将会显示数据透视表的相应内容。

（6）数据透视表操作结果如图 4.53 所示。

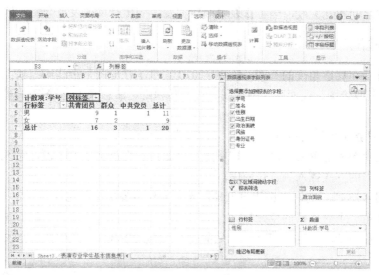

图 4.53　数据透视表操作结果

> 提示　单击透视表之外的空白单元格，数据透视表创建界面就会隐藏起来，如果需要再显示该操作界面，只需要单击数据透视表区域内的任意一个单元格。

实际应用中，可根据需要对【∑数值】列表框中的计算方式进行修改。例如，单击图 4.53 中的【计数项:学号】项，弹出下拉菜单，选择【值字段设置】菜单项，如图 4.54 所示。在打开的【值字段设置】对话框中根据所需进行计算类型的选择设置，如图 4.55 所示。

图 4.54　【值字段设置】菜单项

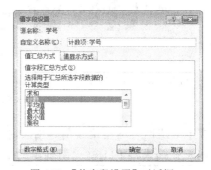

图 4.55　【值字段设置】对话框

4.6　图表

图表是 Excel 重要的组成部分，通过为数据创建图表能更直观、更容易地理解数据以及不同数据系列之间的内在关系。

图表和数据之间相互关联，当工作表中的数据发生变化时，图表也会相应地发生变化。

4.6.1　创建图表

根据数据特征和观察角度的不同，Excel 2010 提供了柱形图、折线图、饼图、条形图、面积图、XY 散点图、股价图、曲面图、圆环图、气泡图和雷达图总共 11 类图表类型，每一类图表又有若干子类型。

1．使用快捷键快速创建图表

选定需要创建图表的单元格区域，即图表数据源，在键盘上按 F11 键，系统会自动将该区域的图表以新工作表的方式插入到工作簿中。

例如，为图 4.28 所示的图书销售表创建图表，操作步骤如下所述。

（1）选定任意一个有数据的单元格。

（2）按 F11 键，系统会自动在该工作表之前插入一个名为"Chart1"的新工作表，如图 4.56 所示。

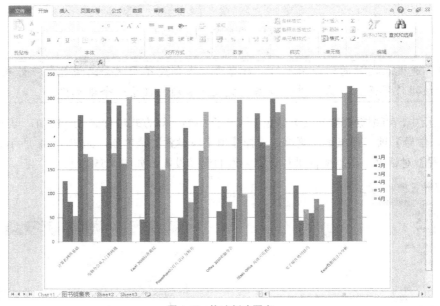

图 4.56　快速创建图表

> 提示　基于默认图表类型快速创建图表时，按【Alt+F1】快捷键，则创建的图表显示为嵌入图表；如果按 F11 键，则创建的图表显示在单独的图表工作表上。

2．使用图表功能组创建图表

选定需要创建图表的单元格区域，可使用【插入】功能选项卡【图表】功能组中的各种图表类型按钮创建图表，或打开【插入图表】对话框，选定图表类型，根据需要指定图表子类型，从而完成图表创建。

例如，在本章第 4 节学生成绩表中，插入各门课程平均分的对比图，操作步骤如下所述。

（1）选定各门课程名所在区域 D1:H1，按 Ctrl 键的同时再选定各门课程平均分所在行的单元格 D24:H24。

（2）单击【插入】功能选项卡【图表】功能组中的【三维簇状柱形图】，如图 4.57 所示。则图表以图片的形式插入到学生成绩表所在的工作表中，如图 4.58 所示。

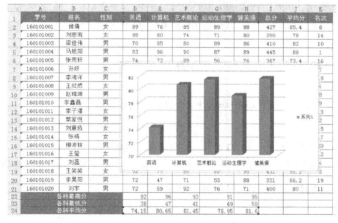

图 4.57 插入"三维簇状柱形图"

图 4.58 使用【图表】功能组创建图表

4.6.2 编辑图表

图表创建好之后，显示的效果也许并不理想，此时可对图表进行适当的编辑。单击选中已创建的图表，在选项卡右侧会出现【图表工具】选项卡，并提供了【设计】、【布局】和【格式】三个工具选项卡，以方便用户对图表进行更多的设置与美化。

例如，对图 4.58 所示的图表进行编辑，结果如图 4.59 所示，操作步骤如下所述。

（1）单击【设计】选项卡，选择【图表样式】功能组中的【样式 39】按钮改变图表的样式。

（2）单击【布局】选项卡，选择【标签】功能组中【图表标题】的下拉按钮，在弹出的

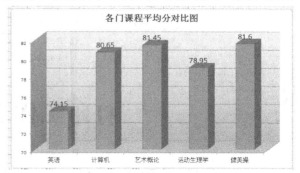

图 4.59 图表编辑后的效果

菜单中选择【图表上方】菜单项，将图表上方出现的"图表标题"修改为"各门课程平均分对比图"。

（3）选择【布局】|【标签】|【图例】的下拉按钮，在弹出的菜单中选择【无】菜单项，隐藏图例。

（4）选择【布局】|【标签】|【数据标签】的下拉按钮，在弹出的菜单中选择【显示】菜单项。

（5）选中图表中任意一个数据标签，单击【开始】|【字体】|【增大字号】按钮，增大数据标签的字号。

（6）单击图表背景墙，选择【格式】|【形状样式】|【形状填充】的下拉按钮，从【渐变】子菜单【变体】中选择【线性向上】项。

4.6.3　插入迷你图

迷你图是 Excel 2010 的一个全新的功能，它可以在工作表的单元格中创建出一个微型图表，用于展示数据序列的趋势变化或用于一组数据的对比。迷你图主要包括折线图、柱形图和盈亏图。

例如，以简洁的小图表展示图 4.28 中每本图书销量变化趋势，操作步骤如下所述。

（1）在图中的 H1 单元格输入"趋势图"，该列用于存放迷你图。

（2）在【插入】选项卡的【迷你图】命令组中单击【折线图】命令，打开【创建迷你图】对话框，在其中设置【数据范围】为 B2:G2，设置【位置范围】为 $H$2，如图 4.60 所示。

（3）单击【确定】按钮关闭对话框，一个简洁的"折线迷你图"在 H2 单元格创建成功。

（4）向下拖动 H2 单元格右下角的填充柄至 H9，从而快速创建一组迷你图。

图 4.60　【创建迷你图】对话框

如果需要对迷你图进行编辑，可选中任意一个迷你图所在单元格，单击【迷你图工具】|【设计】选项卡，选择使用各功能组中的功能按钮即可。例如选中【显示】组中的【标记】复选框，则显示效果如图 4.61 所示。

	A	B	C	D	E	F	G	H	I
1	书名	1月	2月	3月	4月	5月	6月	趋势图	
2	计算机网络基础	128	83	54	265	183	177		
3	电脑办公从入门到精通	115	297	184	286	163	303		
4	Excel 2010标准教程	47	226	230	319	149	323		
5	PowerPoint幻灯片设计与制作	49	236	81	115	188	272		
6	Office 2010电脑办公	63	114	82	68	296	98		
7	二级MS Office 高级应用教程	268	206	199	299	271	287		
8	电子邮件使用技巧	116	43	66	59	88	76		
9	Excel数据统计与分析	280	137	310	324	320	227		

图 4.61　"迷你图"效果

4.7 打印工作表

编辑工作表后，可以将工作表打印输出作为资料保存，打印 Excel 工作表之前，可先进行打印预览，并根据需要设置打印选项以及打印区域等。

4.7.1　预览工作表

为了避免多次打印和在打印中出现截断数据的情况，需要进行打印预览，预览工作表是否符合所需的要求。

选择【文件】|【打印】命令，右侧出现打印设置界面以及打印预览图，如图 4.62 所示。在每一项下拉菜单中可以选择不同的打印设置。

图 4.62　打印设置及打印预览界面

如果想要预览下一页和上一页，请在"打印预览"图的底部，单击【下一页】或者【上一页】的箭头按钮。

还可以单击【视图】选项卡中【工作簿视图】功能组中的【分页预览】按钮，分页预览全部的工作表数据。

4.7.2　设置打印选项

一般而言，在打印工作表之前需要对其页面进行适当设置，可使打印出的工作表页面布局和表格结构更加合理。

页面设置主要有两种方法，一种是单击【页面布局】选项卡，选择【页面设置】功能组中的按钮对工作表进行详细设置，如图 4.63 所示；另一种方法是执行【文件】|【打印】命令，在打印设置菜单的右下角单击【页面设置】命令，打开图 4.64 所示的【页面设置】对话框进行设置。

图 4.63　【页面设置】功能组

有关页面中的纸张类型、方向、页边距等设置，请参照第 3 章内容，本节不作详细讲解。下面针对 Excel 页面设置中的特殊功能进行介绍。

1．创建页眉和页脚

为了显示单位名称、页码、表格名称等信息，通常需要在工作表的顶部或底部添加页眉和页脚。

在【页面设置】对话框的【页眉/页脚】选项卡中，单击【自定义页眉】（或【自定义页脚】）按钮，打开【页眉】（或【页脚】）对话框，图 4.65 所示的是【页脚】对话框。单击该对话框中"中（C）："下面的文本框，选择上方的【插入页码】按钮插入页码。

图 4.64　【页面设置】对话框　　　　　　　　　　图 4.65　【页脚】对话框

2．设置重复标题行

在制作工作表时，常常使用表头来识别行或列中的数据。若表格较大，打印时将对其自动分页，表头就不会在每个页面上显示，影响到数据的查阅。如果要在每一页上都显示工作表的表头，则可利用 Excel 中的重复标题行功能。

重复打印标题行的设置方法为：单击【页面布局】|【页面设置】功能组的【打印标题行】按钮，打开的【页面设置】对话框，如图 4.66 所示。在【工作表】选项卡中单击【顶端标题行】框右侧的【拾取】按钮，在工作表中选择要重复的行标题即可。

图 4.66　重复打印标题行的设置

4.7.3　打印所有或部分工作表

在打印 Excel 工作表时，并不是每次打印的数据区域都相同，用户可根据需要选择打印数据，具体操作过程如下所述。

（1）选择打印区域。如果要打印整个工作表，直接单击该工作表，将工作表激活即可。如果是要打印工作表的某个区域，选择该区域，然后选择图 4.62 中【设置】一栏的【打印选定区域】选项。

（2）执行打印命令。单击图 4.62 所示的【打印】按钮；或者使用快捷方式，按快捷键【Ctrl+P】打印。

 **拓展实训**

4.8.1　驾校学员基本信息录入

某驾校需要建立学员基本信息电子档案，如图 4.67 所示。请完成学员信息的录入，并实时更新学员的年龄数据。

学员编号	姓名	性别	籍贯	出生日期	报名日期	单位	年龄
201601001	李月	女	陕西省乾县	1991/5/16	2016/1/17	事业	
201601002	张荣立	男	陕西省商洛市	1980/11/2	2016/1/28	企业	
201601003	董明军	男	甘肃省兰州市	1996/12/26	2016/3/5	学生	
201601004	王梓桐	女	陕西省西安市	1995/6/28	2016/4/10	学生	
201601005	杨小敏	女	陕西省西安市	1980/2/22	2016/5/27	事业	
201601006	魏项杰	男	青海省乐都县	1973/12/1	2016/6/12	个体	

图 4.67　驾校学员基本信息表

> 提示
>
> （1）选中 A1:H1 单元格，应用【合并后居中】按钮将该区域单元格合并，输入"驾校学员基本信息"。
>
> （2）学员的编号录入采用 Excel 自动填充功能。
>
> （3）性别及单位信息可定义数据"有效性条件"为"序列"，来源分别为"男,女"和"事业,企业,学生,个体"，注意各项目之间分隔符采用英文状态下的逗号。
>
> （4）应用 DATEDIF 函数计算学员年龄。选中 H3 单元格，输入公式：=DATEDIF(E3, TODAY(),"y")。
>
> TODAY 函数返回系统当前日期，该函数没有参数。
>
> DATEDIF 函数用来计算两个日期之间相差的时间，该函数的用法为"DATEDIF(Start_date,End_date,Unit)"，其中 Start_date 为一个日期数据，它代表时间段内的第一个日期或起始日期；End_date 为一个日期数据，它代表时间段内的最后一个日期或结束日期；Unit 为所需信息的返回类型，"Y"为时间段中的整年数，"M"为时间段中的整月数，"D"为时间段中的天数。
>
> （5）套用表格样式"表样式中等深浅 9"，并进行格式修改，美化表格。

4.8.2　职工工资计算与管理

某公司本月职工工资表如图 4.68 所示，请帮财务部完成如下数据统计与管理操作。

（1）在"张晓伟"所在行之前插入一个员工，新插入员工的部门为"技术部"，姓名为"赵志宏"，性别为"男"，基本工资为"3600"，奖金为"1300"。

（2）在"部门"列前面加入一列，在新产生的 A1 单元格输入"编号"，并依次在 A2:A9 单元格输入"01"～"08"。

	A	B	C	D	E	F	G
1	部门	姓名	性别	基本工资	奖金	应发工资	
2	工程部	李莹	女	3100	1000		
3	工程部	王刚强	男	3200	1750		
4	技术部	闫瑛	女	3800	1100		
5	工程部	边佩茹	女	3780	2100		
6	工程部	张嫒嫒	女	4300	1780		
7	技术部	张晓伟	男	4500	2050		
8	财务部	仲石硕	男	3200	1150		

图 4.68　职工工资表

（3）计算每位员工的应发工资（应发工资=基本工资+奖金）。

（4）将所有数值单元格的格式设置为"货币"。

（5）将应发工资超过 5000 元的单元格设置为"浅红填充色深红色文本"醒目显示。

（6）按主要关键字为"部门"、次要关键字为"性别"进行有标题递增排序。

（7）汇总各部门职工的基本工资、奖金和应发工资。

（8）应用数据透视表计算各部门男、女职工的平均应发工资。

提示

（1）"编号"一列数据采用文本格式输入。

（2）应发工资超过 5000 元的单元格设置应用 Excel 中的条件格式功能。

（3）在【数据透视表字段列表】任务窗格中，将"部门"字段拖动到【行标签】列表框中，将"性别"字段拖动到【列标签】列表框中，将"应发工资"拖动到【Σ数值】列表框中，并选择【值的汇总方式】为【平均值】。

4.8.3　投票支持率统计图表的创建

某校期末评优，用投票的方式选出"校园之星"，若要求每位学生从图 4.69 所示的五名优秀学生候选人中任选一位投票，请计算每位候选人的支持率，并创建如图 4.70 所示的柱形图。

	A	B	C	D	E
1	学号	姓名	系别	得票数	支持率
2	1610021	赵梦然	艺术	1257	
3	1502633	王子瑜	数学	1326	
4	1406225	张亮亮	生物	1592	
5	1508122	吴鼎盛	体育	1674	
6	1403459	何翔	外语	1086	

图 4.69　投票情况

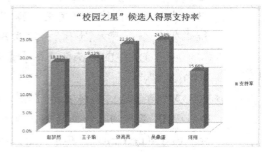

图 4.70　得票支持率柱形图

提示

（1）按照本例投票规则，支持率的计算公式为：支持率=得票数/投票人数，并将该列数据格式设置为"百分比"。

（2）选择"姓名"和"支持率"两列数据创建"三维簇状柱形图"，修改图表标题，参照图 4.70 所示的柱形图设置图表背景墙格式，设置图表的"数据标签"为"显示"。

习题 4

一、单项选择题

1. Excel 2010 是（　　）。

　　A．数据库管理软件　　　　B．文字处理软件　　C．电子表格软件　　D．幻灯片制作软件

2. 在 Excel 中，下列概念以由大到小的次序排序，正确的是（　　）。

　　A．工作表、单元格、工作簿　　　　　　B．工作表、工作簿、单元格

　　C．工作簿、单元格、工作表　　　　　　D．工作簿、工作表、单元格

3. 在 Excel 单元格中出现一连串的 "###" 符号，则表示（　　）。

　　A．需要重新输入数据　　　　　　　　　B．需要调整单元格的宽度

　　C．需要删除该单元格　　　　　　　　　D．需要删除这些符号

4. 在 Excel 2010 的工作表中，最小操作单元是（　　）。

　　A．一列　　　　　　　　B．一行　　　　　　C．一张表　　　　　D．单元格

5. 在 Excel 2010 工作表的单元格中，如想输入数字字符串 01516（职工号），则应输入（　　）。

　　A．01516　　　　　　B．"01516"　　　C．01516　　　D．'01516

6. 在 Excel 工作表中，给当前单元格输入数值型数据时，默认为（　　）。

　　A．居中　　　　　　B．左对齐　　　　C．右对齐　　　D．随机

7. 在 Excel 处理学生成绩单时，对不及格的成绩用醒目的方式（如红色）表示，当要处理大量的学生成绩时，利用（　　）功能最为方便。

　　A．查找　　　　　　B．条件格式　　　C．数据筛选　　　D．定位

8. 对工作表中区域 A2:A6 进行求和运算，在选中存放计算结果的单元格后，键入（　　）。

　　A．SUM (A2:A6)　　　　　　　　B．A2+A3+A4+A5+A6

　　C．=SUM (A2:A6)　　　　　　　　D．=SUM(A2,A6)

9. 在 Excel 中，假设在 D3 单元格内输入 "=C2+\$A\$6"，再把公式复制到 E5 单元格中，则 E5 单元格公式是（　　）。

　　A．=C2+\$A\$6　　　　B．=D4+\$B\$8　　　C．=C2+\$B\$8　　　D．=D4+\$A\$6

10. 下列各选项中，对数据透视表描述错误的是（　　）。

　　A．数据透视表可以放在其他工作表中

　　B．可以在 "数据透视表字段列表" 任务窗格中拖动字段

　　C．可以更改计算类型

　　D．不可以筛选数据

二、判断题

1. 打开一个 Excel 文件就是打开一张工作表。　　　　　　　　　　　　　　（　　）

2. Excel 中 A1:B10 区域中包含 11 个单元格。　　　　　　　　　　　　　　（　　）

3. 在 Excel 中，可以设置单元格的行高和列宽。　　　　　　　　　　　　　（　　）

4. 在 Excel 中，工作表的标签（如 Sheet1）由系统确定，用户无权更改。　　（　　）

5. 单元格的数据类型选定后，不可以再改变。　　　　　　　　　　　　　　（　　）

6．Excel 包含许多预定义的函数，如 MAX 函数的功能是求一组数中的最大值。　　（　　　）

7．在 Excel 2010 中，排序时可以指定多个关键字。　　（　　　）

8．在 Excel 工作表中通过"筛选"功能查看满足某种条件的数据后，不能再显示全部数据。

（　　　）

9．如果工作表数据已建立图表，则修改工作表数据的同时也必须修改对应的图表。　（　　　）

10．在 Excel 2010 中，可以打印整张工作表，也可以选择部分数据进行打印。　　（　　　）

三、填空题

1．Excel 中用来储存并处理工作表数据的文件称为_____。

2．默认情况下，新建的 Excel 工作簿窗口中包含_____张工作表。

3．在 Excel 中，要合并单元格，应先选定要合并的单元格区域，再执行_____命令。

4．Microsoft Excel 2010 中，工作簿默认扩展名为_____。

5．Excel 中的公式输入须以_____开头。

6．间断选择单元格时，可以按住_____键同时选择各单元格。

7．单元格引用分为绝对引用、_____和_____三种。

8．在 Excel 中，_____是指从数据清单中选取满足条件的数据，将所有不满足条件的数据隐藏起来。

9．Excel 2010 提供了两种筛选，分别是_____和_____。

10．在对数据进行分类汇总前，必须对数据进行_____操作。

第5章

PowerPoint 2010 演示文稿制作软件

本章学习目标

➤ 熟悉 PowerPoint 2010 的操作界面
➤ 熟练掌握幻灯片的制作方法
➤ 掌握美化演示文稿的方法
➤ 掌握动画及交互效果的设置方法
➤ 掌握演示文稿的放映及打包的方法

Powerpoint 2010 是微软公司出品的系列办公软件的组件之一，是制作和演示幻灯片的软件，能够制作出集文字、图形、图像、声音、动画以及视频剪辑等多媒体元素于一体的演示文稿。常用于设计制作专家报告、教师讲义、产品介绍、企业宣传等。

PowerPoint 2010 概述

5.1.1 PowerPoint 2010 的窗口和视图

1．PowerPoint 2010 的启动

（1）方法一：单击【开始】|【所有程序】|【Microsoft Office 2010】|【PowerPoint 2010】命令。

（2）方法二：双击桌面上的 PowerPoint 2010 的快捷图标。

（3）方法三：双击文件夹中的 PowerPoint 演示文稿。

（4）方法四：鼠标右键单击桌面空白处，在弹出的快捷菜单【新建】中选择【Microsoft Power-Point 2010 演示文稿】命令，在桌面上创建该命令的图标，双击该快捷图标。

上述 4 种方法均可启动 PowerPoint 2010，并进入该软件的工作界面，如图 5.1 所示。

PowerPoint 2010 的主窗口主要由标题栏、功能选项卡、功能区、幻灯片编辑窗格、幻灯片/大纲目录窗格、备注窗格、状态栏、视图切换按钮等元素构成。

2．PowerPoint 2010 的视图模式

PowerPoint 2010 提供了普通视图、幻灯片浏览视图、备注页视图、阅读视图 4 种视图模式。除备注页视图外，其余 3 种视图均可通过单击演示文稿窗口右下方的视图切换按钮来实现相互间的切换。除此之外，用户也可以通过【视图】|【演示文稿视图】选项组来实现 4 种视图模式的切换，如图 5.2 所示。

（1）普通视图

普通视图是 PowerPoint 的默认视图方式，常用于演示文稿的设计及幻灯片的编辑排版。该视

图由三个窗口组成，左侧为【幻灯片/大纲】目录窗格，右侧上方为幻灯片编辑窗格，右侧下方为备注栏。拖动中间的窗格分隔条可以调整窗格大小。

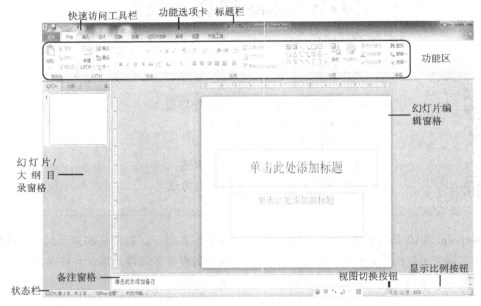

图 5.1　PowerPoint 2010 的工作界面

① 幻灯片目录窗格

幻灯片以缩略图的方式排列显示，便于查看各幻灯片前后是否协调以及各对象位置是否合适，并且可以快速地添加、删除或移动幻灯片。

图 5.2　【演示文稿视图】选项组

② 大纲目录窗格

简要显示整个演示文稿的主体大纲结构，可编辑调整单张幻灯片的文本内容及段落顺序。

提示　这里的文本必须是在幻灯片版式设计的占位符中输入的文本，自己添加的文本框中的内容在这里看不到，如图 5.3 所示。

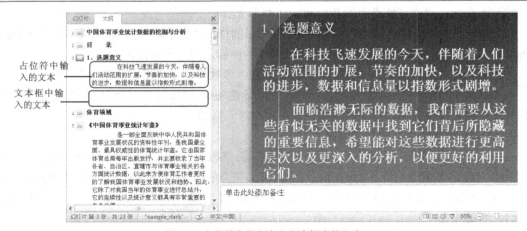

图 5.3　占位符中的文本和文本框中的文本

③ 备注窗格

可以添加幻灯片的备注信息。

（2）幻灯片浏览视图

在幻灯片浏览视图下，演示文稿中的所有幻灯片以缩略图的方式整齐地显示在同一窗口中。在该视图中可以添加、复制、删除幻灯片，也可以重新调整幻灯片的顺序，但不能对幻灯片的具体内容进行编辑修改，如图 5.4 所示。

（3）备注页视图

备注页视图一般用于记录演讲者的参考提示信息，幻灯片放映时备注内容不会显示。该视图上方显示的是当前幻灯片的缩略图，幻灯片内容不能编辑，下方的备注页为占位符，用于编辑备注内容，如图 5.5 所示。

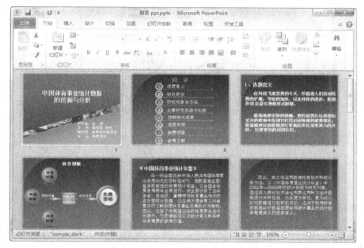

图 5.4　幻灯片浏览视图

图 5.5　备注页视图

（4）阅读视图

阅读视图是将演示文稿在一个设有简单命令控件的窗口中播放，不同于幻灯片放映时的全屏播放模式。

5.1.2　创建 PowerPoint 演示文稿

使用 PowerPoint 软件制作出来的文件就叫演示文稿。而演示文稿中的每一页叫做幻灯片，每张幻灯片都是演示文稿中既相互独立又相互联系的内容，利用它可以将文字、图表等对象想表达的内容更加生动直观地呈现出来。

1. 新建空白演示文稿

（1）方法一：使用【开始】按钮启动 Microsoft PowerPoint 2010，即可打开空白演示文稿。

（2）方法二：在 PowerPoint 2010 中单击【文件】|【新建】|【空白演示文稿】|【创建】命令，即可打开空白演示文稿。

2. 根据模板新建演示文稿

（1）方法一：使用样本模板。

PowerPoint 中预先定义好内容格式的一种演示文稿，便于用户直接使用。

在 PowerPoint 2010 中，单击【文件】|【新建】|【可用的模板和主题】列表框中的【样本模板】命令，在弹出的【样本模板】列表框中任选一种模板并单击【创建】命令即可。

（2）方法二：使用【我的模板】。

用户将自定义的演示文稿保存为【PowerPoint 模板】类型，并存放在【我的模板】中，便于后期再次使用。

在 PowerPoint 2010 中，单击【文件】|【新建】|【可用的模板和主题】列表框中的【我的模板】命令，在弹出的【新建演示文稿】对话框中选择之前保存好的模板文件并单击【确定】命令即可，如图 5.6 所示。

图 5.6　使用【我的模板】命令新建演示文稿

（3）方法三：使用 Office.com 模板。

除了上述两种模板外，用户还可以在互联网上下载模板来创建演示文稿。

在 PowerPoint 2010 中，单击【文件】|【新建】命令，在【Office.com 模板】列表框中选择需要的模板文件并单击【下载】命令即可，如图 5.7 所示。

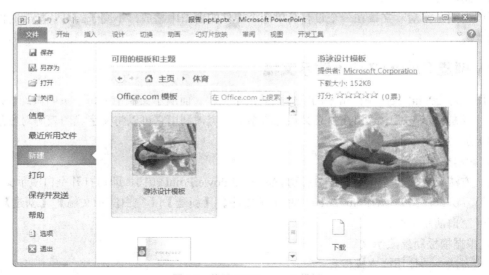

图 5.7　使用"Office.com"模板

5.2 演示文稿的编辑

5.2.1 幻灯片的基本操作

1．幻灯片的选定

要对幻灯片进行操作，首先要选定幻灯片。在【幻灯片/大纲】窗格中，单击要选定的幻灯片缩略图即可实现对单张幻灯片的选定操作。若要选择多张连续的幻灯片，可在选定第一张幻灯片后，按住【Shift】键不放，再选择最后一张幻灯片。若要选择多张不连续的幻灯片，可在选定第一张幻灯片后，按下【Ctrl】键不放，再选择其他幻灯片。

2．幻灯片的插入

在 PPT 文档中插入幻灯片，首先要确定新幻灯片的插入位置。单击某张幻灯片的缩略图或单击两张幻灯片之间的空白处，即可确定新幻灯片的插入位置。

（1）方法一：在【幻灯片/大纲】窗格中，确定新幻灯片的插入位置之后，按 Enter 键或单击鼠标右键，在弹出的快捷菜单中选择【新建幻灯片】命令即可在当前选定的幻灯片之后或两张幻灯片之间插入一张新幻灯片。

（2）方法二：单击【开始】|【幻灯片】|【新建幻灯片】命令，在弹出的下拉菜单中单击选定的版式，即可在当前选定的幻灯片之后或两张幻灯片之间插入一张新幻灯片。

（3）方法三：在【普通视图】或【幻灯片浏览视图】中，确定新幻灯片的插入位置之后，使用 Ctrl+M 快捷键即可在当前选定的幻灯片之后或两张幻灯片之间插入一张新幻灯片。

3．幻灯片的复制

（1）方法一：选择需要复制的幻灯片，单击【开始】|【剪贴板】|【复制】|【复制 I】命令即可。

（2）方法二：在【幻灯片/大纲】窗格中，选择需要复制的幻灯片，单击鼠标右键，在弹出的快捷菜单中选择【复制幻灯片】命令即可。

（3）方法三：选择需要复制的幻灯片，单击【开始】|【幻灯片】|【新建幻灯片】|【复制所选幻灯片】命令即可。

（4）方法四。选择需要复制的幻灯片，使用 Ctrl+C 快捷键执行复制命令，再在目标位置使用 Ctrl+V 快捷键执行粘贴命令。

4．幻灯片的移动

（1）方法一：选择需要移动的幻灯片缩略图，按住鼠标左键拖动幻灯片至目标位置。例如，选择图 5.8 所示的"幻灯片 3"并拖动，此时会在"幻灯片 1"和"幻灯片 2"之间出现一条直线，松开鼠标左键即可将"幻灯片 3"移动至该位置，如图 5.9 所示。

（2）方法二：选择需要移动的幻灯片，单击【开始】|【剪贴板】|【剪切】命令，再单击目标位置，然后再单击【开始】|【剪贴板】|【粘贴】命令。

（3）方法三：选择需要移动的幻灯片，使用【Ctrl+X】快捷键执行剪切命令，再在目标位置使用 Ctrl+V 快捷键执行粘贴命令。

5．幻灯片的删除

（1）方法一：选择需要删除的幻灯片，按下【Delete】键即可。

<table>
<tr><td>图 5.8　选择移动的幻灯片</td><td>图 5.9　幻灯片的移动</td></tr>
</table>

（2）方法二：选择需要删除的幻灯片并单击鼠标右键，在弹出的快捷菜单中选择【删除幻灯片】命令即可。

（3）方法三：选择需要删除的幻灯片，单击【开始】|【剪贴板】|【剪切】命令即可。

5.2.2　幻灯片中对象的添加

1．插入文本

（1）方法一：在占位符中输入文本。

大部分幻灯片的版式都提供了一个含有项目符号的虚线框（框内包含"单击此处添加文本"字样），该虚线框就是占位符，在占位符中预设了文字的样式。单击占位符边框可选中占位符，单击占位符中间可进入文本编辑状态。

（2）方法二：使用文本框插入文本。

用户可以使用文本框在幻灯片的任意位置添加多个文本块，并可以设置文本格式及方向，以展现用户所需的幻灯片布局。例如，单击【插入】|【文本框】|【垂直文本框】命令，在幻灯片的目标位置按下鼠标左键并拖动，即可创建垂直文本框并编辑竖排文本。

2．插入图形

（1）插入图片

在幻灯片的占位符中单击【插入来自文件的图片】按钮，如图 5.10 所示，即可打开【插入图片】对话框，或通过单击【插入】|【图像】|【图片】命令也可打开【插入图片】对话框，然后选择所需的图片，单击【插入】命令即可插入图片。

图 5.10　【插入来自文件的
图片】按钮

提示　　在【插入图片】对话框的【插入】命令右侧有一下三角按钮，点开下拉菜单中有
　　　　三个选项【插入】、【链接到文件】、【插入和链接】，三者的区别如下所述。
　　　　①【插入】选项。该方式插入的图片将被嵌入到当前幻灯片中，与图片源文件无任
　　　　何关联。保存演示文稿时图片随文稿一起保存，图片源文件发生改变时，幻灯片中
　　　　的图片不会自动更新。

②【链接到文件】选项。该方式插入的图片并没有真实地将图片嵌入到当前幻灯片中，而是在幻灯片中保存了图片源的位置信息，图片源文件发生改变时，幻灯片中的图片也会自动更新。通过这种方式链接图片可以减少演示文稿的大小。

③【插入和链接】选项。该方式插入的图片嵌入到当前幻灯片中，同时还建立了和图片源文件的链接。保存演示文稿时图片随文稿一起保存，图片源文件发生改变时，幻灯片中的图片也会自动更新。

（2）插入剪贴画

在幻灯片的占位符中单击【剪贴画】按钮即可打开【剪贴画】任务窗格，或通过单击【插入】|【图像】|【剪贴画】命令也可打开【剪贴画】任务窗格，使用【剪贴画】任务窗格中的【搜索】命令找到符合条件的剪贴画并单击，即可插入剪贴画。

（3）插入形状

单击【插入】|【插图】|【形状】命令，在弹出的下拉菜单中选择需要的形状，当鼠标指针变成十字形状时，在幻灯片的目标位置按下鼠标左键并拖动即可绘制形状。

（4）插入 SmartArt 图形

在幻灯片的占位符中单击【插入 SmartArt 图形】按钮即可打开【选择 SmartArt 图形】对话框，或通过单击【插入】|【插图】|【SmartArt】命令，在弹出的【选择 SmartArt 图形】对话框中选择需要的 SmartArt 图形并单击【确定】命令即可。

3. 插入图表

在幻灯片的占位符中单击【插入图表】按钮即可打开【插入图表】对话框，或通过单击【插入】|【插图】|【图表】命令也可打开【插入图表】对话框，然后选择所需的图表及数据源即可。

4. 插入表格

在幻灯片的占位符中单击【插入表格】按钮即可打开【插入表格】对话框，或通过单击【插入】|【表格】|【表格】|【插入表格】命令也可打开【插入表格】对话框，然后在对话框中输入所需的列数和行数即可。

5. 插入艺术字

单击【插入】|【文本】|【艺术字】命令，在弹出的下拉菜单中选择需要的艺术字样式并输入文本即可。

6. 插入音频

单击【插入】|【媒体】|【音频】命令，在弹出的下拉菜单中选择【文件中的音频】、【剪贴画音频】、【录制音频】命令，在弹出的对话框中选择好要插入的音频文件单击【插入】命令即可在当前幻灯片显示表示音频文件的图标 。单击该图标，选择【播放】选项卡，如图 5.11 所示，可以设置音频的播放方式及其他属性。

图 5.11　【播放】选项卡

7. 插入视频

单击【插入】|【媒体】|【视频】命令，在弹出的下拉菜单中选择【文件中的视频】、【来自网

站的视频】、【剪贴画视频】命令，在弹出的对话框中选择好要插入的视频文件，单击【插入】命令即可，如图 5.12 所示。单击视频，选择【播放】选项卡，可以设置视频的播放方式及其他属性。

8．插入页眉页脚

单击【插入】|【文本】|【页眉和页脚】命令即可打开【页眉和页脚】对话框，如图 5.13 所示。在【页眉和页脚】|【幻灯片】选项卡中可以设置日期和时间、幻灯片编号、页脚等。设置完成后，若单击【全部应用】命令可以将所有设置应用于全部幻灯片，若单击【应用】命令则所有设置只应用于当前幻灯片，若选中【标题幻灯片中不显示】复选框则所有设置不应用于第一张幻灯片。

图 5.12　插入的视频文件　　　　　　　　　图 5.13　【页眉和页脚】对话框

9．插入公式

单击【插入】|【符号】|【公式】命令，在弹出的【公式工具】|【设计】功能区中选择相应的公式符号插入即可，如图 5.14 所示。

图 5.14　公式的编辑

10．插入批注

单击【审阅】|【批注】|【新建批注】命令即可插入批注框并进入批注编辑状态，单击批注框以外的区域即可完成批注的插入并自动隐藏批注内容。幻灯片放映模式下不显示批注。

5.3　演示文稿的美化与动画效果

5.3.1　利用主题美化演示文稿

主题是 PowerPoint 2010 为用户提供的一种针对演示文稿的外观设计的模板，它预设了幻灯片的背景颜色、背景图案等格式。应用主题可以快速地创建或改变演示文稿的外观，使演示文稿具有统一的风格。

单击【设计】|【主题】功能区的【其他】按钮 ，在打开的下拉菜单中选择所需的主题样式，即可将该主题应用到整个演示文稿中。若希望主题只应用于单张或多张幻灯片，则可选中要应用同种主题的幻灯片，右键单击所需的主题，在弹出的下拉菜单中选择【应用于选定幻灯片】命令即可，如图 5.15 所示。应用此方法，可以在整个演示文稿中使用多个主题。

例如，要将演示文稿中幻灯片 4 的主题区别于其他幻灯片的主题，效果如图 5.16 所示，操作步骤如下所述。

（1）在【幻灯片/大纲】窗格中选择幻灯片 4。

（2）单击【设计】|【主题】功能区的【其他】按钮，在打开的下拉菜单中用右键单击【茅草】主题。

（3）在弹出的快捷菜单中选择【应用于选定幻灯片】命令即可。

如果对主题预设的配色方案不满意，也可以对配色方案进行调整。例如，若要更换幻灯片 4 的主题配色，可以通过【设计】|【主题】功能区的主题样式设置工具来进行设置，如图 5.17 所示。

> **提示** 颜色和字体可以使用内置的方案，也可以新建方案。

对于设置好的主题，可以保存起来便于以后再次使用。例如，若要保存图 5.4 所示的中演示文稿的主题，可以在打开的演示文稿中单击【设计】|【主题】功能区的【其他】按钮 ，在打开的下拉菜单中选择【保存当前主题】命令，如图 5.18 所示，将其保存在默认路径中，后缀名为.thmx。

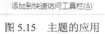

图 5.15 主题的应用　　图 5.16 幻灯片中多主题的应用　　图 5.17 主题样式设置工具　　图 5.18 保存当前主题

5.3.2　利用背景美化演示文稿

在 PowerPoint 2010 中，可以利用"背景"功能自己设计背景颜色或填充效果。

1．使用内置背景

选择要设置背景的幻灯片，单击【设计】|【背景】|【背景样式】命令，在打开的下拉菜单中选择需要的背景样式即可，如图 5.19 所示。

2．自定义背景

选择要设置背景的幻灯片，单击鼠标右键，在弹出的下拉菜单中选择【设置背景格式】命令或通过单击【设计】|【背景】工作组右下方的 按钮打开【设置背景格式】对话框，如图 5.20 所示。在【填充】选项卡中设置所需的背景，然后单击【全部应用】命令，将设置的背景应用于当前选中的幻灯片或全部幻灯片。

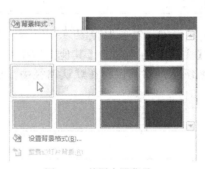

图 5.19　使用内置背景

图 5.20　【设置背景格式】对话框

5.3.3　利用母版美化演示文稿

使用母版可以定义演示文稿中每张或某几张幻灯片共同具有的一些统一特征。例如文字的位置与格式，背景图案（如公司 Logo），是否在每张幻灯片上显示页码、页脚及日期等。母版中最常用到的是幻灯片母版，它控制除标题幻灯片以外的所有幻灯片的格式，在使用时只需插入新幻灯片，就可以把母版上的所有格式内容继承到新添加的幻灯片上。

1．使用母版设置统一的幻灯片外观

单击【视图】|【模板视图】|【幻灯片母版】命令，进入幻灯片母版编辑状态，如图 5.21 所示。左上角有数字标识的幻灯片是母版幻灯片缩略图，下方是与母版相关的不同版式的幻灯片缩略图。编辑标识有数字 1 的母版幻灯片，其背景图片、字体、字号、颜色等设置均会应用到下方所有版式的幻灯片中，如图 5.22 所示，主要操作步骤如下所述。

（1）选择幻灯片母版 1 并单击鼠标右键，在弹出的快捷菜单中选择【设置背景格式】命令。

（2）在【设置背景格式】对话框中选择【图片或纹理填充】|【文件】命令，在弹出的【插入图片】对话框中选择"背景"图片并插入。

图 5.21　幻灯片母版的编辑

图 5.22　幻灯片母版的应用

（3）单击【插入】|【图像】|【图片】命令，在弹出的【插入图片】对话框中选择"篮球"图片并插入。

（4）调整图片大小并移动至合适位置即可。

2．设置与母版不同的幻灯片

如果需要个别版式的幻灯片样式与母版样式不同，则可以在母版编辑状态下选择目标幻灯片，通过【设置背景格式】对话框设置不同于母版的背景样式，也可以设置不同于母版的字体样式等。在母版编辑状态下，不同版式的幻灯片样式对应着幻灯片制作时新建的不同版式的样式，如图 5.23 所示。

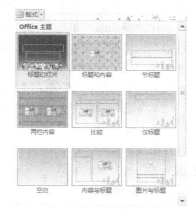

图 5.23　不同版式的样式

5.3.4　设置动画效果

PowerPoint 2010 为用户提供了 4 种类型的动画效果，即"进入""强调""退出""动作路径"，用户可根据需要对幻灯片中的文本、图形、图片等对象设置不同的动画效果。

1．添加进入动画效果

进入动画是指对象进入幻灯片播放画面的动画效果。

首先应选择进入动画的对象，然后单击【动画】|【动画】功能区的【其他】按钮 ，在打开的下拉菜单中选择【进入】列表框中的任意一种进入效果即可，如图 5.24 所示，或单击【动画】|【高级动画】|【添加动画】命令也可以打开同样的下拉菜单。

若单击图 5.24 所示的下方的【更多进入效果】命令，则可打开【更改进入效果】对话框，如图 5.25 所示，选择更多的进入动画效果。同理也可以添加其他三种动画效果。

2．添加强调动画效果

强调动画是指突出显示幻灯片中某部分内容的动画效果。设置方法同添加进入动画效果。

3．添加退出动画效果

退出动画是指对象退出幻灯片播放画面的动画效果。设置方法同添加进入动画效果。

图 5.24　添加进入动画效果

图 5.25　【更多进入效果】对话框

4．添加动作路径动画效果

动作路径动画是指对象沿预定轨迹移动的动画效果。设置方法同添加进入动画效果。

动作路径动画效果除了预设的路径外，还可以自己绘制。例如，设置树叶随风飘落的动画效果，如图 5.26 所示，操作步骤如下所述。

（1）选中心形树叶，单击【自定义路径】命令。

（2）当鼠标指针变为"+"形状时，在幻灯片中按下鼠标左键并移动至终点处双击，即可完成自定义动作路径的绘制。绿色箭头为路径起始位置，红色箭头为路径终点位置。

图 5.26　自定义动作路径

5．设置动画参数

在对象添加了动画效果之后，可以设置动画的开始时间、持续时间、变化方向、声音等参数。在设置参数前，首先要选择添加了动画效果的目标对象。

（1）在【动画】|【动画】|【效果选项】命令中可以设置动画的变化方向，如图 5.27 所示。

（2）在【动画】|【计时】功能区中可以设置动画的开始时间、持续时间、延迟时间。

（3）单击【动画】|【高级动画】|【动画窗格】命令，在打开的【动画窗格】窗口中右键单击目标动画，在弹出的快捷菜单中选择【效果选项】命令，可以在弹出的对话框中设置声音等参数，如图 5.28 所示。

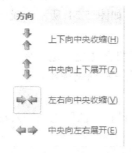

图 5.27　设置动画的变化方向

图 5.28　【效果选项】对话框

（4）在【动画窗格】窗口中可以通过▲、▼按钮更改动画对象的出现顺序。

5.3.5 设置幻灯片切换效果

幻灯片的切换效果是指演示文稿在播放时，幻灯片逐一进入和退出播放画面时的动画效果。在设置切换效果前，首先要在【幻灯片/大纲】窗格中选择要设置切换效果的幻灯片，具体操作步骤如下所述。

（1）单击【切换】|【切换到此幻灯片】中的【其他】按钮▼，在打开的下拉菜单中选择合适的切换效果即可。

（2）在【效果选项】命令和【计时】功能区中可以分别通过【效果选项】选项设置切换动画的变化方向，通过【声音】选项设置切换动画的声音，通过【持续时间】选项设置切换动画的速度，通过【换片方式】选项设置换片方式，如图5.29所示。

图5.29 切换动画的参数命令

（3）若所有幻灯片均应用上述设置，则单击【切换】|【计时】|【全部应用】命令即可，否则上述设置只应用于当前选定的幻灯片。

5.3.6 设置超链接

应用超链接，可以在演示文稿的各个幻灯片之间自由切换，也可以从一张幻灯片跳转至其他文件、电子邮件、网页等。不仅改变了幻灯片的播放顺序，也增强了放映演示文稿的灵活性和多样性。超链接的设置对象可以是文本、图片、形状、表格等幻灯片中的任一对象，具体设置方法如下所述。

（1）方法一：超链接

右键单击要设置超链接的对象，在弹出的快捷菜单中选择【超链接】命令，或单击【插入】|【链接】|【超链接】命令，均可打开【插入超链接】对话框，如图5.30所示，根据需要选择要链接的目标位置即可。

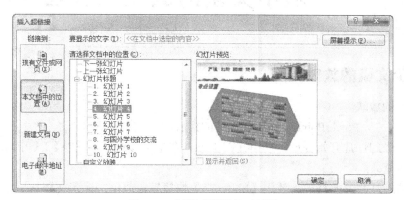

图5.30 【插入超链接】对话框

（2）方法二：动作设置

选择要设置超链接动作的对象，单击【插入】|【链接】|【动作】命令，在弹出的【动作设置】对话框中包含【单击鼠标】和【鼠标移过】两个选项卡，如图5.31所示。两种方式均可激活超链接的跳转动作，默认的方式为【单击鼠标】。

在【动作设置】对话框中【超链接到】单选框的下方打开下拉列表，选择要跳转的目标位置即可添加超链接动作。如需给超链接动作加入声音，可以选中【动作设置】对话框下方的【播放声音】复选框，在其下拉列表中选择适合的声音即可。

（3）方法三：动作按钮。

在【幻灯片/大纲】窗格中选择要添加动作按钮的幻灯片，单击【插入】|【插图】|【形状】命令打开下拉菜单，在【动作按钮】列表中选择合适的按钮图形，如图 5.32 所示。当鼠标变成"+"形状时，在幻灯片的适当位置按下鼠标左键并拖动，可绘制按钮图形。

图 5.31　【动作设置】对话框

图 5.32　【动作按钮】列表

当绘制完毕松开鼠标左键时会弹出【操作设置】对话框，在【超链接到】单选框下方的下拉列表中选择要链接的目标位置。

5.4　演示文稿的放映和打包

5.4.1　演示文稿的放映

1．幻灯片的放映

（1）方法一：从 PowerPoint 中启动幻灯片的播放。

① 从第一张幻灯片开始播放。使用【F5】键，或单击【幻灯片放映】|【开始放映幻灯片】|【从头开始】命令。

② 从当前幻灯片开始播放。使用【Shift+F5】快捷键，或单击演示文稿右下角的【幻灯片放映】按钮，或单击【幻灯片放映】|【开始放映幻灯片】|【从当前幻灯片开始】命令。

（2）方法二：将演示文稿保存为可自动播放的模式。

打开要自动播放的演示文稿，单击【文件】|【另存为】命令，在弹出的【另存为】对话框中选择【保存类型】为【PowerPoint 放映】模式并单击【保存】按钮，即可实现演示文稿在打开时自动播放，扩展名为".pps"。

（3）方法三：自定义放映。

利用自定义放映功能，可以从演示文稿中选择部分幻灯片组成一个新的演示文稿进行播放，从而实现同一个演示文稿针对不同的播放对象，播放内容也有所不同。具体设置方法如下所述。

① 单击【幻灯片放映】|【开始放映幻灯片】|【自定义幻灯片放映】命令下的【自定义放映】选项，在弹出的如图5.33所示的【自定义放映】对话框中单击【新建】按钮，即可打开【定义自定义放映】对话框。

② 在对话框中设置幻灯片放映名称，默认为"自定义放映1"。在【在演示文稿中的幻灯片】列表框中选择所需的幻灯片，单击【添加】按钮将所选幻灯片添加至【在自定义放映中的幻灯片】列表框，如图5.34所示。

图5.33 【自定义放映】对话框

图5.34 【定义自定义放映】对话框

③ 单击【确定】命令重新返回至【自定义放映】对话框，并在下方列表框中显示刚刚创建的【自定义放映1】。单击【放映】命令，可以直接播放观看，或单击【幻灯片放映】|【开始放映幻灯片】|【自定义幻灯片放映】命令下的【自定义放映1】选项播放观看，如图5.35所示。

2. 设置放映方式

单击【幻灯片放映】|【设置】|【设置放映方式】命令，弹出【设置放映方式】对话框，如图5.36所示，其中提供了【演讲者放映】、【观众自行浏览】、【在展台浏览】三种放映方式。如需在放映过程中终止放映，可通过在屏幕上单击鼠标右键，在弹出的快捷菜单中选择【结束放映】命令，或使用Esc键结束放映。

图5.35 播放自定义幻灯片

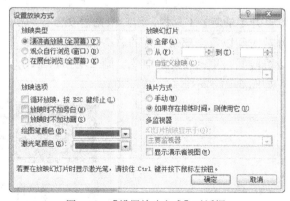
图5.36 【设置放映方式】对话框

（1）【演讲者放映】（全屏幕）放映方式。

以全屏形式播放演示文稿，放映过程完全由演讲者控制，如放映的进程、动画的出现、绘图笔的使用等。常用于会议或教学场合。

（2）【观众自行浏览】（窗口）放映方式。

以窗口形式播放演示文稿，放映过程中可通过鼠标滚轮或窗口右下角的左右箭头和【浏览】菜单切换幻灯片，如图 5.37 所示。

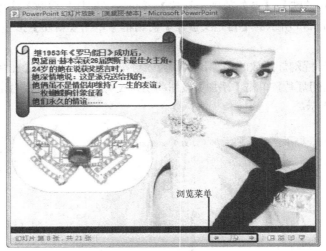

图 5.37　【观众自行浏览】放映方式

（3）【在展台浏览】（全屏幕）放映方式。

以全屏形式播放演示文稿，常使用【排练计时】功能预先设置好每张幻灯片的播放时间，放映过程中除保留鼠标指针外，再无其他功能，只能使用【Esc】键结束放映。适用于展台等无需对演示文稿进行现场编辑或控制的场合。

3．设置放映时间

幻灯片的放映时间包括播放单张幻灯片的时间和播放全部幻灯片的时间。

（1）方法一：单击【切换】|【计时】功能区的【设置自动换片时间】复选框，在其中输入时间可设置单张幻灯片的播放时间。

（2）方法二：单击【幻灯片放映】|【设置】|【排练计时】命令，系统自动切换至幻灯片放映视图，同时打开【录制】工具栏，用户根据需要自行切换幻灯片，【录制】工具栏会自动记录每张幻灯片的播放时间以及全部幻灯片的总播放时间，如图 5.38 所示。放映结束后会弹出提示框询问是否保留排练时间，单击【是】命令，则自动切换至幻灯片浏览视图，并在每张幻灯片下方显示放映时间，如图 5.39 所示。

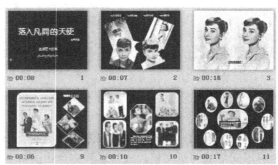
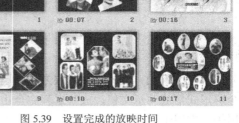

图 5.38【录制】工具栏　　　　图 5.39　设置完成的放映时间

4．录制旁白

录制旁白是在排练计时的基础上增加了录制旁白的功能，用户可在录制完成后观摩自己的演讲，以便改进。在演示文稿中每次只能播放一种声音，因此演示文稿在放映时旁白会覆盖幻灯片中插入的其他声音，设置方法如下所述。

单击【幻灯片放映】|【设置】|【录制幻灯片演示】命令，弹出【录制幻灯片演示】对话框，如图 5.40 所示。选择所有复选框并单击【开始录制】命令，系统自动切换至幻灯片放映视图，同时打开【录制】工具栏。此时，控制幻灯片放映的同时通过话筒录入旁白至幻灯片放映完成，旁白及放映时间将自动保存。

图 5.40 【录制幻灯片演示】对话框

5.4.2 演示文稿的打包

制作完成的演示文稿，有时需要在其他计算机上进行播放，PowerPoint 2010 提供的打包功能可以将演示文稿及其相关文件制作成一个可以在其他计算机上放映的文件，无论这个计算机是否安装有 PowerPoint2010，具体设置方法如下所述。

打开要打包的演示文稿，单击【文件】|【保存并发送】|【将演示文稿打包成 CD】|【打包成 CD】命令，弹出【打包成 CD】对话框，如图 5.41 所示。在【将 CD 命名为】文本框中输入打包后演示文稿的名称。默认情况下只打包当前的演示文稿，若要将多个演示文稿同时打包到一张 CD 可通过【添加】命令添加。若计算机上没有安装光盘刻录设备，可通过【复制到文件夹】命令，将演示文稿打包至设定的文件夹中。

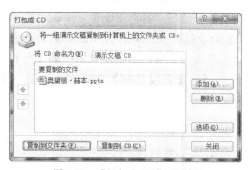

图 5.41 【打包成 CD】对话框

5.5 演示文稿的高级技巧

5.5.1 关于幻灯片的编辑

1．演示文稿分节

PowerPoint 2010 新增加了节功能，可以帮助用户对演示文稿中的幻灯片进行分组管理，也可以给不同的节应用不同的版式和主题。例如，根据内容为"报告"演示文稿分节，主要操作步骤如下所述。

（1）在【幻灯片/大纲】窗格中选择要分为一节的 5 至 9 张幻灯片，单击【开始】|【幻灯片】

|【节】命令下的【新增节】选项；或右键单击选择的幻灯片，在弹出的快捷菜单中选择【新增节】，则会在【幻灯片/大纲】窗格中显示新增的节，如图 5.42 所示。

（2）选择新增的节并用鼠标右键单击，在弹出的快捷菜单中选择【重命名】命令，输入"方法"节标题。

（3）用同样的方法设置第 10 张～第 35 张幻灯片为"应用"节，设置第 36 张～第 40 张幻灯片为"结论"节。

分好节后的演示文稿可以以节为单位调整顺序，也可以以节为单位设计主题和背景。各节可以通过【节】命令或右键单击节名称来展开或折叠节，如图 5.43 所示。

图 5.42　新增节

图 5.43　折叠节

2．插入 Flash 文件

（1）方法一：使用【插入】选项卡直接插入 Flash 文件。

单击【插入】|【媒体】|【视频】命令，在弹出的下拉菜单中选择【文件中的视频】进行插入。但是使用该方法插入的 Flash 文件，无法在普通视图下的幻灯片中显示预览效果（播放窗口显示黑色），幻灯片放映时可以正常播放，如图 5.44 所示。

（2）方法二：使用【开发工具】选项卡插入 Flash 文件。

① 单击【文件】|【选项】命令打开【PowerPoint 选项】对话框，在【自定义功能区】中选择【主选项卡】项，选中列表框中的【开放工具】项，单击【确定】命令即可调出【开发工具】选项卡，如图 5.45 所示。

图 5.44　从【插入】选项卡中添加 Flash 文件

图 5.45　【PowerPoint 选项】对话框

② 单击【开发工具】|【控件】功能区的【其他控件】按钮，在弹出的【其他控件】对话框中输入"S"，以便快速定位至【Shockwave Flash Object】命令，如图 5.46 所示。单击【确定】

命令之后鼠标变成"+"形状，在幻灯片的合适位置绘制 Flash 控件，如图 5.47 所示。

图 5.46 【其他控件】对话框

图 5.47 绘制 Flash 控件

③ 右键单击 Flash 控件，在弹出的快捷菜单中选择【属性】命令，在弹出的【属性】对话框的【Movie】参数中输入要插入的 Flash 文件的名称，包括扩展名（Flash 文件的存放路径必须和演示文稿保持一致），并将【Playing】参数的值设置为"True"，如图 5.48 所示。完成参数设置后单击【属性】对话框中的其他地方并关闭对话框。调整 Flash 控件的大小和位置，即可在幻灯片放映视图中进行播放。退出幻灯片放映视图返回普通视图后，可在幻灯片中预览放映时终止的画面，如图 5.49 所示。

图 5.48 【属性】对话框

图 5.49 预览放映的 Flash 文件

3. 将演示文稿保存为视频文件

在 PowerPoint 2010 中，增加了将演示文稿转换成 Windows Media 视频文件（.wmv）的功能，用户无需再寻找其他转换软件或屏幕录制软件进行转换。具体设置方法如下所述。

打开要自动播放的演示文稿，单击【文件】|【另存为】命令，在弹出的【另存为】对话框中

选择【保存类型】为【Windows Media 视频（*.wmv）】模式并单击【保存】按钮，即可将演示文稿保存为视频文件，如图 5.50 所示。在视频转换过程中，状态栏会显示如图 5.51 所示的进度条，演示文稿越大，转换时间越长，同时音乐文件必须嵌入进幻灯片中，转换后声音才能在视频中正常播放。

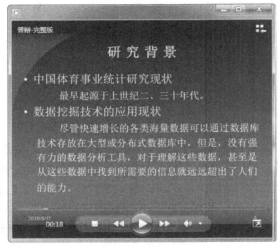

图 5.50　播放视频格式的演示文稿

图 5.51　视频转换进度条

5.5.2　关于幻灯片的美化

1．多个主题的使用

若希望演示文稿中应用多个主题，则需要给演示文稿中插入多个幻灯片母版。在已设置了幻灯片母版的演示文稿中插入新的幻灯片母版时，系统会根据母版个数自动添加数字标识，不同的母版可以设置不同的主题样式。

例如，在图 5.21 所示的幻灯片母版视图中，插入一个新幻灯片母版，并设置两个母版为不同主题。操作步骤如下所述。

（1）选择幻灯片母版 1，单击【幻灯片母版】|【编辑主题】|【主题】命令，在弹出的下拉菜单中右键单击"波形"主题，并选择【应用于所选幻灯片母版】命令，即可为幻灯片母版 1 添加主题。

（2）单击【幻灯片母版】|【编辑母版】|【插入幻灯片母版】命令，即可添加新的幻灯片母版，数字标识为 2。

（3）选择幻灯片母版 2，重复步骤（1）并选择"奥斯汀"主题，即可为两个幻灯片母版设置不同主题，如图 5.52 所示。

退出母版视图，返回普通视图，在【开始】|【幻灯片】|【版式】命令中可以看到演示文稿中应用的多个主题，如图 5.53 所示。

2．触发器的使用

PowerPoint 2010 中的触发器功能，就相当于一个开关按钮，它控制着幻灯片中已设定动画的执行操作。触发器可以是一个图片、文字、段落、文本框等对象，点击触发器会激活一个操作，该操作可以是音乐、视频、动画等。以下面这个例子来说明触发器的具体设置方法。

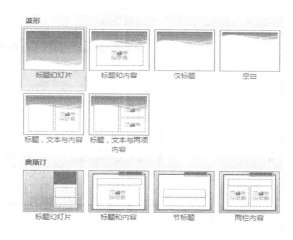

图 5.52　不同主题的母版版式　　　　图 5.53　演示文稿中的多个母版

例如,在放映图 5.54 所示的幻灯片时,只有单击"好友印象"图片,才会依次浮入(上浮)"able""attractive"和"kind"三个好友印象,否则直接播放下一个动画或幻灯片,具体操作步骤如下所述。

(1)插入相关素材图片和文字并组合。

(2)修改组合图片名称,便于后面引用说明。选择组合图片,单击【绘图工具/图片工具】|【排列】|【选择窗格】命令,打开的【选择和可见性】窗格中有该幻灯片中所有素材的名称,双击名称并修改,如图 5.55 所示。

图 5.54　触发器的应用

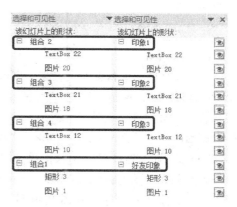

图 5.55　修改组合图片名称

(3)设置组合图片"好友印象"和"印象 1""印象 2""印象 3"的自定义动画分别为"随机线条"和"浮入",并将"印象 2""印象 3"的【计时】|【开始】参数由默认的"单击时"改为"上一动画之后"如图 5.56 所示。此时,该幻灯片的动画效果为"好友印象"以随机线条形式出现,随后 3 个好友印象依次浮出。

(4)添加触发器。单击【动画窗格】中"印象 1"右侧的三角箭头,并在弹出的下拉菜单中选择打开【效果选项】对话框,单击【计时】|【触发器】|【单击下列对象时启动效果】选项,选择"好友印象"对象并确定,如图 5.57 所示。

(5)重复上述步骤设置"印象 2""印象 3",如图 5.58 所示,完成要求动画。

图 5.56　设置【开始】参数　　　　　　图 5.57　设置触发器　　　　　　图 5.58　触发器设置完成

5.6　拓展实训

5.6.1　制作求职简历演示文稿

李磊是一名大四学生，即将面临毕业找工作和参加面试的问题，因此需要他制作一份简洁明了的求职简历演示文稿。

提示

（1）第一张幻灯片

以自己的人生格言或信条为大标题，副标题为"我的求职简历"，使用"标题幻灯片"版式。

（2）第二张幻灯片

介绍自己的职业生涯，利用"形状""图片"或"SmartArt"图形按照阶梯状依次呈现自己的履历。例如：大学专业、学校、年份；实习单位、职务、年份等，如图 5.59 所示。

图 5.59　"职业生涯"幻灯片

（3）第三张幻灯片

介绍自己的能力领域，利用"形状""图片"或"SmartArt"图形，以简要的文字说明自己具备的能力。例如：专业技术（学习能力、应用能力）、管理能力（建立高效团队、跨部门项目协作）、销售能力（挖掘客户需求、商务谈判）。

（4）第四张幻灯片

介绍自己取得的成绩，利用表格依次呈现自己获得的荣誉奖项及取得的成绩。

（5）第五张幻灯片

利用"形状""图片"或"SmartArt"图形介绍公司聘用你之后，你能给公司带来的效益，以及公司能给你带来的收获。

5.6.2　编辑美化求职简历演示文稿

如果李磊想在众多的求职者中脱颖而出，那么他制作的求职简历演示文稿除了要简洁明了之外，还必须内容丰富、重点突出、形式多样，这样才能加深面试官对他的印象。

> 提示
>
> （1）为演示文稿设置统一的主题，要求配色简洁大方。为标题幻灯片（第一张幻灯片）添加与主题同色系的图片背景。
>
> （2）在第五张幻灯片前插入一张新的幻灯片，录制一小段视频简要介绍自己的业余生活爱好，并插入到该幻灯片中。
>
> （3）为每张幻灯片添加合适的动画效果，包括幻灯片切换效果或自定义动画。
>
> （4）将演示文稿保存为视频文件。

习题 5

一、单项选择题

1. PowerPoint 2010 中新建文件的默认名称是（　　）。
   A．Doc l　　　　　B．Sheet l　　　　C．演示文稿 1　　　D．Book l
2. PowerPoint 2010 的主要功能是（　　）。
   A．电子演示文稿处理　　B．声音处理　　　C．图像处　　　　D．文字处理
3. 扩展名为（　　）的文件，在没有安装 PowerPoint 2010 的系统中可直接放映。
   A．.POP　　　　　B．.PPZ　　　　　C．.PPZ　　　　　D．.PPT
4. 下列视图中不属于 PowerPoint 2010 视图的是（　　）。
   A．幻灯片视图　　　B．页面视图　　　C．大纲视图　　　D．备注页视图
5. 在 PowerPoint 2010 中，"设计"选项卡可自定义演示文稿的（　　）。
   A．新文件，打开文件　　　　　B．表，形状与图标
   C．背景，主题设计和颜色　　　D．动画设计与页面设计

二、判断题

1. 在 PowerPoint 2010 中，只能插入声音不能插入视频。　　　　　　　　（　　）
2. PowerPoint 2010 演示文稿的扩展名是.ppt。　　　　　　　　　　　　（　　）
3. 要设置幻灯片的切换效果以及切换方式时，应在切换选项卡中操作。　　（　　）
4. 普通视图是进入 PowerPoint 2010 后的默认视图。　　　　　　　　　　（　　）
5. 幻灯片中占位符的作用是为文本、图形预留位置。　　　　　　　　　　（　　）

三、填空题

1. 在 PowerPoint 2010 中，若要在"幻灯片浏览"视图中选择多个幻灯片，应先按住＿＿＿＿键。
2. 按住鼠标左键，并拖动幻灯片到其他位置是进行幻灯片的＿＿＿＿操作。
3. 如果将演示文稿放在另一台没有安装 PowerPoint 2010 软件的电脑上播放，需要进行＿＿＿＿操作。
4. 为了精确控制幻灯片的播放时间，需要使用＿＿＿＿操作。
5. 在演示文稿放映过程中，可以按＿＿＿＿键随时终止放映。

第6章 Access 2010 数据库管理软件

本章学习目标

- ➢ 了解数据库管理系统的概念
- ➢ 熟悉 Access 2010 的工作界面
- ➢ 掌握 Access 2010 中创建数据库和表的方法
- ➢ 掌握 Access 2010 中创建查询、窗体和报表的方法

随着信息技术的发展及其应用，我们每天的工作和生活都离不开各种信息。面对这些海量的信息，如何对其进行有效的管理成为困扰人们的一个难题。

数据库技术是信息系统的核心和基础，它提供了最全面、最准确、最基本的信息资源，对这些资源的管理和应用已成为人们科学决策的依据。目前数据库应用已遍及生活中的各个角落，用数据库可以对各种数据进行合理的归类、整理，并使其转化为高效且有用的数据。

6.1 数据库系统概述

数据库是长期存储在计算机内有结构的、大量可共享的数据的集合。数据库可以直观地被理解为存放各种数据的仓库，它利用数据库中的各种对象记录和分析各种数据。

对数据进行管理的最好方法就是使用数据库。数据库发展到今天，它的功能已经远远超出了最初存储数据的初衷，数据库已经成为存储和处理各种海量数据最便捷的方法之一。

为了方便对数据库中的数据进行管理和控制，人们研发了一种数据管理软件——数据库管理系统 DBMS。DBMS 是对数据进行各种处理和管理的专用软件，它的主要功能是定义和建立数据库、对数据库进行操作和运行控制、提供应用程序开发环境。

6.2 初识 Access 2010

6.2.1 Access 2010 简介

Access 2010 属于小型桌面数据库管理系统，是一个面向对象的、采用事件驱动的新型关系型数据库。它是微软办公软件包 Office 2010 的一部分。Access 2010 提供了表生成器、查询生成器、宏生成器、报表设计器等许多可视化的操作工具，以及数据库向导、表向导、查询向导、窗体向导、报表向导等多种向导，可以使用户很方便地构建一个功能完善的数据库系统。Access 2010 还为用户提供了 Visual Basic for Application（VBA）编程功能和丰富的内置函数，可以开发功能更加完善的数据库系统。

以 Access 2010 格式创建的数据库的文件扩展名为.accdb，而早期 Access（如 Access 2003）格式创建的数据库的文件扩展名为.mdb。

6.2.2 Access 2010 中的工作界面

与以前的版本相比，尤其是与 Access 2007 之前的版本相比，Access 2010 的用户界面发生了重大变化。Access 2010 用户界面的三个主要组件是：Backstage 视图，是功能区【文件】选项卡上显示的命令集合；功能区，是一个包含多组命令且横跨程序窗口顶部的带状选项卡区域；导航窗格，是 Access 程序窗口左侧的窗格，用户可以在其中使用数据库对象。导航窗格取代了 Access 2007 中的数据库窗口。

1. Backstage 视图

Backstage 视图占据功能区上的【文件】选项卡，并包含很多以前出现在 Access 早期版本的【文件】菜单中的命令。Backstage 视图还包含适用于整个数据库文件的其他命令。在打开 Access 但未打开数据库时（例如从 Windows【开始】菜单中打开 Access）可以看到 Backstage 视图，如图 6.1 所示。

图 6.1 Backstage 视图

在 Backstage 视图中，可以创建新数据库、打开现有数据库、通过 SharePoint Server 将数据库发布到 Web，以及执行很多文件和数据库的维护任务。

2. 功能区

功能区是包含按特征和功能组织的命令组的选项卡集合。功能区取代了 Access 早期版本中分层的菜单和工具栏，它以选项卡的形式将各种相关的功能组合在一起，提供了 Access 2010 中主要的命令界面，打开数据库时功能区显示在 Access 2010 主窗口的顶部，它在此处显示了活动命令选项卡中的命令。

3. 导航窗格

导航窗格位于程序窗口的左侧，在打开数据库或创建新数据库时，导航窗格列出了当前数据库中的所有对象，并可让用户轻松地访问这些对象。可使用导航窗格按对象类型、创建日期、修改日期和相关表（基于对象相关性）组织对象，或在用户创建的自定义组中组织对象。

Access 2010 中的对象

数据库对象是 Access 2010 中最基本的容器对象，它是一些关于某个特定主题或目的的信息集合，具有管理本数据库中所有信息的功能。包括表、查询、窗体、报表、宏和模块 6 种对象，可以说 Access 2010 的主要功能就是通过这六大对象来完成的。

1．表

表是数据库中用来存储数据的对象，是整个数据库系统的基础。建立和规划数据库，首先要做的就是建立各种数据表。数据表是数据库中存储数据的唯一单位，它将各种信息分门别类地存放在各种数据表中。

表在我们的生活和工作中也是相当重要的，它最大的特点就是能够按照主题分类，使各种信息一目了然。

虽然这些表存储的内容各不相同，但是它们都有共同的表结构。表的第一行为标题行，标题行的每个标题称为字段。下面行为表中的具体数据，每一行的数据称为一条记录，如图 6.2 所示的学生信息表。

学生编号	姓名	性别	专业	出生日期	入校日期	团员否	住址	联系电话	照片
160106201	张小龙	男	英语	1998/1/19	2016/9/1	☑	上海徐家汇525号	136123456**	
160106202	杨浩泉	男	市场营销	1997/3/1	2016/9/1	☑	广州秀水街25号	136512345**	
160106203	吴佳	女	运动训练	1998/9/17	2016/9/1	☐	上海浦东环江路5号	133234567**	
160106204	刘子君	男	市场营销	1997/5/8	2016/9/1	☑	南京中山路259号	136647895**	
160106205	齐建设	男	运动训练	1997/8/18	2016/9/1	☑	西安太白路59号	133564789**	
160106206	于立坤	女	播音主持	1997/6/7	2016/9/1	☑	北京天安路57号	134876543**	
160106207	方世定	男	播音主持	1998/10/1	2016/9/1	☑	北京复兴路235号	139876543**	
160106208	王宁	女	英语	1997/6/15	2016/9/1	☑	昆明末名路135号	134765432**	
160106209	刘绪健	男	市场营销	1997/8/12	2016/9/1	☑	杭州河坊街10号	134586123**	
160106210	薛欣若	女	市场营销	1997/1/11	2016/9/1	☑	杭州小营巷108号	137456123**	

图 6.2　学生信息表

2．查询

查询是数据库中应用最多的对象之一，可执行很多不同的功能。最常用的功能是从表中检索符合某种条件的数据。

要查看的数据通常分布在多个表中，通过查询可以将多个不同表中的数据检索出来，并在一个数据表中显示这些数据。由于用户通常不需要一次看到所有的记录，而只是查看某些符合条件的特定记录，用户可以在查询中添加查询条件，以筛选出有用的数据。

3．窗体

窗体有时被称为数据输入屏幕。窗体是用来处理数据的界面，而且通常包含一些可执行各种命令的按钮。窗体是数据库与用户进行交互操作的界面。利用窗体，用户能够从表中查询、提取所需的数据，并将其显示出来。

4．报表

在 Access 2010 中，报表用于将数据库中的数据以特定的版式显示或打印，是表现用户数据的一种有效方式，其内容可以来自某一个表也可来自某个查询。在 Access 2010 中，报表能对数据进行多重的数据分组，并可将分组的结果作为一个分组的依据。报表还支持对数据的各种统计操作，如求和、求平均值或汇总等。

5．宏

宏是一个或多个命令的集合，其中每个命令都可以实现特定的功能，通过将这些命令组合起来，可以自动完成某些经常重复或复杂的操作。

通过宏，可以实现的功能有以下几项。

➢ 打开/关闭数据表、窗体，打印报表和执行查询。

➢ 弹出提示信息框，显示警告。

➢ 实现数据的输入和输出。

➢ 在数据库启动时执行操作等。

➢ 筛选查找数据记录。

6．模块

模块是将 VBA 的声明、语句和过程作为一个单元进行保存的集合，也就是程序的集合。创建模块对象的过程也就是使用 VBA 编写程序的过程。Access 2010 中的模块可以分为类模块和标准模块两类。类模块中包含各种事件过程，标准模块包含与任何其他特定对象无关的常规过程。

数据库和表的基本操作

6.4.1　创建数据库

开发一个 Access 2010 数据库应用系统，第一步工作应该是创建一个扩展名为.accdb 的数据库文件。在 Access 2010 中创建数据库有两种方法：一是使用模板创建，Access 2010 提供了 12 个数据库模板。使用数据库模板，用户只需要进行一些简单操作，就可以创建一个包含了表、查询、窗体、报表等数据库对象的数据库系统；二是先建立一个空数据库，然后再添加表、查询、窗体、报表等其他对象，这种方法较为灵活，但需要分别定义每个数据库元素。无论采用哪种方法，都可以随时修改或扩展数据库。

例 1　利用模板创建本校教职员工数据库。

操作步骤如下所述。

（1）在计算机桌面上选择【开始】|【所有程序】|【Microsoft Office 】|【Microsoft Access 2010】命令，启动 Access 2010 程序，并进入 Backstage 视图。（2）单击【可用模板】|【样本模板】命令，选择【样本模板】中的【教职员】模板。（3）如图 6.3 所示，在右边的文件名和保存位置对话框中输入新建数据库文件的名称，以及数据库的保存路径。然后单击【创建】按钮，完成数据库的创建。

通过数据库模板可以创建专业的数据库系统，但是这些系统有时不能够完全符合需求，因此最简单的方法就是先利用模板生成一个数据库，然后再进行修改，使其符合要求。

通常情况下，用户都是先创建一个空白数据库，然后再在此空数据库中添加表、查询、窗体等组件。

例 2　以直接创建数据库的方法创建教务管理数据库。

操作步骤如下所述。

（1）启动 Access 2010，然后在左侧导航窗格中单击【新建】命令，接着在中间窗格中单击【空数据库】选项，此时窗口右侧的新数据库默认的名称为【Database1.accdb】。

（2）在【文件名】文本框中输入数据库文件名"教务管理"，在保存位置对话框中输入新建数据库文件的保存路径。

图 6.3　可用模板窗格和数据库保存位置

（3）单击【创建】按钮即可创建如图 6.4 所示的空数据库。

至此空数据库建立完成，并在数据库中自动创建一个数据表。教务管理数据库是不包含任何对象的空白数据库，数据库文件的默认格式为.accdb。创建数据库，并为数据库添加了表等数据库对象后，就需要将数据库保存，以保存添加的项目。

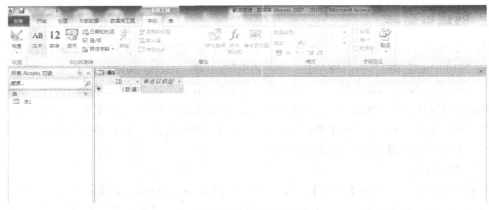

图 6.4　创建的空数据库

6.4.2　表的创建与设置

1．表的基本知识

在数据库中，表是用来存储信息的仓库，是整个数据库的基础。只有建立了表的组成结构，才能向数据库中输入数据，数据库的其他对象才能在表的基础上进行创建，这样才能利用 Access 2010 进行工作。

表是关系型数据库系统的基本结构，是关于特定主题数据的集合，是由行和列组成的基于主题的列表。与其他数据库管理系统一样，Access 中的表也是由结构和数据两部分组成。

数据表是存储二维表格的容器，每个表由若干行和列组成，下面介绍数据表中的一些相关概念。

➤ 字段：二维表中的一列称为数据表的一个字段，它描述数据的一类特征。

➤ 记录：二维表中的一行称为数据表的一条记录，每条记录都对应一个实体，它由若干个字段组成。

> 值：表中记录的具体数据信息，它一般有一定的取值范围。

> 主关键字：又称为主键，在 Access 2010 数据库中每个表包含一个主关键字，它可以由一个或多个字段组成，它的值可以唯一标识表中的一条记录。

> 外键：引用其他表中的主键的字段，用于说明表与表之间的关系。

2．表的结构

在创建表时，必须先建立表的结构，包括字段名称、数据类型与字段属性。

（1）字段名称。字段名一般以字符开头，后面可跟字符和数字等允许的符号，最多为 74 个字符，同一个表中不能有相同的字段名。

（2）数据类型。在表中同一列数据必须具有相同的数据特征，称为字段的数据类型。Access 2010 中共有文本、数字、日期/时间、自定义等 13 种数据类型，如表 6.1 所示。

表 6.1　　　　　　　　　　　　　　　　　数据类型表

数据类型	使用说明	字段大小
文本	文本或文本和数字的组合，以及不需要计算的数字	最多为 255 个字符
备注	长文本类型或文本与数字类型的组合	最多可用 65535 个字符
数字	用于数学计算中的数值数据	1、2、4 或 8 个字节
日期/时间	从 100 到 9999 年的日期与时间值	8 个字节
货币	货币值或用于数学计算的数值数据，这里的数学计算的对象是带有 1 到 4 位小数的数据，精确到小数点左边 15 位和小数点右边 4 位	8 个字节
自动编号	每当向表中添加一条新的记录时，由 Access 2010 指定的一个唯一的顺序号（每次递增 1）或随机数。自动编号字段不能更新	4 个字节
是/否	【是】和【否】值，以及只包含两者之一的字段（Yes/No、True/False 或 On/Off）	1 位
超级链接	文本，或文本和存储为文本的数字的组合，用作超链接地址，超链接地址可以是 URL，也可以是 UNC 网络路径	最长为 64000 个字符
OLE 对象	表中链接或嵌入的对象（例如 Microsoft Excel 电子表格、Microsoft Word 文档、图形、声音或其他二进制数据）	最多为 1 GB
查询向导	创建一个字段，通过该字段可以使用列表框或组合框从另一个表或值列表中选择值。单击该选项将启动【查阅向导】，它用于创建一个查阅字段	通常为 4 个字节
附件	可以将图像、电子表格文件、文档、图表和其他类型的支持文件附加到数据库的记录，这与将文件附加到电子邮件非常类似	对于压缩的附件最多为 2GB

（3）字段属性。Access 2010 中每个字段都有自己的属性，使用它可以附加控制数据在字段中的存储、输入或显示方式。例如，可通过设置文本字段的字段大小属性来控制允许输入的最多字符数。每个字段的可用属性取决于为该字段选择的数据类型。

Access 2010 中提供了 13 种字段属性，如表 6.2 所示。

表 6.2　　　　　　　　　　　　　　　　　字段属性表

属性选项	功能
字段大小	设置文本、数据和自动编号类型的字段中数据的范围
格式	控制数据显示格式
小数位数	指定数字、货币字段数据的小数位数
输入掩码	用于指导和规范用户输入数据的格式，对文本、数字、日期/时间和货币类型字段有效
标题	在各种视图中，可以通过对象的标题向用户提供帮助信息
默认值	指定数据的默认值，自动编号和 OLE 数据类型没有此项属性

续表

属性选项	功能
有效性规则	它是一个表达式，用户输入的数据必须满足此表达式，当光标离开此字段时，系统会自动检测数据是否满足有效性规则
有效性文本	当输入的数据不符合有效性规则时显示的提示信息
必需	该属性决定字段中是否必须输入数据
允许空字符串	指定该字段是否允许零长度字符串
索引	决定是否建立索引的属性，三个选项
Unicode 压缩	指示是否允许对该字段进行 Unicode 压缩
输入法模式	确定光标移至该字段时，准备设置哪种输入法模式

3．使用模板创建表

使用模板创建表是一种快速建表的方式，这是由于 Access 2010 在模板中内置了一些常见的示例表，这些表中都包含了足够多的字段名，用户可以根据需要在数据表中添加和删除字段即可创建需要的数据表。

例 3　使用模板创建联系人表。

操作步骤如下所述。

（1）启动 Access 2010，新建一个空数据库，命名为表模板。

（2）切换到【创建】选项卡，单击【模板】组中的【应用程序部件】按钮，然后在弹出的列表中选择【联系人】选项，这样就创建了一个【联系人】表。此时双击左侧导航栏的【联系人】表，即建立一个数据表，如图 6.5 所示，接着可以在表的【数据表视图】中完成数据记录的输入、删除等操作。

图 6.5　创建联系人表

4．使用设计视图创建数据表

表设计器是一种可视化工具，用于设计和编辑数据库中的表。该方法以设计器所提供的设计视图为界面，引导用户通过人机交互来完成对表的定义。使用该方法时，需要设计该表的字段并对字段的数据类型进行定义。

使用表的设计视图来创建表主要是设置表的各种字段的属性。它创建的仅仅是表的结构，各种数据记录还需要在数据表视图中输入，通常都是使用设计视图来创建表。

例 4 使用表的设计视图创建教师信息表。

操作步骤如下所述。

（1）设计表的字段，如表 6.3 所示。

表 6.3　　　　　　　　　　　　教师信息表结构

字段名	类型	字段大小	格式
教师编号	文本	5	
姓名	文本	4	
性别	文本	1	
出生日期	日期/时间		短日期
工作时间	日期/时间		短日期
政治面貌	文本	2	
学历	文本	4	
职称	文本	3	
系别	文本	2	
联系电话	文本	12	
在职否	是/否		是/否

（2）打开【教务管理.accdb】数据库，在功能区上的【创建】选项卡的【表格】组中，单击【表设计】按钮，如图 6.6 所示。

（3）在表的设计视图中，按照表 6.3 所示的教师信息表结构内容，在字段名称列输入字段名称，在数据类型列中选择相应的数据类型，在常规属性窗格中设置字段大小。选择【教师编号】字段名称，单击【设计】｜【工具】｜【主键】按钮，将教师编号字段设为主键，如图 6.7 所示。

图 6.6　【表设计】按钮

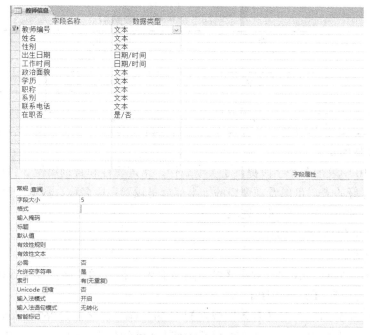

图 6.7　设计视图窗口

（4）单击【保存】按钮，以【教师信息】为名称保存表。

（5）创建学生信息表，其结构如表 6.4 所示。

表 6.4　　　　　　　　　　　　　　　　　　　学生信息表结构

字段名	类型	字段大小	格式
学生编号	文本	10	
姓名	文本	4	
性别	文本	1	
专业	文本	10	
出生日期	日期/时间		短日期
入校日期	日期/时间		短日期
党员否	是/否		是/否
住址	备注		
照片	OLE 对象		

（6）创建选课成绩表，其结构如表 6.5 所示。

表 6.5　　　　　　　　　　　　　　　　选课成绩表结构

字段名	类型	字段大小	格式
选课 ID	自动编号		
学生编号	文本	10	
课程编号	文本	5	
成绩	数字	整型	

（7）创建课程表，其结构如表 6.6 所示。

表 6.6　　　　　　　　　　　　　　　　课程表结构

字段名	类型	字段大小	格式
课程编号	文本	5	
课程名称	文本	10	
课程类别	文本	5	
学分	数字	整型	

5．设置字段属性要求

在 Access 2010 中表的各个字段提供了类型属性、常规属性和查询属性 3 种属性设置。

打开一张设计好的表，可以看到窗口的上半部分是设置字段名称、数据类型等分类，下半部分是设置字段的各种特性的字段属性列表。

例 5　设置学生信息表字段属性。

操作步骤如下所述。

（1）打开【教务管理.accdb】，双击【学生信息】表，打开学生信息表【数据表视图】，选择【开始】选项卡【视图】|【设计视图】。

（2）选中学生编号字段行，在【有效性规则】属性框中输入">=160106201 And <=160106300"，在【有效性文本】属性框中输入文字"对不起，您输入的学号不正确！"。有效性规则和有效性文

本是设置检查输入值的选项，在这里设置检查规则为输入的学号要大于等于 160106201 且小于等于 160106300，如图 6.8 所示。

（3）如果不在这个范围之内，如输入 160106322 则出现"对不起，您输入的学号不正确！"的提示框，如图 6.9 所示。

图 6.8 有效性规则和有效性文本设置

图 6.9 提示框

（4）选中性别字段行，在【字段大小】框中输入 1，在【默认值】属性框中输入"男"，在【索引】属性下拉列表框中选择"有（有重复）"。

（5）单击快速工具栏上的【保存】按钮，保存学生信息表。

6.4.3 创建表之间的关系

Access 2010 是一个关系型数据库，为了减少数据冗余，把数据分别存储在相互有关系的多张表中，每一张表都是单独建立的，若想建立表之间的关联，就必须要建立表间关系。Access 2010 就是凭借这些关系来连接表或查询表中的数据的。

在表之间创建关系，可以确保 Access 2010 将某一表中的改动反映到相关联的表中。一个表可以和其他多个表相关联，而不是只能与另一个表组成关系，最常用的关系是一对多关系。在 Access 2010 中有着 3 种不同的表关系，与此相对应，建立表关系也应当分为 3 种，即建立一对一关系、一对多关系和多对多关系。

> 提示　要建立表间关系时，所有要建立关系的表必须处于关闭状态，否则无法建立关系。
> 参照完整性是一种系统规则，Access 2010 可以用它来确保关系表中的记录是有效的，并且确保用户不会在无意间删除或改变重要的相关数据。

例 6　创建教务管理.accdb 数据库中表之间的关系，并实施参照完整性。

操作步骤如下所述。

（1）打开教务管理.accdb 数据库，单击【数据库工具】|【关系】|【关系】按钮，打开【关系】窗口，同时打开【显示表】对话框。

（2）在【显示表】对话框中，分别双击学生信息表、选课成绩表、课程表，将其添加到【关系】窗口中。注意三个表的主键分别是学生编号、选课 ID、课程编号。

（3）选定课程表中的课程编号字段，然后按下鼠标左键并拖动到选课成绩表中的课程编号字段上，松开鼠标。此时屏幕显示如图 6.10 所示的【编辑关系】对话框。

（4）选中【实施参照完整性】复选框，单击【创建】按钮。

（5）用同样的方法将学生信息表中的学生编号字段拖到选课成绩表中的学生编号字段上，并选中【实施参照完整性】复选框，结果如图 6.11 所示。

图 6.10　【编辑关系】对话框

图 6.11　表间关系

（6）单击【保存】按钮保存表之间的关系，单击【关闭】按钮关闭【关系】窗口。

有时要对创建的表关系进行查看、修改、隐藏、打印等操作，有时还必须维护表数据的完整性，这就涉及表关系的修改。对表关系的一系列操作都可以通过【设计】选项卡下的【工具】和【关系】组中的功能按钮来实现。

6.4.4　数据排序

排列数据是最经常用到的操作之一，也是最简单的数据分析方法。例如教师需要对学生的考试成绩进行排名等，这些都需要对数据进行排序操作。

在 Access 2010 中对数据进行排序操作和在 Excel 中的排序操作是类似的。Access 2010 提供了强大的排序功能，用户可以按照文本、数值或日期值进行数据的排序。对数据库的排序主要有两种方法：一种是利用工具栏的简单排序。另一种就是利用窗口的高级排序。各种排序和筛选操作都在【开始】选项卡下的【排序和筛选】组中进行。

例 7　在学生信息表中，按性别字段升序排序；在学生信息表中，先按性别字段升序排序，再按出生日期字段降序排序。

操作步骤如下所述。

（1）用【数据表视图】打开学生信息表，选择【性别】列，单击【开始】|【排序和筛选】|【升序】按钮，完成按性别字段升序排序，如图 6.12 所示。

学生编号	姓名	性别	专业	出生日期	入校日期	团员否	住址	联系电话	照片
160106209	刘绪健	男	市场营销	1997/8/12	2016/9/1	☑	杭州河坊街10号	134586123**	
160106207	方世定	男	播音主持	1998/10/1	2016/9/1	☑	北京复兴街235号	139876543**	
160106205	齐建设	男	运动训练	1997/8/18	2016/9/1	☑	西安太白路59号	133564789**	
160106204	刘子君	男	市场营销	1997/5/8	2016/9/1	☑	南京中山路259号	136647895**	
160106202	杨洁泉	男	市场营销	1997/3/1	2016/9/1	☑	广州秀水街25号	136512345**	
160106201	张小龙	男	英语	1998/1/19	2016/9/1	☑	上海徐家汇525号	136123456**	
160106210	薛欣若	女	市场营销	1997/1/11	2016/9/1	☑	杭州小营巷108号	137456123**	
160106208	王宁	女	英语	1997/6/15	2016/9/1	☑	昆明未名路135号	134765432**	
160106206	于立坤	女	播音主持	1997/6/7	2016/9/1	☑	北京天安路57号	134876543**	
160106203	吴佳	女	运动训练	1998/9/17	2016/9/1	☐	上海浦东环江路5号	133234567**	

图 6.12　按性别字段升序排序

（2）选择【开始】|【排序和筛选】选项卡，单击【高级】下拉列表，选择【高级筛选/排序】命令。

（3）打开【筛选】窗口，在设计网格中字段行第 1 列选择【性别】字段，排序方式选【升序】，第 2 列选择【出生日期】字段，排序方式选【降序】。

（4）单击【排序和筛选】|【高级】按钮，在弹出的下拉菜单中选择【应用筛选/排序】命令，返回到数据表视图，此时数据表已按照所设置的排序规则显示数据了，如图 6.13 所示。

学生编号	姓名	性别	专业	出生日期	入校日期	团员否	住址	联系电话	照片
160106207	方世定	男	播音主持	1998/10/1	2016/9/1	☑	北京复兴路235号	139876543**	
160106201	张小龙	男	英语	1998/1/19	2016/9/1	☑	上海徐家汇525号	136123456**	
160106205	齐建设	男	运动训练	1997/8/18	2016/9/1	☑	西安太白路59号	133564789**	
160106209	刘绪健	男	市场营销	1997/8/12	2016/9/1	☑	杭州河坊街10号	134586123**	
160106204	刘子君	男	市场营销	1997/5/8	2016/9/1	☑	南京中山路259号	136647895**	
160106202	杨浩泉	男	市场营销	1997/3/1	2016/9/1	☑	广州秀水街25号	136512345**	
160106203	吴佳	女	运动训练	1998/9/17	2016/9/1	☐	上海浦东环江路5号	133234567**	
160106208	王宁	女	英语	1997/6/15	2016/9/1	☑	昆明未名路135号	134765432**	
160106206	于立坤	女	播音主持	1997/6/7	2016/9/1	☑	北京天安路57号	134876543**	
160106210	薛欣若	女	市场营销	1997/1/11	2016/9/1	☑	杭州小营巷108号	137456123**	

图 6.13　按照排序规则显示数据

6.4.5　数据筛选

大多数时候，用户并不是对数据表中所有的数据都感兴趣，经常需要在几百条记录的数据表中查找几个感兴趣的记录，如果用手工的方式一个一个地查找，那会非常困难。

在 Access 2010 中，可以利用数据的筛选功能过滤掉数据表中我们不关心的信息，显示需要的数据记录，从而提高工作效率。

建立筛选的方法有多种，下面就介绍两种筛选的用法。

1．按窗体筛选

例 8　将学生信息表中的男学生筛选出来。

操作步骤如下所述。

（1）在【数据表视图】中打开学生信息表，在【开始】选项卡的【排序和筛选】组中单击【高级】按钮，在打开的下拉列表中单击【按窗体筛选】命令。

（2）这时数据表视图转变为一个记录，光标停留在第一列的单元中，将光标移到【性别】字段列中。在【性别】字段中单击下拉箭头，在打开的列表中选择【男】。

（3）单击【开始】|【排序和筛选】|【切换筛选】按钮观察排序结果，如图 6.14 所示。

学生编号	姓名	性别	专业	出生日期	入校日期	团员否	住址	联系电话	照片
160106207	方世定	男	播音主持	1998/10/1	2016/9/1	☑	北京复兴路235号	139876543**	
160106201	张小龙	男	英语	1998/1/19	2016/9/1	☑	上海徐家汇525号	136123456**	
160106205	齐建设	男	运动训练	1997/8/18	2016/9/1	☑	西安太白路59号	133564789**	
160106209	刘绪健	男	市场营销	1997/8/12	2016/9/1	☑	杭州河坊街10号	134586123**	
160106204	刘子君	男	市场营销	1997/5/8	2016/9/1	☑	南京中山路259号	136647895**	
160106202	杨浩泉	男	市场营销	1997/3/1	2016/9/1	☑	广州秀水街25号	136512345**	

图 6.14　窗体筛选结果

2．使用数字筛选器筛选

例 9　在选课成绩表中筛选出 60 分以下的学生。

操作步骤如下所述。

（1）打开选课成绩表，将光标定位于成绩字段列任一单元格内，然后单击鼠标右键，打开快捷菜单，选择【数字筛选器】|【小于…】命令，如图 6.15 所示。

（2）在【自定义筛选】对话框的文本框中输入 60，按 Enter 键得到筛选结果，如图 6.16 所示。

图 6.15　数字筛选器

图 6.16　筛选结果

6.5　查询

6.5.1　查询概述

数据表创建好后，即可建立基于表的各种对象，最重要的对象就是查询对象。查询是用来查看、处理和分析数据的，它可以将一张表或多张表中符合条件的记录组合成一张动态的表，查询的数据源可以是一个或多个数据表或已存在的查询。查询产生的操作结果从形式上看类似于数据表，每次打开查询都会显示数据源的最新变化情况。查询与数据源表是相通的，在查询中对数据所做的修改可以在数据源表中得到体现。

在 Access 2010 中，有多种查询操作方式，包括选择查询、参数查询、交叉表查询、操作查询和 SQL 查询。创建查询的方式可以使用查询向导，也可以使用查询设计器。

6.5.2　使用查询向导创建查询

查询向导一般用来创建相对比较简单的查询，或者用来初建基本查询，以后再用设计视图进行修改。使用简单查询向导可以创建一个简单的选择查询。

1．简单选择查询

例 10　单表查询，以教师信息表为数据源，查询教师的姓名和学历信息，所建查询命名为教师学历。

操作步骤如下所述。

（1）打开教务管理.accdb 数据库，单击【创建】|【查询】|【查询向导】按钮弹出【新建查询】对话框，如图 6.17 所示。

（2）在【新建查询】对话框中选择【简单查询向导】项，单击【确定】按钮。在弹出的对话框的【表/查询】下拉列表框中选择数据源为【表:教师信息】，再分别双击【可用字段】列表中的姓名和学历字段，将它们添加到【选定字段】列表框中，如图 6.18 所示。

图 6.17　创建查询

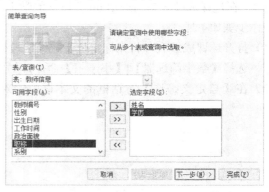

图 6.18　简单查询向导

（3）单击【下一步】按钮，为查询指定标题为【教师学历查询】，最后单击【完成】按钮，查询结果如图 6.19 所示。

2．多表查询

例 11　多表查询，查询学生所选课程的成绩，并显示学生编号、姓名、课程名称和成绩字段。

操作步骤如下所述。

（1）打开教务管理.accdb 数据库，在导航窗格中单击【查询】对象，单击【创建】|【查询】|【查询向导】按钮弹出【新建查询】对话框。

（2）在【新建查询】对话框中选择【简单查询向导】项，单击【确定】按钮，在弹出的对话框的【表/查询】下拉列表框中。先选择查询的数据源为学生信息表，并将学生编号、姓名字段添加到【选定字段】列表框中，再分别选择数据源为课程表和选课成绩表，并将课程表中的课程名称字段和选课成绩表中的成绩字段添加到【选定字段】列表框中，选择结果如图 6.20 所示。

（3）单击【下一步】按钮，选【明细】选项。

（4）单击【下一步】按钮，为查询指定标题为【学生选课成绩】，选择【打开查询查看信息】选项。

（5）单击【完成】按钮，弹出查询结果，如图 6.21 所示。

姓名	学历
彭远亮	本科
赵凡	博士
凌远扬	硕士
王佳	硕士
李辉	硕士
万雄韬	本科
刘娜	博士
曹文刚	硕士
王志远	硕士
马燕	硕士

图 6.19　单表查询结果

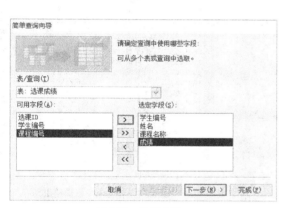

图 6.20　多表查询

学生编号	姓名	课程名称	成绩
160106201	张小龙	计算机基础	95
160106201	张小龙	英语	85
160106202	杨浩泉	高等数学	83
160106202	杨浩泉	形式与政策	82
160106203	吴佳	计算机基础	88
160106203	吴佳	文学欣赏	81
160106204	刘子君	英语	55
160106204	刘子君	高等数学	72
160106205	齐建设	英语	62
160106205	齐建设	形式与政策	81
160106206	于立坤	计算机基础	75
160106206	于立坤	文学欣赏	92
160106207	方世定	英语	51
160106207	方世定	形式与政策	68
160106208	王宁	计算机基础	77
160106208	王宁	形式与政策	82
160106209	刘绪健	高等数学	85
160106209	刘绪健	文学欣赏	96
160106210	薛欣若	英语	65
160106210	薛欣若	高等数学	85

图 6.21　多表查询结果

> 提示　查询涉及学生信息表、课程表和选课成绩表这 3 个表，在建立查询前要先确定好三个表之间的关系。

6.5.3　使用设计视图创建查询

常用的查询视图有 3 种：设计视图、数据表视图和 SQL 视图。查询的设计视图窗口分上下两部分，上半部分是字段列表区，放置查询的数据源；下半部分是设计网格区，放置在查询中显示的字段和在查询中做条件的字段。

打开设计视图的方法有两种，一种方式是建立一个新查询，另一种方式是打开现有的查询设计窗口。

1．创建不带条件的选择查询

例 12　查询学生所选课程的成绩，并显示学生编号、姓名、课程名称和成绩字段。

操作步骤如下所述。

（1）打开【教务管理.accdb】数据库，在导航窗格中单击【创建】|【查询】|【查询设计】按钮，出现【表格工具/设计】选项卡，同时打开查询设计视图。

（2）在【显示表】对话框中选择学生信息表，单击【添加】按钮添加学生信息表，用同样方法依次添加选课成绩表和课程表，如图 6.22 所示。

（3）双击学生信息表中学生编号、姓名，课程表中课程名称和选课成绩表中的成绩字段，将它们依次添加到字段行的第 1 列～第 4 列上，如图 6.23 所示。

（4）单击快速工具栏上的【保存】按钮，在【查询名称】文本框中输入学生成绩查询，单击【确定】按钮。

（5）单击【查询工具/设计】|【结果】|【运行】按钮查看查询结果，如图 6.24 所示。

图 6.22 【显示表】对话框

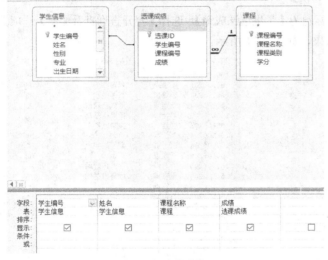

图 6.23 查询设计器

学生编号	姓名	课程名称	成绩
160106201	张小龙	计算机基础	95
160106201	张小龙	英语	85
160106202	杨浩泉	高等数学	83
160106202	杨浩泉	形式与政策	82
160106203	吴佳	计算机基础	88
160106203	吴佳	文学欣赏	81
160106204	刘子君	英语	55
160106204	刘子君	高等数学	72
160106205	齐建设	英语	62
160106205	齐建设	形式与政策	81
160106206	于立坤	计算机基础	75
160106206	于立坤	文学欣赏	92
160106207	方世定	英语	51
160106207	方世定	形式与政策	68
160106208	王宁	计算机基础	77
160106208	王宁	形式与政策	82
160106209	刘绪健	高等数学	85
160106209	刘绪健	文学欣赏	96
160106210	薛欣若	英语	65
160106210	薛欣若	高等数学	85

图 6.24 学生成绩查询结果

2．创建带条件的查询

例 13 创建一个不及格成绩查询，显示学生姓名、班级、课程名称、分数。

操作步骤如下所示。

（1）在设计视图中创建查询，添加学生信息表、课程表、选课成绩表到查询设计视图中。

（2）依次双击学生编号、姓名、课程名称、成绩字段，将它们添加到字段行的第 1 列～第 4 列中。

（3）在成绩字段列的条件行中输入条件"<60"，如图 6.25 所示。

（4）单击【保存】按钮，在【查询名称】文本框中输入不及格成绩查询，单击【确定】按钮。

（5）单击【查询工具/设计】|【结果】|【运行】按钮，查询结果如图 6.26 所示。

字段	学生编号	姓名	课程名称	成绩
表	学生信息	学生信息	课程	选课成绩
排序				
显示	☑	☑	☑	☑
条件				<60
或				

图 6.25 带条件的查询

学生编号	姓名	课程名称	成绩
160106204	刘子君	英语	55
160106207	方世定	英语	51

图 6.26 条件查询结果

3. 创建计算查询

Access 2010 的查询不仅具有查找功能，而且具有计算的功能。在表达式中使用计算的目的是为了减少存储空间，另一方面则是为了避免在更新数据不同步时产生错误。

例 14 创建学生平均成绩查询，统计每个学生所有课程的平均成绩，并将结果按平均成绩降序排列。

操作步骤如下所述。

（1）在设计视图中创建查询，并将课程表、选课成绩表和学生信息表这三个表添加到查询设计视图中。

（2）双击课程表中的课程名称字段、学生信息表中的性别字段、选课成绩表中的成绩字段，将它们添加到字段行的第 1 列～第 3 列中。

（3）单击【查询类型】|【交叉表】按钮。

（4）在课程名称字段的交叉表行选择【行标题】选项，在性别字段的交叉表行选择【列标题】选项，在成绩字段的交叉表行选择【值】选项，在成绩字段的总计行选择【平均值】选项，如图 6.27 所示。

（5）单击【保存】按钮，将查询命名为各门课程男女生的平均成绩。运行查询，查间结果如图 6.28 所示。

字段:	课程名称	性别	成绩之平均值: 成绩
表:	课程	学生信息	选课成绩
总计:	Group By	Group By	平均值
交叉表:	行标题	列标题	值
排序:			
条件:			
或:			

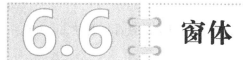

图 6.27 查询设置

课程名称	男	女
高等数学	80	85
计算机基础	95	80
文学欣赏	96	86.5
形式与政策	77	82
英语	63.25	65

图 6.28 查询结果

6.6 窗体

6.6.1 窗体概述

窗体是 Access 2010 数据库中的一种重要的对象，用户通过窗体的操作可以方便地输入数据、编辑数据、显示和查询表中的数据。利用窗体可以将整个应用程序组织起来，形成一个完整的应用系统。事实上，在 Access 2010 应用程序中所有操作都是在各种各样的窗体内进行的。

具体来说，窗体具有以下几种功能。

（1）数据的显示与编辑。窗体的最基本功能是显示与编辑数据。窗体可以显示来自多个数据表中的数据。此外，用户可以利用窗体对数据库中的相关数据进行添加、删除和修改，并可以设置数据的属性。用窗体来显示并浏览数据比用表和查询的数据表格式显示数据更加灵活，不过窗体每次只能浏览一条记录。

（2）数据输入。用户可以根据需要设计窗体，作为数据库中数据输入的接口，这种方式可以节省数据录入的时间并提高数据输入的准确度。窗体的数据输入功能是它与报表的主要区别。

> ➤ 应用程序流控制。与 VB 窗体类似，Access 2010 中的窗体也可以与函数、子程序相结合。在每个窗体中，用户可以使用 VBA 编写代码，并利用代码执行相应的功能。

> ➤ 信息显示和数据打印。在窗体中可以显示一些警告或解释信息。此外，窗体也可以用来执行打印数据库数据的功能。

在 Access 2010 中，表是由字段和记录构成的。类似地，窗体的基本构件就是控件，控件比构成表的字段和记录更灵活些。它能包含数据、运行一项任务，或是通过添加诸如直线或矩形之类的图形元素来强化窗体设计，还可以在窗体上使用许多不同种类的控件，包括复选框、矩形块、文本框、分页符、选项按钮、下拉列表框等。

6.6.2　使用窗体向导创建窗体

窗体的创建方法与前面介绍的其他数据库对象的创建方法相同，可以使用向导创建，也可以直接在设计视图中创建。

要更好地选择哪些字段显示在窗体上，可以使用窗体向导来替代各种窗体构建工具。使用窗体向导创建窗体还可以指定数据的组合和排序方式，当指定了表与查询之间的关系时，使用窗体向导创建的窗体的数据源可以来自于一个表或查询，也可以来自于多个表或查询。

窗体向导创建的窗体包含窗体所依据的表中的所有字段的控件。当字段显示在窗体中时，Access 2010 会给窗体添加两类控件，即文本框和标签。

例 15　以学生信息表和选课成绩表为数据源创建一个嵌入式的主/子窗体。

具体操作步骤如下所述。

（1）打开【教务管理.accdb】数据库，在【创建】选项卡的【窗体】组中单击【窗体向导】按钮。

（2）在弹出的【窗体向导】对话框中的【表/查询】下拉列表框中选中【表：学生信息】，并将其全部字段添加到右侧选定字段中；再选择【表：选课成绩】，并将全部字段添加到右侧选定字段中，如图 6.29 所示。

（3）单击【下一步】按钮，在弹出的窗口中选择【通过学生信息】的查看数据方式，并选中【带有子窗体的窗体】选项，如图 6.30 所示。

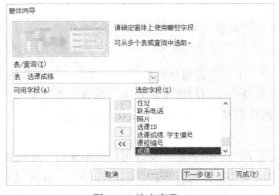

图 6.29　选定字段

图 6.30　确定查看数据的方式

（4）单击【下一步】按钮，子窗体使用的布局选择【数据表】选项。

（5）单击【下一步】按钮，将窗体标题设置为学生信息，子窗体标题设置为选课成绩。

（6）单击【完成】按钮，窗体如图 6.31 所示。

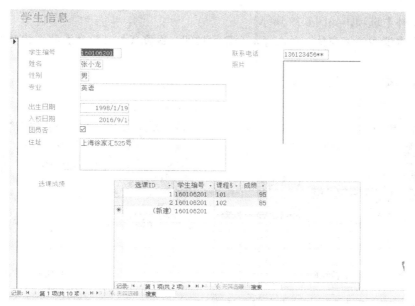

图 6.31　嵌入式的主/子窗体

6.6.3　使用设计视图创建窗体

Access 2010 不仅提供了方便用户创建窗体的向导，还提供了窗体设计视图。在许多情况下，使用窗体向导方法生成的窗体不能完全满足设计需求，这就需要在设计视图中对其进行修改以达到满意的效果，也可以利用设计视图直接创建窗体。下面以具体案例要讲解创建窗体的方法。

例 16　以学生信息表为数据源创建一个窗体，用于输入学生信息。

操作步骤如下所述。

（1）在导航窗格中选择学生信息表，单击【创建】|【窗体】|【窗体设计】按钮建立窗体，弹出【字段列表】窗体，【字段列表】窗体也可通过【窗体设计工具/设计】|【工具】|【添加现有字段】按钮来切换显示或隐藏状态。

（2）分别将字段列表窗口中的学生编号、姓名、性别、住址字段拖放到窗体的主体节中，并如图 6.32 所示调整好它们的大小和位置。

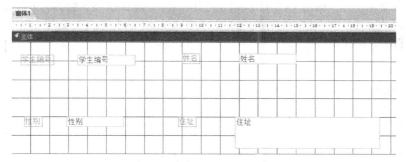

图 6.32　将字段拖放到主立体节

（3）单击【窗体设计工具/设计】|【控件】|【使用控件向导】按钮，再单击【命令按钮】，在窗体上添加命令按钮控件。在出现的对话窗口中选择【窗体操作】选项，然后在【操作】列表中

选择【打开窗体】选项，如图 6.33 所示。

（4）选择选课成绩子窗体，单击【下一步】按钮，选择【打开窗体】并查找要显示的特定数据选项。

（5）指定匹配字段，如图 6.34 所示。

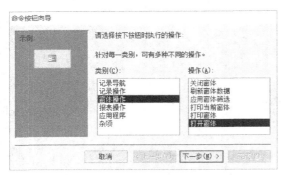
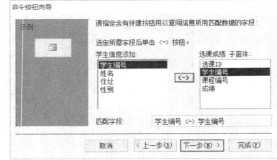

图 6.33　命令按钮向导　　　　　　　　　　　图 6.34　指定匹配字段

（6）单击【下一步】按钮，选择【文本】选项。

（7）单击【下一步】按钮，指定按钮名称为"打开窗体"。

（8）保存窗体，窗体名称为"学生信息添加"，如图 6.35 所示。

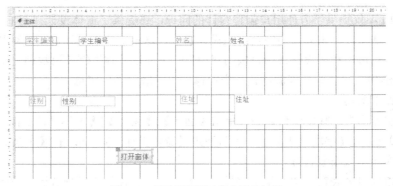

图 6.35　设计视图创建学生窗体效果

（9）切换到窗体视图，单击【打开窗体】按钮可以打开选课成绩子窗体，效果如图 6.36 所示。

图 6.36　窗体视图效果

6.7 报表

6.7.1 报表概述

Access 2010 可以将数据库中的表、查询的数据进行组合从而形成报表，还可以在报表中添加多级汇总、统计比较、图片和图表等。设计合理的报表能将数据清晰地呈现在纸质介质上，使所要传达的汇总数据、统计与摘要信息一目了然。

在 Access 2010 中，报表共有四种视图：报表视图、打印预览视图、布局视图和设计视图。

报表是专门为打印而设计的特殊窗体，Access 2010 中使用报表对象来实现打印格式数据功能。利用报表可以控制数据内容的大小及外观、排序和汇总相关数据，选择输出数据到屏幕或打印设备上。还可以在报表中添加图片和图表等。建立报表和建立窗体的过程基本相同，只是窗体最终显示在屏幕上，而报表还可以打印出来，窗体可以与用户进行信息交互，而报表没有交互功能。

6.7.2 使用报表向导创建报表

例 17 使用报表向导创建选课成绩报表。

操作步骤如下所述。

（1）打开【教务管理】数据库，在【导航】窗格中选择选课成绩表。

（2）单击【创建】|【报表】|【报表向导】按钮，打开【请确定报表上使用哪些字段】对话框，这时数据源已经选定为【表：选课成绩】（在【表/查询】下拉列表中也可以选择其他数据源）。在【可用字段】窗格中，将全部字段移送到【选定字段】窗格中，然后单击【下一步】按钮，如图 6.37 所示。

（3）在打开的【是否添加分组级别】对话框中，自动给出分组级别，并给出分组后的报表布局预览。这里是按【学生编号】字段分组（这是由学生信息表与选课成绩表之间建立的一对多关系所决定的，否则就不会出现自动分组，而需要手工分组），单击【下一步】按钮，如图 6.38 所示。如果需要再按其他字段进行分组，可以直接双击左侧窗格中的用于分组的字段。

图 6.37　确定报表上使用哪些字段

图 6.38　【是否添加分组级别】对话框

（4）在打开的【请确定明细信息使用的排序次序和汇总信息】对话框中选择按成绩降序排序，单击【汇总选项】按钮，选定成绩的【平均】复选项汇总成绩的平均值，选择【明细和汇总】选项，单击【确定】按钮，再单击【下一步】按钮，如图 6.39 所示。

（5）在打开的【请确定报表的布局方式】对话框中，确定报表所采用的布局方式。这里选择【块】式布局，方向选择【纵向】，单击【下一步】按钮。

（6）在打开的【请为报表指定标题】对话框中，指定报表的标题，输入学生成绩信息，选择【预览报表】单选项，然后单击【完成】按钮，报表的打印预览效果如图 6.40 所示。

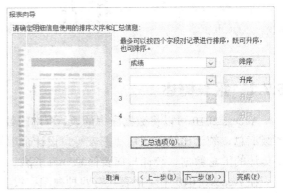

图 6.39　【请确定明细信息使用的排序次序和汇总信息】对话框

图 6.40　报表打印预览效果

6.7.3　使用设计视图创建报表

例 18　以学生成绩查询为数据源，在报表设计视图中创建学生成绩信息报表

操作步骤如下所述。

（1）打开【教务管理】数据库，在【创建】选项卡的【报表】组中，单击【报表设计】按钮，打开报表设计视图。这时报表的页面页眉、页面页脚和主体节同时都出现，这点与窗体不同。

（2）在【设计】选项卡的【工具】分组中，单击【属性表】按钮打开报表【属性表】窗口，在【数据】选项卡中单击【记录源】属性右侧的下拉列表，从中选择【学生成绩查询】，如图 6.41 所示。

图 6.41　【属性表】窗口记录源设计

（3）在【设计】选项卡的【工具】分组中，单击【添加现有字段】按钮，打开【字段列表】窗格，并显示相关字段列表。

（4）在【字段列表】窗格中，把学号、姓名、课程名、成绩字段拖到主体节中。

（5）在快速工具栏上单击【保存】按钮，以"学生选课成绩报表"为名称保存报表。但是这个报表设计得不太美观，需要进一步的修饰和美化。

（6）在报表页眉节区中添加一个标签控件，输入标题学生选课成绩表，使用工具栏设置标题格式。

（7）选中主体节区的一个附加标签控件，使用快捷菜单中的【剪切】、【粘贴】命令，将它移动到页面页眉节区，用同样方法将其余三个附加标签也移过去，然后调整各个控件的大小、位置及对齐方式等；调整报表页面页眉节和主体节的高度，以合适的尺寸容纳其中的控件。（注：可采用【报表设计工具/排列】|【调整大小和排序】组进行设置。

（8）单击【控件】|【直线】控件，按住 shift 键画直线，如图 6.42 所示。

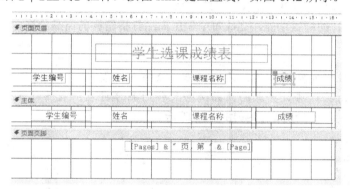

图 6.42　报表设计视图效果

（9）单击【视图】|【打印预览】按钮，查看报表，如图 6.43 所示。

（10）保存报表，报表名称为"学生选课成绩报表"。

学生选课成绩表

学生编号	姓名	课程名称	成绩
160106201	张小龙	计算机基础	95
160106201	张小龙	英语	85
160106202	杨洁泉	高等数学	83
160106202	杨洁泉	形式与政策	82
160106203	吴佳	计算机基础	88
160106203	吴佳	文学欣赏	81
160106204	刘子君	英语	55
160106204	刘子君	高等数学	72
160106205	齐建设	英语	62
160106205	齐建设	形式与政策	81

图 6.43　报表打印预览效果

拓展实训

制作商品销售信息数据库

要求：

1. 建立商品销售的数据库及表。
2. 输入符合查询和输出要求的相应数据。
3. 建立窗体，输入商品名称，可查阅指定商品的库存和销售利润。
4. 打印输出库存积压（200 件以上）的商品清单。
5. 通过报表设计的标签功能，完成每个积压商品打折销售的商品价格标签打印工作。

> **提示**
>
> （1）设计数据库及表结构，设置数据有效性与完整性。
> （2）创建商品销售数据库的商品交易表和商品库存表，表的结构如图 6.44 所示。
> （3）建立表之间的关联，如图 6.45 所示。

图 6.44　创建表

> （4）输入和编辑表数据。
> （5）建立商品销售利润与库存量合并汇总的信息查询，并建立条件匹配查询和窗体界面，如图 6.46 所示。

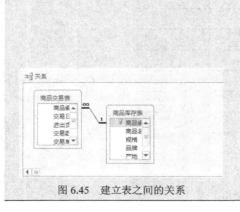

图 6.45　建立表之间的关系

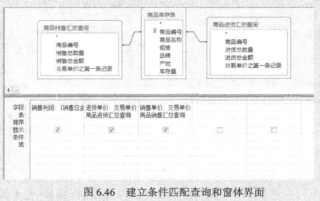

图 6.46　建立条件匹配查询和窗体界面

（6）根据商品销售利润与库存量合并汇总查询，生成库存量大于 200 件以上的积压商品清单报表。

习题 6

一、单项选择题

1. 数据的存储结构是指（　　）。
   A．存储在外存中的数据　　　　　　　B．数据所占的存储空间量
   C．数据在计算机中的顺序存储方式　　D．数据的逻辑结构在计算机中的表示

2. Access 2010 中表和数据库的关系是（　　）。
   A．一个数据库可以包含多个表　　　　B．一个表只能包含两个数据库
   C．一个表可以包含多个数据库　　　　D．一个数据库只能包含一个表

3. 假设数据库中表 A 与表 B 建立了"一对多"关系，表 B 为"多"的一方，则下述说法中正确的是（　　）。
   A．表 A 中的一个记录能与表 B 中的多个记录匹配
   B．表 B 中的一个记录能与表 A 中的多个记录匹配
   C．表 A 中的一个字段能与表 B 中的多个字段匹配
   D．表 B 中的一个字段能与表 A 中的多个字段匹配

4. 数据表中的"行"称为（　　）。
   A．字段　　　　B．数据　　　　C．记录　　　　D．数据视图

5. Access 2010 提供的数据类型中不包括（　　）。
   A．备注　　　　B．文字　　　　C．货币　　　　D．日期/时间

6. 下列不属于 Access 2010 窗体的视图是（　　）。
   A．设计视图　　B．窗体视图　　C．版面视图　　D．数据表视图

7. Access 2010 数据库属于（　　）数据库。
   A．层次模型　　B．网状模型　　C．关系模型　　D．面向对象模型

8. 打开 Access 2010 数据库时，应打开扩展名为（　　）的文件。
   A．accdb　　　B．mdb　　　　C．mde　　　　D．DBF

9. 下列（　　）不是 Access 2010 数据库的对象类型。
   A．表　　　　　B．向导　　　　C．窗体　　　　D．报表

10. 下列不是窗体的组成部分的是（　　）。
    A．窗体页眉　　B．窗体页脚　　C．主体　　　　D．窗体设计器

11. 创建窗体的数据源不能是（　　）。
    A．一个表　　　　　　　　　　　　　B．一个单表创建的查询
    C．一个多表创建的查询　　　　　　　D．报表

12. 下列对 Access 2010 查询叙述错误的是（　　）。
    A．查询的数据源来自于表或已有的查询
    B．查询的结果可以作为其他数据库对象的数据源

C．Access 2010 的查询可以分析数据，追加、更改、删除数据

D．查询不能生成新的数据表

13．文本类型的字段最多可容纳（　　）个中文字。

A．255　　　　　　B．256　　　　　　C．128　　　　　　D．127

14．若要查询成绩为 60～80 分之间（包括 60 分，不包括 80 分）的学生的信息，成绩字段的查询准则应设置为（　　）。

A．>60 or <80　　B．>=60 And <80　　C．>60 and <80　　D．IN（60,80）

15．若要用设计视图创建一个查询，查找总分在 255 分以上（包括 255 分）的女同学的姓名、性别和总分，正确的设置查询准则的方法应为（　　）。

A．在准则单元格键入：总分>=255　　AND　性别="女"

B．在总分准则单元格键入：总分>=255；在性别的准则单元格键入："女"

C．在总分准则单元格键入：>=255；在性别的准则单元格键入："女"

D．在准则单元格键入：总分>=255　　OR　　性别="女"

16．在查询设计器中不想显示选定的字段内容则将该字段的（　　）项对号取消。

A．排序　　　　　B．显示　　　　　C．类型　　　　　D．准则

17．Access 2010 在同一时间，可打开（　　）个数据库。

A．1　　　　　　B．2　　　　　　C．3　　　　　　D．多个

18．创建表时可以在（　　）中进行。

A．报表设计器　　B．表浏览器　　C．表设计器　　D．查询设计器

19．无论是自动创建窗体还是报表，都必须选定要创建该窗体或报表基的（　　）。

A．数据　　　　　B．查询　　　　　C．表　　　　　D．记录

20．下列不属于报表视图方式的是（　　）。

A．设计视图　　　B．打印预览　　C．版面预览　　D．数据表视图

二、填空题

1．Access 2010 中每个记录由若干个以＿＿＿＿＿加以分类的数据项组成。

2．如果在创建表中建立字段"姓名"，其数据类型应当是＿＿＿＿＿。

3．查询也是一个表，是以＿＿＿＿＿为数据的再生表。

4．窗体通常由窗体页眉、窗体页脚、页面页眉、页面页脚及＿＿＿＿＿5 部分组成。

5．创建窗体的数据可以是表或＿＿＿＿＿。

三、操作题

1．设计"学生管理"数据库。

在设计"学生管理"数据库中可以设置以下几个表（加下划线的为主关键字）。

（1）学生表：学号、姓名、性别、出生年月、专业、班级、照片、电话、住校否、个人简历

（2）成绩表：学号、课程代码、成绩

学号字段来自"学生表"的学号。

（3）教师表：教师编号、姓名、性别、职称、电话、E-mail

（4）课程表：课程代码、课程名称、成绩

（5）授课表：<u>课程代码、教师编号</u>、时间、教室

课程代码字段的数据来自"课程表"的课程代码，教师编号字段的数据来自"教师表"的教师编号。

（6）专业表：<u>专业代码</u>、专业名称、专业简介

对上面各表分别输入 10 条记录。

2．对学生表按照姓名进行降序排序。

3．对学生表首先按照"专业"升序，然后按照"出生年月"进行降序排序。

4．在学生表中筛选出某专业的所有男生记录。

5．在成绩表中筛选出成绩介于 75～85 的学生。

6．查询某专业所有男生，显示学生的学号、姓名、班级、性别。

7．查询所有不及格的学生，显示学生的学号、姓名、班级、性别、课程名称、分数。

8．查询某专业中平均成绩为前 3 名的学生。

9．建立一个查询，统计每个同学所有课程的平均成绩。要求查询结果显示学号、姓名、性别、专业、课程门数、平均分数。

10．查询所有学生的考试科目数以及每名学生成绩的最高分、最低分、平均分数。要求查询结果显示学号、姓名、性别、课程数、成绩的最高分、最低分、平均分数，按照平均成绩降序排序。

11．在"学生管理"数据库中，创建一个"统计各班男女生人数"查询，显示每个班级的男女生人数。

12．使用"设计"视图创建一个"每位学生每门课成绩"查询，显示学生姓名、课程名称和成绩。

13．使用向导创建"课程"窗体，显示各门课程成绩。

14．使用自动窗体创建学生成绩图表窗体。以姓名作为分类字段，分数作为数据字段，课程名称作为系列字段。

15．以"课程"表为数据源建立纵栏式报表。

16．使用报表向导创建一个学生成绩报表，统计每个学生各门课程的平均分，并且每个学生各门课程的成绩从高到低排列。

第7章 计算机网络基础及安全

本章学习目标

➢ 掌握网络基本概念、网络组成、网络分类、网络拓扑结构、网络体系结构、网络设备及传输介质。
➢ 熟悉局域网的基本概念、工作模式以及局域网的组建。
➢ 掌握 IP 地址及域名系统，了解互联网的基本应用。
➢ 了解网络安全基本概念、常见的网络安全威胁、网络安全防护技术。
➢ 了解网络新技术。

计算机网络是计算机技术和通信技术紧密结合的产物，它的诞生使计算机体系结构发生了巨大变化，为人类社会的进步做出了巨大的贡献。现在，计算机网络技术的迅速发展和互联网的普及使人们更深刻体会到计算机网络无所不在，它已在当今社会经济中发挥着重要作用，并且对人们的日常生活、工作甚至思想产生了较大影响。

7.1 计算机网络基础

7.1.1 计算机网络概述及组成

1．计算机网络概述

计算机网络就是利用通信设备和通信线路将地理位置分散的、能独立运行的计算机系统或由计算机控制的外围设备连接起来，在网络操作系统的控制下按照约定的通信协议进行信息交换，实现资源共享的系统。

从这个简单定义可以看出，计算机网络系统涉及三个方面问题。

（1）至少有两台具有独立操作系统的计算机，且相互间有共享的资源。

（2）两台或者多台计算机之间通过通信手段将其互连，如双绞线、电话线、同轴电缆或光纤等有线传输介质，也可以使用微波、卫星等无线媒体把它们连接起来。

（3）计算机网络中需要共同遵守的规则和约定成为网络协议，由它解释、协调和管理计算机之间的通信和相互间的操作。

2．计算机网络系统的组成

从网络逻辑功能角度来看，可以将计算机网络分为通信子网和资源子网两个部分，如图 7.1 所示。

（1）通信子网

网络系统以通信子网为中心，通信子网处在网络内层，由网络中的通信控制处理机、其他通信设备、通信线路和只用做信息交换的计算机组成，负责完成网络数据传输、转发等通信处理任务。当前的通信子网一般由路由器、交换机和通信线路组成。

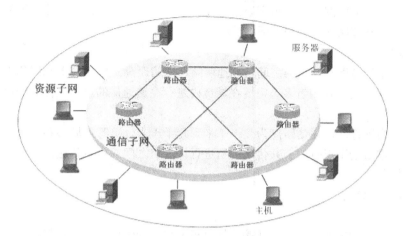

图 7.1 通信子网和资源子网

（2）资源子网

资源子网处于网络的外围，由主机系统、终端、终端控制器、外设、各种软件资源与信息资源组成，负责全网的数据处理业务，向网路用户提供各种网络资源和网络服务。主机系统是资源子网的主要组成部分，它通过高速通信线路与通信子网的通信控制处理机相连接。普通用户终端可通过主机系统连接入网。

7.1.2 计算机网络的功能

计算机网络有许多功能，主要有以下几点。

（1）数据通信。数据通信即实现计算机与终端、计算机与计算机间的数据传输，是计算机网络的最基本的功能，也是实现其他功能的基础。如电子邮件、传真、远程数据交换等。

（2）资源共享。实现计算机网络的主要目的是共享资源。网络中可共享的资源有硬件资源、软件资源和数据资源，其中共享数据资源最为重要。

（3）远程传输。计算机已经由科学计算向数据处理方面发展，由单机向网络方面发展，且发展速度很快。分布在很远的用户可以互相传输数据信息、互相交流、协同工作。

（4）集中管理。计算机网络技术的发展和应用，已使得现代办公、经营管理等发生了很大变化。目前，已经有了许多 **MIS** 系统、**OA** 系统等，通过这些系统可以实现日常工作的集中管理，提高工作效率，增加经济效益。

（5）实现分布式处理。网络技术的发展，使得分布式计算成为可能。对于大型课题，可以分为许多小题目，由不同计算机分别完成，然后集中起来解决问题。

（6）负载平衡。负载平衡是指将工作均匀地分配给网络上的各台计算机。网络控制中心负责分配和检测，当某台计算机负载过重时，系统会自动转移部分工作到负载较轻的计算机中去处理。

7.1.3 计算机网络的分类

计算机网络的分类方式有很多，可以按地理位置、传输介质等进行分类。

1．按地理位置分类

（1）局域网

局域网又称局部地区网，通信距离通常为几百米到几千米，是目前计算机组网的主要方式。机关网、企业网、校园网均属于局域网。

（2）城域网

城域网是介于局域网与广域网之间的高速网络，通信距离一般为几千米到几十千米，传输速率一般为 50Mbit/s 左右，使用者多为需要在城市内进行高速通信的较大单位与公司等。

（3）广域网

广域网又称为远程网，通信距离为几十千米到几千千米，可跨越城市和地区，覆盖全国甚至全世界。广域网常常借用现有的公共传输信道进行计算机之间的信息传递，如电话线、微波、卫星或者它们的组合信道。

2．按传输介质分类

（1）有线网

有线网是采用同轴电缆或双绞线连接的计算机网络。同轴电缆比较经济，传输率和抗干扰能力一般，传输距离短。双绞线价格便宜，易受干扰，传输率低，传输距离比同轴电缆短。在有线网中，另一种特殊网络是采用光导纤维为传输介质。光纤的传输距离长，传输率高，抗干扰性强，但成本较高。

（2）无线网

采用无线介质连接的网络称为无线网。目前无线网主要采用的三种技术是微波通信、红外通信和激光通信，这三种都是以大气为介质。卫星网是一种特殊形式的微波通信，它利用地球同步卫星做中继站转发微波信号，一个同步卫星可以覆盖地球 1/3 以上表面。

7.1.4　计算机网络的拓扑结构

根据拓扑学原理，将网络中的计算机等实体设备抽象为节点，连接计算机等实体设备的通信线路抽象为线，然后将节点与线组成几何图形来表述计算机网络结构，这种表示计算机网络结构的方式称为计算机网络拓扑结构。

1．总线型拓扑结构

总线结构是各个节点由一根总线相连，数据在总线上由一个节点传向另一个节点，如图 7.2 所示。总线型结构的特点是节点加入和退出网络都很方便，总线上某个节点出现故障也不影响其他节点通信，不会造成网络瘫痪，可靠性较高，而且结构简单、成本低。

2．环型拓扑结构

环型拓扑将各个节点依次连接起来，并把首尾相连构成一个环形结构，如图 7.3 所示。环型网络中的信息传送是单向的，每个节点需要安装中继器，以接收、放大、发送信号。特点是结构简单、方便管理，适用于数据不需要在中心节点

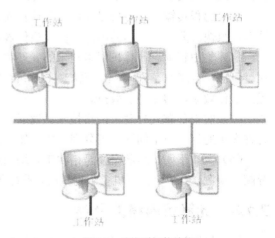

图 7.2　总线型拓扑结构

上处理而主要在各自节点上进行处理的情况。但是由于环路封闭，不便于扩充，一个节点故障会造成全网瘫痪，因此维护困难。

3．星型拓扑结构

星型拓扑结构中，节点通过点到点通信链路与中心节点连接，如图 7.4 所示。中心节点控制全网的通信，任何两个节点之间的通信都需要经过中心节点。星型拓扑结构易于实现，便于管理。但网络中心节点是全网可靠性的关键，一旦发生故障就有可能造成全网瘫痪。

图 7.3　环型拓扑结构

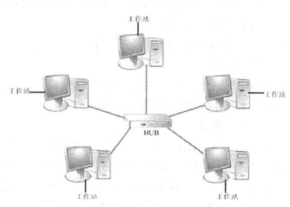

图 7.4　星型拓扑结构

4．树型拓扑结构

树型拓扑结构是一种分级结构，把所有的节点按一定的层次关系排列起来，最顶层只有一个节点，越往下节点越多，如图 7.5 所示。在树型拓扑结构中，任意两个节点间不产生回路。这种结构的特点是通信线路总长度较短，节点易于扩充，成本较低。但是除了子节点及其相连线路外，任一节点或其相连的线路故障都会使线路受到影响。

5．网状拓扑结构

网状拓扑结构实际上是不规则形式，网状拓扑结构中两个任意节点间的通信线路不是唯一的，若某条通信线路出现故障或拥挤堵塞时，可以绕道其他通信线路传输信息，因此它的成本较高，可靠性也较高。此种结构常用于广域网的主干网中。网状拓扑结构如图 7.6 所示。

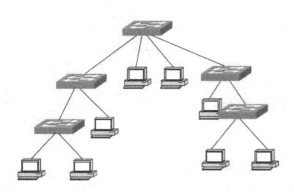

图 7.5　树型拓扑结构

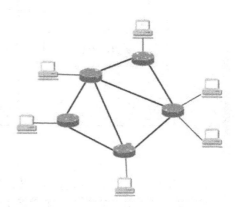

图 7.6　网状拓扑结构

7.1.5　计算机网络协议与网络体系结构

1．网络协议

协议是用来描述进程间信息交换数据时的规则术语。在计算机网络中，两个相互通信的实体处在不同的地理位置上，其上的两个进程相互通信，需要通过交换信息协调它们的动作达到同步，而信息的交换必须按照预先共同约定好的规则进行。网络协议是指网络通信双方必须遵守的控制信息交换的规则或标准，它能使网上计算机有条不紊地进行通信。

网络协议由以下三个要素组成。

（1）语义：解释控制信息每个部分的意义。规定了需要发出何种控制信息，以及完成的动作与做出什么样的响应。

（2）语法：用户数据与控制信息的结构与格式，以及数据出现的顺序。

（3）时序：事件发生顺序的详细说明。

2．OSI 参考模型

计算机网络发展初期，由于不同厂家的网络设备不兼容，造成网络互连困难。为此，国际标准化组织（ISO）于 1984 年公布了开发系统互连参考模型（OSI），成为网络体系结构的国际标准。

OSI 将计算机互连功能划分为 7 个层次，规定了同层次进程通信的协议和相邻层次间的接口及服务。该模型自下而上分别为：物理层、数据链路层、网络层、传输层、会话层、表示层和应用层。OSI 模型的第 1 层～第 3 层归于通信子网的范畴；第 5 层～第 7 层归于资源子网的范畴，中间的传输层起着衔接上三层和下三层的作用，如图 7.7 所示。

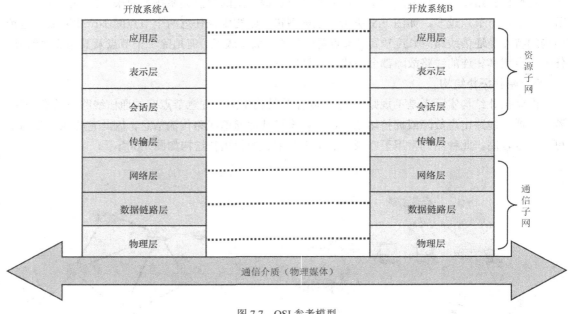

图 7.7　OSI 参考模型

（1）应用层：为应用软件提供服务，如文件传输、电子邮件等。

（2）表示层：用于处理两个通信系统中交换信息的表示方式，包括负责协议转换、数据格式交换、数据加密和解密、数据压缩与恢复等。

（3）会话层：维护节点间会话及进程间通信，管理数据交换等功能。

（4）传输层：向用户提供可靠的端到端服务，传送报文，提供数据流控制和错误处理。

（5）网络层：为在节点间传输创建逻辑链路，通过路由选择算法为分组通过通信子网选择最佳、最适当的路径，以实现拥塞控制、网络互连等功能。

（6）数据链路层：在通信实体间建立数据链路连接。传输以帧为单位的数据包，并进行差错控制与流量控制。

（7）物理层：利用传输介质为数据链路层提供物理连接，实现二进制比特流的透明传输。它定义了电缆类型、传输的电信号或光电信号等。

3．TCP/IP 参考模型

TCP/IP 协议是 Internet 采用的标准协议，实际上 TCP/IP 是一个协议系列，用来将各种计算机和数据通信设备组成计算机网络。TCP 和 IP 是最重要的两个协议，通常用 TCP/IP 来代表整个 Internet 协议系列。

基于 Internet 网络体系结构模型（TCP/IP 参考模型）将协议分为 4 层，它们分别是网络接口层、网络层、传输层和应用层，如图 7.8 所示。

（1）网络接口层：通过网络发送和接收 IP 数据报及硬件设备驱动。

（2）网络层：将源主机的报文发送到目的主机。

（3）传输层：应用程序间的端对端的通信。

（4）应用层：为用户调用访问网络的应用程序，应用程序与传输层协议相配合，发送或接收数据。应用层包括了所有的高层协议，并不断有新协议加入。

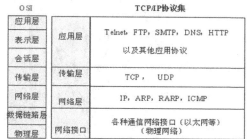

图 7.8　TCP/IP 参考模型

7.1.6　网络设备及传输介质

1．网络设备

（1）中继器

计算机网络中，当网段超过最大距离时，需要增设中继器。中继器对信号中继放大，扩展了网段距离。例如，细缆的最大传输距离为 185m，增加 4 个中继器后，网络距离可延伸到 1km。

（2）集线器

集线器是有多个端口的中继器。集线器是一种以星型拓扑结构将通信线路集中在一起的设备，所有传输到集线器的数据均被广播到与之相连的各个端口，通过集线器互连的网段属于同一个网段。目前市场上常见的有 10M、100M 等速率的集线器。

（3）交换机

交换机是目前局域网组网的主要设备，用交换机组成的网络称为交换式网络。在交换式网络中，交换机提供给每个用户专用信道，根据所传递信息包的目的地址，将每一信息包独立地从源端口送至目的端口，避免和其他端口发生冲突。

（4）路由器

路由器用在具有两个以上的同类网络的互连上。位于两个局域网中的两个工作站之间通信时存在多条路径，路由器能根据网络上信息拥挤的情况选择最近、最空闲的路由传送信息。路由器的主要功能是识别网络层地址、选择路由、生成和保存路由表等。

（5）网关

在计算机网络中，当连接不同类型且协议差别较大的网络时，要选用网关设备。网关具有协议转换、数据重新分组的功能，便于在不同类型（不同格式、协议、结构）的网络间通信，也可以概括为能连接不同网络的软件和硬件的组合产品。

2．传输介质

（1）双绞线

双绞线是由两根具有绝缘保护层的铜导线组成。把两根绝缘铜导线按一定密度互相绞在一起，可降低信号干扰的程度，每根导线在传输中辐射出来的电波会被另一根线上发出的电波抵消。将一对或多对双绞线放在一个绝缘套管中便成了双绞线电缆，如图 7.9 所示。双绞线可分为非屏蔽双绞线（Unshielded Twisted Pair，UTP）和屏蔽双绞线（Shielded Twisted Pair，STP）。

（2）光纤

光纤是光导纤维的简称，光导纤维是一种传输光束的细而柔韧的介质。光纤是细如头发丝般的透明玻璃丝，其主要成分为石英。光纤主要用来传导光信号，由纤芯、包层、涂覆层组成，如图 7.10 所示。

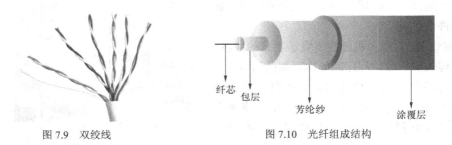

图 7.9　双绞线　　　　　　　　　图 7.10　光纤组成结构

利用光纤作为介质进行信息传输时，在发送端需将表示信息的电信号经过光电转换装置转换成光信号，沿着光纤传送至接收端，然后由光敏二极管还原成原来的电信号。光纤分为单模光纤和多模光纤。

（3）无线传输介质

无线传输介质不需要光纤和电缆，而是通过大气传输，如微波、红外线、激光等。无线传输广泛地应用于电话领域，现在已广泛应用于局域网无线传输，能在一定范围内实现快速、高性能的计算机联网。

7.1.7　局域网基础

1．局域网的基本概念

局域网是指局限在一定地理范围内的若干数据通信设备通过通信介质互连的数据通信网络。局域网中的数据通信被限制在有限的地理范围内，能使用具有中等或较高数据传输速率的物理信道，并具有较低的误码率。

局域网的硬件组成包括网络服务器、客户机、网卡、传输介质及互连设备。网络服务器是指在网络通信中提供服务或共享资源的设备，客户机在网络中只向服务器提出请求或共享网络资源。

2．局域网的工作模式

（1）客户机/服务器模式

能提供和管理可共享资源的计算机称为服务器，而能使用服务器上的可共享资源的计算机称为客户机。服务器需要运行某种网络操作系统，通常有多台客户机连接到同一台服务器上。客户机除了运行自己的应用程序外，还可以通过网络获得服务器的服务。一旦服务器出现故障或者关闭，整个网络将无法正常运行。

（2）对等模式

对等模式的网络中不使用服务器来管理网络共享资源，在这种网络系统中所有计算机都处于平等地位，一台计算机既可以作为服务器也可以作为客户机。在对等网中，无论哪台计算机关闭，都不会影响整个网络的运行。

3．小型局域网组建

在家庭、办公室或宿舍等场所，把几台电脑组成局域网，共享文件、联机游戏或多台电脑上 Internet 是非常常见的。小型局域网的实现过程如下所述。

（1）选择组网的模式。组网模式主要有两大类，一种是有线，一种是无线。如果使用无线组网，每台计算机需配一个无线网卡，成本较高。有线网络也有两种方案，一种是采用带路由功能的 ADSL Modem 加上交换机，实现 ADSL 共享上网，但组建的网络性能较差；另一种是采用路由器加交换机组网，这种方式成本高但性能却很好。

（2）硬件连接。每台联网计算机都安装网卡及网卡驱动程序，并使用双绞线将计算机与交换机连接。

（3）设置计算机工作组。单击【开始】按钮弹出【开始】菜单，选择【计算机】选项，单击鼠标右键，在弹出的快捷菜单中选择【属性】选项，打开【系统】对话框；单击【更改设置】按钮，打开【系统属性】对话框，选择【计算机名】选项卡，单击【更改】按钮，打开【计算机名/域更改】对话框；选择计算机隶属于【工作组】选项，并输入工作组名称，单击【确定】按钮，如图 7.11 所示。

（4）配置 IP 地址。单击【开始】按钮，弹出【开始】菜单，选择【网络】选项，单击鼠标右键，在弹出的快捷菜单中选择【属性】选项，打开【网络和共享中心】窗口，单击【本地连接】按钮，打开【本地连接状态】对话框，单击【属性】按钮，打开【本地连接属性】对话框，双击【Internet 协议版本 4】选项，打开【Internet 协议版本 4 属性】对话框，选择【自动获得 IP 地址】、【自动获得 DNS 服务器地址】选项，单击【确定】按钮，如图 7.12 所示。

图 7.11　【计算机名/域更改】对话框

图 7.12　IP 地址配置

（5）配置路由器。无线路由的设置步骤如下所述。

① 将有线宽带网线插入无线路由 WAN 口，再用一根网线从 LAN 口与台机或笔记本直连。

② 在 IE 地址栏中输入 http://192.168.1.1，打开【连接到 192.168.1.1】对话框，输入用户名和密码，单击【确定】按钮。

③ 打开路由器页面，如图 7.13 所示。单击【设置向导】选项，打开【设置向导】页面，选择【ADSL 虚拟拨号（PPPoE）】选项，单击【下一步】按钮，输入上网账号、上网口令，单击【下一步】按钮，输入无线网络名称 SSID、无线状态、信道、模式，单击【下一步】按钮，结束设置向导，单击【完成】按钮。

图 7.13　路由器界面

④ 单击【无线参数】选项，打开【无线网络基本设置】页面，输入 SSID 号、频段、模式、安全类型、安全选项、加密方法、无线网络密码，选择【开启无线功能】和【开启安全设置】选项，单击【保存】按钮。

⑤ 单击【DHCP 服务器】选项，打开【DHCP 服务器】页面，选择 DHCP 服务器为【启用】选项，地址池开始地址和地址池结束地址中输入路由器分配的 IP 起始地址和结束地址，单击【保存】按钮。

⑥ 重启路由器后完成设置。

7.2　Internet 基础及应用

7.2.1　Internet 概述

Internet 是指由计算机构成的交互网络。它是一个世界范围内巨大的计算机网络体系，把全球数万个计算机网络、数千万台主机连接起来，包含了难以计数的信息资源，向全世界提供信息服务。Internet 起源于 1969 年美国为了军事需要建立的命名为 ARPANET 的网络，ARPANET 是由美国国防部高级研究规划署（Advanced Research Projects Agency，ARPA）建立，最初它只连接 4 台计算机，后来逐步扩大。到 1972 年此网接入了美国的大学与研究机构，同时制定 TCP/IP 协议，然后逐步扩展到商业及各行各业，到了 20 世纪 80 年代形成了 Internet 网。

我国于 1994 年正式加入 Internet，同时建立和运行自己的域名体系，形成了我国自己的主干网。如中国公用计算机互联网（即 ChinaNet，简称中国公用互联网）、中国教育科研网（CERNET）、中国科学技术网（CSTNET）、中国国家公用经济信息通信网（即 ChinaGBN，简称金桥网）。它们不断发展壮大，特别是进入 21 世纪以来，网络的应用从大学科研机构、企事业等单位进入寻常百姓之家。Internet 丰富的资源与高速发展改变了人们的生活方式，使人们的视野更为开阔，工作、学习和生活也更为便利与多样化。

7.2.2　Internet 的接入方式

1．拨号接入

拨号上网时，MODEM 通过拨打 ISP 提供的接入电话号实现接入。但其传输速率低；对通信线路质量要求很高；无法一边上网，一边打电话。

2．ISDN

综合业务数字网（Integrated Services Digital Network，ISDN）能在一根普通的电话线上提供语音、数据、图像等综合业务，　ISDN 拨号上网速度很快，用户可同时在一条电话线上打电话和上网。

3．ADSL

ADSL（非对称数字用户环路）提供的上行和下行带宽不对称，因此称为非对称数字用户线路。ADSL 把普通的电话线分成电话、上行和下行 3 个相对独立的信道，用户可边打电话边上网。ADSL 可以提供最高 3.5Mbps 的上行速度和最高 24Mbps 的下行速度。

4．Cable MODEM

Cable-MODEM（线缆调制解调器）是利用现成的有线电视（CATV）网进行数据传输，其将数据进行调制后在 Cable（电缆）的一个频率范围内传输，接收时进行解调。传输机理与普通MODEM 不同之处在于它是通过有线电视 CATV 的某个传输频带进行调制解调。

5．DDN 专线

DDN（Digital Data Network）是利用数字信道传输数据信号的数据传输网。它向用户提供高速度、高质量的通信环境和点对点、点对多点透明传输的数据专线出租电路，为用户传输数据、图像、声音等信息。DDN 的租用费较贵。

6．光纤接入

光纤能提供 100～1000Mbps 的宽带接入，具有通信容量大，损耗低、不受电磁干扰的优点，能够确保通信畅通无阻。

7．蓝牙技术

10 米左右的短距离无线通信标准，用来设计在便携式计算机、移动电话以及其他的移动设备之间建立起一种小型、经济、短距离的无线链路。

8．局域网接入

一般采用 NAT（网络地址转换）或代理服务器技术让网络中的用户访问因特网。在组建局域网时，通常需要用一些网络设备将计算机连接起来。常用的局域网组网设备包括集线器、交换机、路由器等。

7.2.3　IP 地址及域名系统

1．IP 地址

（1）IP 地址的概念

IP 地址是网上计算机的标识。Internet 上的每个站点、每台计算机都有一个 IP 地址，并且每个 IP 地址是全球唯一，网上计算机之间依靠 IP 地址相互识别、进行通信。

IP 地址为 4 个字节长，每个字节对应 0～255 间的十进制整数，字节间用圆点分隔。IP 地址由网络号与主机号两部分组成，网络号标识一个逻辑网络，主机号标识网络中的一台主机，如图 7.14 所示。

（2）IP 地址的分类

IP 地址共分为 A、B、C、D、E 5 类，各类 IP 地址结构如图 7.15 所示。D 类地址作为组播地址，用于支持多点传输技术。E 类地址保留为将来使用。

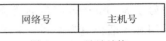

图 7.14　IP 地址结构

常用 A、B、C 3 类地址的网络地址、主机数量及网络规模如表 7.1 所示。

（3）IP 地址的特殊形式

主机地址全为 "1" 和全为 "0" 是专用地址，不能分配。

① 主机地址全为 "1" 的，成为广播地址。例如，一个报文送到 131.60.255.255，也就是将该报文同时送到 131.60 这个网络的所有主机上。

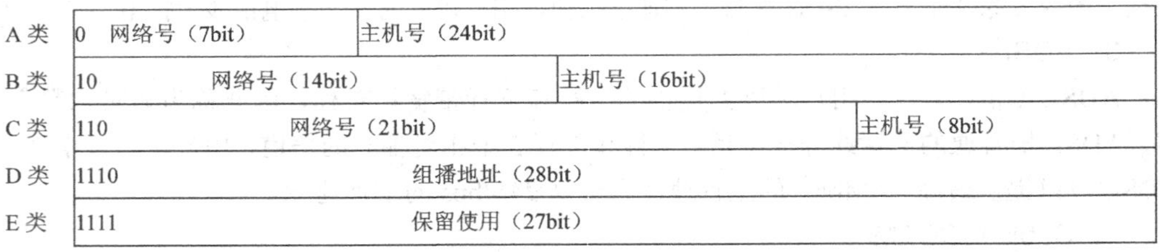

A 类	0 网络号（7bit）		主机号（24bit）		
B 类	10	网络号（14bit）		主机号（16bit）	
C 类	110	网络号（21bit）			主机号（8bit）
D 类	1110	组播地址（28bit）			
E 类	1111	保留使用（27bit）			

图 7.15　各类 IP 地址结构

表 7.1　　　　　　　　　　　　　　　IP 地址的类别与规模

类别	地址范围	网络数	网络中有效主机数	使用网络规模
A 类	1.0.0.0～127.255.255.255	126	16777214	大型网络
B 类	128.0.0.0～191.255.255.255	16383	65534	中型网络
C 类	192.0.0.0～223.255.255.255	2097151	254	小型网络

② 主机地址全为 "0" 的，代表是本网。该种地址常常在路由表中使用，例如，28.0.0.0 和 129.28.0.0 分别代表网络 28 和网络 129.28。

③ 任何网络中，都不可以使用 127 作为网络地址。IP 地址 127.0.0.1 称为自返地址或回送地址，它把信息通过自身接口传送给自己，通常在网络调试时使用该地址；地址 127.1.1.1 用于回路测试；32 位全为 "1"，则规定为在本网内广播的地址。

（4）IPv6

IPv6 是下一版本的 IP 协议，也可以说是下一代 IP 协议。IPv6 采用 128 位地址长度，几乎可以不受限制地提供地址。IPv6 有效地解决了地址短缺的问题，也解决了 IPv4 中的其他缺陷，主要有端到端 IP 连接、服务质量、安全性、多播、移动性、即插即用等。

IPv6 的 128 位地址以 16 位为一个分组，每个 16 位分组写成 4 个十六进制数，中间用冒号分割，称为冒号分十六进制格式。

例如：21DA:00D3:0000:2F3B:02AA:00FF:FE28:9C5A。

所有类型的 IPv6 地址都被分配到接口，而不是节点。IPv6 地址是单个或一组接口的 128 位标识符，IPv6 由前缀+接口标识组成，其中前缀相当于 IPv4 地址中网络 ID，接口标识则相当于 IPv4

地址中的主机 ID。地址前缀长度用/XX 表示。

例如：3ffe:3700:1100:0001:d9e6:0b9d:14c6:45ee/64。

同时 IPv6 在某些条件下可以省略，以下是省略规则。

每项数字前导的 0 可以省略,省略后前导数字依然是 0 则继续,例如下组 IPv6 地址是等价的。

2001:0DB8:02de:0000:0000:0000:0000:0e13

2001:DB8:2de:0:0:0:0:e13

若有连贯的 0000 情形出现，可以用双冒号 ":" 代替，如果 4 个数字都是 0，可以都省略。下组 IPv6 地址是等价的。

2001:DB8:2de:0:0:0:0:e13

2001:DB8:2de::e13

此外 IPv4 地址很容易转化为 IPv6 格式。

例如，IPv4 一个地址为 135.75.43.52，可以转换为 IPv6 为 0000:0000:0000:0000:0000:0000:874B:2B34 或者:: 874B:2B34。

2. 域名系统

域名系统（Domain Name System，DNS）是因特网上作为域名和 IP 地址相互映射的一个分布式数据库，能够使用户更方便地访问互联网，而不用记住能被机器直接读取的 IP 数串，DNS 采用层次结构，域名由主机、子域、二级域和顶级域构成，如图 7.16 所示。

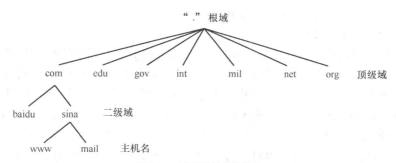

图 7.16 域名系统层次结构

最上层是根，用 "." 表示，根服务器主要用来管理互联网的主目录，全世界只有 13 个不同 IP 地址的根域名服务器。根域下面是顶级域名，主要有 com、edu、gov、net 等，域名的分配和管理由国际互联网中心（InterNIC）负责。顶级域名分两类：一类表示组织性质，如 com；另一类是地域性质，如 cn 表示中国。顶级域名下是二级域名，通常由 InterNIC 授权给其他单位或组织管理。二级域名下面还可以再设置三级域名，三级域名的管理一般由二级域名所有者负责。

域名只是为用户提供一种方便记忆的手段，计算机之间不能直接使用域名进行通信，仍然要使用 IP 地址来完成数据传输，所以当 Internet 应用程序接收到用户输入的域名时，必须找到与该主机名对应的 IP 地址，然后利用找到的 IP 地址将数据送往目的主机。这种从域名到 IP 地址转换称为域名解析，而域名解析是由 DNS 服务器完成的。

7.2.4 Internet 应用

1. 万维网

WWW（World Wide Web）称为万维网，WWW 服务又称为 Web 服务，是目前 Internet 上最方便、

最受欢迎的信息服务类型。WWW 是以超文本标注语言（Hyper Text Markup Language，HTML）与超文本传输协议（Hyper Text Transfer Protocol，HTTP）为基础，提供 Internet 服务，具有一致的用户界面信息浏览系统。Internet 采用超文本和超媒体信息组织方式，将信息链接扩散到整个 Internet 上。

（1）统一资源定位器 URL

统一资源定位器（Uniform Resource Locator，URL），是用来指出某项信息所在位置及存取方式。Internet 上每个网页都有一个唯一的名称标识，通常称为 URL 地址，这种地址可以是本地磁盘，也可以是局域网上的某台计算机，更多的是 Internet 上的站点。简单地说，URL 就是 Web 地址，俗称"网址"。它的语法结构如下。

协议名称://主机名称：端口号/文件路径/文件名

URL 中的协议最常见的有 http、ftp（文件传输协议）、telnet（远程登录服务协议）。如 telnet://bbs.nstd.edu。

URL 中的主机部分一般与服务类型相一致，如提供 Web 服务的 Web 服务器，其主机名往往是 www；提供 FTP 服务的，主机名往往是 ftp。如 ftp://ftp.microsoft.com。

用户程序使用不同 Internet 服务与主机建立连接时，一般要使用某个默认的 TCP 端口号，又称逻辑端口号。如 Web 服务器使用端口 80，Telnet 服务器使用端口 23。当端口号使用默认标准值时不用输入；某些服务可能使用非标准端口号则必须在 URL 中指明端口号。例如，http://www.microsoft.com:23/exploring/exploring.html，其中协议名为 http，主机名为 www.microsoft.com，端口为 23，存放文件路径为 exploring，文件名称是 exploring.html。

（2）超文本传输协议 HTTP

超文本传输协议 HTTP（Hyper Text Transfer Protocol）是用于从 WWW 服务器传输超文本到本地浏览器的传输协议。它可以使浏览器更加高效，使网络传输减少。它不仅保证计算机正确快速地传输超文本文档，还确定传输文档中的哪一部分，以及哪部分内容首先显示（如文本先于图形）等。

HTTP 是客户端浏览器或其他程序与 Web 服务器之间的应用层通信协议。在 Internet 的 Web 服务器上存放的都是超文本信息，客户机需要通过 HTTP 协议传输所要访问的超文本信息。HTTP 包含命令和传输信息，不仅可用于 Web 访问，也可以用于其他因特网/内联网应用系统之间的通信，从而实现各类应用资源超媒体访问的集成。

在浏览器的地址栏里输入网站地址 URL 或单击超级链接时，URL 就确定了要浏览的地址。浏览器通过超文本传输协议（HTTP），将 Web 服务器上站点的网页代码提取出来，并翻译成网页。

2．电子邮件

电子邮件（E-mail）又称电子邮箱，是一种用电子手段提供信息交换的通信方式，是 Internet 应用最广泛的服务之一。这种电子邮件可以是文字、图像、声音等各种方式。

电子邮件的格式为：用户名@主机域名。

用户名是申请电子邮箱时用户自己起的名字。分隔符"@"用于将用户名与域名分开，读作"at"。主机域名是邮件服务器的 Internet 地址。

电子邮件系统采用 SMTP 协议进行邮件传递，它是 TCP/IP 协议的一部分。电子邮件的传送过程如图 7.17 所示。

寄件者发送电子邮件经过本地邮件传送代理（Mail Transfer Agent，MTA）传送到 Internet 上，再传到接收方的远程邮件传送代理，收件者接收时可将邮件下载到个人计算机中。若收件者不想阅读电子邮件，电子邮件将一直存放在接收方的电子邮件服务器上。

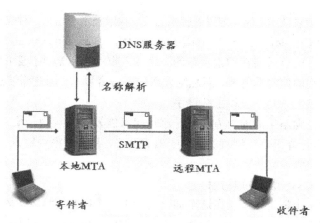

图 7.17　电子邮件的传递过程

（1）邮箱申请

在 IE 地址栏中输入 https://passport.sohu.com/signup，打开搜狐电子邮箱注册页面，输入账号、密码、手机密码、验证码，单击【立即注册】按钮。

（2）邮件接收

在 IE 地址栏中输入 https:// mail.sohu.com，打开搜狐电子邮箱登录页面，输入注册的账号和密码，单击【登录】按钮，打开电子邮箱首页，单击【收件箱】选项查看邮件。

（3）邮件发送

电子邮箱首页中，单击【写邮件】按钮，打开电子邮箱写信页面，输入收件人地址、邮件主题、邮件内容和附件后，单击【发送】按钮，如图 7.18 所示。

图 7.18　发送邮件

如果要发送给多人，可在【收件人】中输入多个电子邮箱地址，每个电子邮箱地址用"；"隔开。

3．信息检索

信息检索（Information Retrieval）是指知识有序化识别和查找的过程。广义信息检索包括信息检索与储存，狭义信息检索是根据用户查找信息需要，借助检索工具从信息集合中找出所需要的信息过程。

搜索引擎是随着 Web 信息技术应用迅速发展起来的信息检索技术，它是一种快速浏览和检索信息的工具。著名的搜索引擎有 Google、Yahoo、Baidu、Bing、NHN、eBay、timewarner、Ask、Yandex、Alibaba。

使用搜索引擎搜索信息只要在搜索引擎的文字输入框中输入需要搜索的单个关键字即可。但使用单个关键字搜索到的信息非常多，而且绝大多数不符合要求，因此需要进一步缩小搜索范围。

（1）搜索结果要求包含两个及以上关键字

要获得更精确的检索结果的简单方法就是添加尽可能多的检索词，检索词之间用一个空格隔开。例如，搜索"大学计算机基础课程案例"的相关信息，在搜索框内输入"计算机基础 课程 案例"就会获得理想的检索结果。

（2）搜索结果要求不包含某些特定信息

如果要避免搜索某个词语，可以在这个词语前加上一个减号（"-"英文字符），减号前必须留一个空格，但减号和检索词之间不能留空格。例如，搜索"Internet 发展历史"，但不包含"中国历史"的信息，在搜索框内输入"Internet 发展历史 -中国历史"。

（3）搜索结果至少包含多个关键字中的任意一个

如果要网页中，要么有 A，要么有 B，要么同时有 A 和 B，搜索"A OR B"。例如，搜索网页包含有"ARPnet"和"NSFnet"关键词中的一个或两个，在搜索框内输入"ARPnet OR NSFnet"。

（4）对搜索的网站进行限制

"site"表示搜索结果局限于某个具体网站或域名，如果要排除某个网站或者域名范围的页面，只需要" –网站/域名"。例如，搜索中国教育网站（edu.cn）上关于 Internet 发展历史的页面，在搜索框内输入"Internet 发展历史 site:edu.cn"。

（5）某类文件中查找信息

"filetype:"可以搜索.xls、.ppt、.doc、.rtf、.pdf、.swf 文档等。例如，搜索几个关于宇宙黑洞的 office 文档，在搜索框内输入"宇宙黑洞 filetype:doc OR filetype:doc OR filetype:doc"。

（6）搜索的关键字包含在网页标题中

对网页标题栏进行查询，用"intitle"。例如，查找篮球明星姚明的照片集，在搜索框内输入"intitle:姚明 '照片'"。

（7）搜索的关键字包含在 URL 链接中

限定搜索范围在 URL 链接中，使用"inurl"搜索关键字。在用 inurl 的时候，尽量使用英文，因为中文会被进行 URL 编码。例如，搜索 url 中的 MP4 网页，在搜索框内输入"inurl：mp4"。

4．网络购物

网络购物是把传统的商店直接"搬"回家，利用 Internet 直接购买自己需要的商品或享受自己需要的服务，它是电子商务的一个重要组成部分。按照 CNNIC 的调查，网络购物的好处包括：送货上门、比较方便、价格便宜、节省时间、商品品种较多、比传统购物效率高等。网上购物的主要步骤如下所述。

（1）在 IE 地址栏中输入 https://login.dangdang.com/register.aspx，打开当当网注册页面，输入邮箱/手机号码、登录密码、验证码，单击【立即注册】按钮。

（2）IE 地址栏中中输入 https://login.dangdang.com/signin.aspx，打开当当网登录页面，输入注册的邮箱/手机号码和密码，单击【登录】按钮。打开网站首页，选购好商品后单击【立即购买】按钮，打开【订单结算】页面，输入收货地址、送货方式、支付方式，单击【提交订单】按钮。

（3）打开【支付中心】页面，选择网上银行或平台进行支付。

（4）网上支付成功后等待卖家发货。收货后，一般网店支持一周内商品退换货服务；淘宝还需买家在网站上确认收货后，买家打到第三方平台上的货款才能转到商家账户上。

5. 微博

微博，即微型博客（MicroBlog）的简称，是一种通过关注机制分享简短实时信息的广播式社交网络平台。用户可通过 WEB、WAP 等各种客户端组建个人社区，以 140 字（包括标点符号）的文字更新信息，并实现即时分享。微博作为一种分享和交流平台，更注重实效性和随意性，能表达出每时每刻的思想和最新动态。

微博的注册与使用操作步骤如下所述。

（1）在 IE 地址栏中输入 http://weibo.com/signup/signup-php，打开新浪微博注册页面，输入手机号、密码、激活码，单击【立即注册】按钮。

（2）IE 地址栏中输入 http://weibo.com/login，打开新浪微博登录页面，输入会员账号/手机号和密码，单击【登录】按钮。打开微博首页，在微博输入框中输入文字，单击【发布】按钮，如图 7.19 所示。

图 7.19　发布微博

6. 网络云盘

云盘是互联网存储工具，是互联网云技术的产物，它通过互联网为企业和个人提供信息存储、读取、下载等服务。云盘具有安全稳定、海量存储的特点。比较知名而且好用的云盘服务商有：百度云盘、金山云盘、微云盘、Windows SkyDrive、360 云盘等。

百度云盘的使用操作步骤如下所述。

（1）在 IE 地址栏中输入 https://passport.baidu.com，打开注册百度账号页面，输入手机号/用户名、密码、验证码，单击【注册】按钮。

（2）在 IE 地址栏中输入 https://pan.baidu.com，打开登录百度云盘页面，输入手机/用户名、密码，单击【登录】按钮，打开百度云网盘页面，单击【上传】按钮弹出【打开】对话框，在其中选择文件，单击【打开】按钮，上传该文件，如图 7.20 所示。

图 7.20　百度云网盘上传文件

（3）在百度云网盘页面中选中需下载的文件，单击【下载】按钮，该文件可下载。

（4）当文件较大时，可使用百度云盘的"百度云管家"上传或下载文件，如图 7.21 所示。

图 7.21　百度云管家

7．微信

微信是腾讯公司于 2011 年 1 月 21 日推出的一个为智能终端提供即时通信服务的免费应用程序。微信支持快速发送免费（需消耗少量网络流量）语音短信、视频、图片和文字，提供公众平台、朋友圈、消息推送等功能，还可将内容分享给好友以及将用户看到的精彩内容分享到微信朋友圈。

微信的使用操作步骤如下所述。

（1）微信有几种版本，支持 iPhone、Android、Windows phone、塞班平台的手机，所以不同的手机需要对应平台下载。下载后安装微信软件。

（2）打开微信应用程序，点击【注册】按钮，打开注册界面，输入昵称、手机号码、密码，点击【注册】按钮。

（3）打开微信应用程序，点击【登录】按钮，打开登录界面，输入手机号码和密码，点击【登录】按钮，打开微信界面。

（4）点击【通讯录】按钮，打开【通讯录】界面，点击朋友头像，打开朋友【详细信息】界面，点击【发消息】按钮，打开消息窗口，发送文字、图片、视频、语音，转账和红包等。微信中可以撤回两分钟内发出的最后一条消息。

（5）点击【+】按钮，弹出菜单中选择【添加朋友】选项，如图 7.22 所示。打开【添加朋友】窗口，输入微信号、QQ 号、手机号，点击【搜索】按钮，添加朋友。

（6）点击【+】按钮，弹出菜单中选择【添加朋友】选项，打开【添加朋友】窗口，点击【公众号】选项，打开公众号搜索窗口，输入公众号，点击【搜索】按钮，订阅公众号。

图 7.22　微信添加朋友

（7）点击【+】按钮，弹出菜单中选择【收付款】选项，打开【收付款】界面，点击【付】按钮，打开付款界面，扫描二维码完成向商家付款。

（8）点击【发现】按钮，打开【发现】界面，选择【朋友圈】选项，打开朋友圈界面。长按【照相机】按钮，弹出【发表文字】窗口，输入文字，点击【发送】按钮。完成朋友圈信息发布。

7.3 网络安全

7.3.1 网络安全的定义

网络安全的具体含义随着使用者的变化而变化，使用者不同对网络安全的认识要求也不同。例如对于普通使用者，可能仅仅希望个人隐私或机密信息在网络上传输时受到保护，避免被窃听、篡改和伪造；而网络提供商除了关心基本网络信息安全外，还考虑如何应付突发的网络攻击对网络硬件的破坏，以及在网络出现异常时如何恢复网络通信，保持网络通信的连续性。

本质上讲，网络安全包括组成网络系统的硬件、软件及其在网上传输信息的安全性，使其不至于因偶然或者恶意的攻击遭到破坏，网络安全既有技术方面的问题也有管理方面的问题，两方面互相补充、缺一不可。

7.3.2 中国互联网的安全现状

1. 信息和网络的安全防护能力较差

随着 1995 年以来多个上网工程全面启动，我国各级政府、企事业单位、网络公司等陆续设立自己的网站，电子商务也正以前所未有的速度迅速发展，而许多应用系统安全防御能力很差，很多网站基本没有做安全防范措施，存在极大的信息安全风险和隐患。

2. 信息安全管理机构权威性不够

目前，国家经济信息安全管理条块分割、相互隔离，极大妨碍了国家有关法规的贯彻执行，难以防范境外情报机构和"黑客"的攻击。国家在信息安全问题上缺少专门的权威机构。信息安全相关的民间管理机构与国家信息化领导机构之间还没有充分沟通协调。

3. 全社会的信息安全意识淡薄

有人认为我国信息化的程度不高，更没有广泛联网，互联网用户数量也不多，信息安全事件在我国不可能发生，要发生也是多年以后的事情，处在"居危思安"的心态中。

如果不能切实解决以上问题，我国互联网安全将面临严重威胁，在激烈的信息争夺和信息战中，会处于被动挨打的地位。因此，充分重视互联网的安全问题已经迫在眉睫。

7.3.3 常见的网络安全威胁

1. 黑客攻击

黑客一词源于英文 hacker，原意是指那些长时间沉迷于计算机的程序迷，现在"黑客"一词的普遍含义是指非法入侵计算机系统的人。黑客主要是利用操作系统和网络的漏洞、缺陷获得口令，从网络外部非法侵入，进行不法行为。

2．病毒及木马攻击

计算机病毒是指一种入侵程序，它可以通过插入自我复制的代码的副本感染计算机，并删除重要文件、修改系统或执行其他的操作，从而造成对计算机上数据或计算机本身的损害。

木马的全名为"特洛伊木马"，是一种基于客户端/服务器模式的远程控制程序，具有隐蔽性和非授权性。隐蔽性是指木马的设计者为了防止木马被发现，会采用多种形式隐藏木马，即使服务器端发现感染了木马，也不容易确定木马的位置。非授权性是指一旦控制端与服务端连接后，控制端会窃取服务端的大部分操作权限。

木马的传播方式主要有两种，一种是通过电子邮件，控制端将木马程序以附件形式发送出去，收信人只要打开附件就会感染木马；另一种是通过软件下载，一些非正规网站或被黑客攻击过的网站以提供软件下载的名义将木马捆绑在软件安装程序中，下载后只要运行该程序，木马就会在后台自动安装。

3．操作系统安全漏洞

任何操作系统都会存在漏洞，这些漏洞大致分为两部分，一部分是由设计缺陷造成的，另一部分则是由使用不当所致。

因系统管理不善所引发的安全漏洞主要是系统资源或账号权限设置不当。很多操作系统对权限所设定的默认值不安全，而管理员又没有更改默认设置，这些疏忽所引发的后果往往是灾难性的。例如，权限较低的用户一旦发现自己可以改变操作系统本身的公用程序库时，就很可能利用这一权限，用自己的程序库替代系统中原有的库，从而在系统中为自己开辟了暗门。

4．网络内部安全威胁

网络内部安全威胁主要是指内部涉密人员有意无意地泄密、更改记录信息，内部非授权人员有意无意浏览机密信息、更改网络配置和记录信息，内部人员破坏网络系统等。

导致网络内部安全攻击主要有几种情况：首先，内部网的用户防范意识薄弱或计算机操作技能有限，导致无意中把重要涉密信息或个人隐私信息存放在共享目录下，造成信息泄露；其次，内部管理人员有意无意泄露系统管理员的用户名、口令等关键信息，泄露内部网的网络结构以及重要信息的分布情况而遭受攻击；最后，内部人员为谋取个人私利或因对公司不满，编写程序通过网络进行传播，或故意把黑客程序放在共享资源目录中做陷阱，趁机控制并入侵内部网的其他主机。

7.3.4 网络安全常用防护技术

从应用角度出发，网络安全技术大致包括以下几个方面：实时硬件安全技术、软件系统安全技术、数据信息安全技术、网络站点安全技术、病毒防治技术、防火墙技术。其核心技术是数据加密技术、病毒防治技术和防火墙技术。

1．加密技术

加密技术是解决网络信息传输安全的主要方法，其核心是加密算法的设计。加密算法按照密钥的类型，可分为非对称密钥加密算法和对称密钥加密算法。

（1）非对称密钥加密

非对称密钥加密算法需要两个密钥：公开密钥和私有密钥。公开密钥和私有密钥是一对，如果用公开密钥对数据进行加密，只有对应的私有密钥才能解密；如果用私有密钥对数据进行加密，只有用对应的公开密钥才能解密。因为加密和解密使用不同的密钥，所以这种算法称为非对称加密算法。

（2）对称加密技术

对称加密的特点是文件加密和解密使用相同的密钥，即加密密钥也可以用作解密密钥。对称加密算法使用起来简单快捷、密钥较短，而破译困难。另一个对称密钥加密系统是国际数据加密算法，它加密性好，而且对计算机功能要求也不高。

2．防火墙技术

网络防火墙技术是一种用来加强网络之间访问控制，防止外部网络用户以非法手段进入内部网络，保护内部网络的特殊网络互连设备。根据防火墙采用的技术不同，它分为：包过滤型、网络地址转换型、代理型和监测型。

（1）包过滤型

网络上的数据以"包"为单位进行传输，数据被分割成一定大小的数据包，每个数据包中会包含一些特定信息。防火墙通过读取数据包中的地址信息来判断这些"包"是否来自可信任的安全站点，一旦发现来自危险站点的数据包，防火墙将这些数据拒之门外。

（2）网络地址转换型

网络地址转换是用于把 IP 地址转换成临时、外部 IP 地址技术。在内网通过安全网卡访问外网时，系统将外出源地址映射为伪装地址，让伪装地址通过非安全网卡与外网连接，从而隐藏了真实内网地址。在外网通过非安全网卡访问内网时，不知道内网连接情况，只是通过一个开放的 IP 地址来请求访问。防火墙根据预先定义好的映射判断这个访问是否安全。

（3）代理型

代理服务器位于客户机与服务器之间。当客户机需要使用服务器上的数据时，首先将数据请求发给代理服务器，代理服务器再根据请求向服务器索取数据，然后由代理服务器将数据传输给客户机。由于外部系统与内部服务器间没有直接数据通道，外部恶意侵害很难伤害到内网。

（4）监测型

监测型防火墙能对各层的数据进行主动、实时的检测，在对这些数据加以分析的基础上可以有效判断出各层中的非法入侵。同时，监测型防火墙带有分布式探测器，这些探测器安置在各种应用服务器和其他网络节点中，既能检测来自网络的外部攻击，也能对内部恶意破坏有较强防范作用。

3．防病毒技术

（1）病毒预防技术

病毒预防技术是指通过一定技术手段防止计算机病毒对系统的破坏。计算机病毒的预防应包括对已知病毒的预防和未知病毒的预防。预防病毒技术包括：磁盘引导区保护、加密可执行程序、读写控制技术、系统监控技术等。

（2）病毒检测技术

计算机病毒检测技术是通过一定技术判断出计算机病毒的技术。一种是判断计算机病毒特征的监测技术。病毒特征包括病毒关键字、传染方式、文件长度等；另一种是文件自身检测技术，通过对文件自身特征检验，如出现差异，即表示该文件染上病毒，达到病毒检测目的。

（3）病毒消除技术

计算机病毒的消除技术是计算机病毒检测技术发展的必然结果，是计算机病毒传染程序的逆过程。但由于杀毒软件的更新是在病毒出现后才能研制，有很大的被动性和滞后性，而且由于计算机软件要求的精确性，致使某些变种病毒无法消除，因此应经常升级杀毒软件。

7.4 网络新技术

7.4.1 移动互联网

　　移动互联网（MobileInternet，简称 MI）从网络角度来看，是指以宽带 IP 为技术核心，可同时提供语音、数据、多媒体等业务服务的开放式网络；从应用角度来看，是指使用智能移动终端，通过移动无线通信方式访问互联网并使用互联网业务和服务的新兴业务。

　　早期移动互联应用，大多数是把固定互联网业务向移动终端移植，实现移动互联网与固定互联网相似的业务体验。现在移动互联网的应用，是结合移动通信与互联网功能而进行的有别于固定互联网的业务创新，将移动通信的网络能力与互联网的网络与应用能力进行融合，创新出适合移动互联网的新业务，如图 7.23 所示。

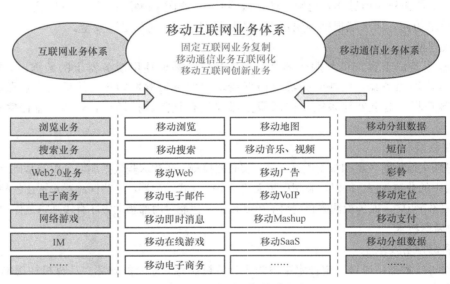

图 7.23　移动互联网服务

　　目前移动互联网业务模式有以下十种。

　　（1）移动社交。在移动网络虚拟世界里面，服务社区化将成为焦点，社区可以延伸出不同用户体验，提高用户对企业黏性。移动社交成为客户数字化生存的平台。

　　（2）移动广告。手机广告是一项具有前瞻性的业务形态，可能成为下一代移动互联网繁荣发展的动力因素。

　　（3）手机游戏。随着产业技术的进步，移动设备终端上会发生一些革命性的质变，带来用户体验的跳跃。手机游戏作为移动互联网的杀手级盈利模式，无疑将掀起移动互联网商业模式的全新变革。

（4）手机电视。手机用户主要集中在积极尝试新事物、个性化需求较高的年轻群体，这样的群体在未来将逐渐扩大。

（5）移动电子阅读。因为手机功能不断扩展、屏幕更大更清晰、容量逐步提升、用户身份易于确认、付款方便等诸多优势，移动电子阅读正在成为一种流行。

（6）移动定位服务。随身电子产品日益普及，人们对位置信息的需求也日益高涨，移动定位服务需求快速增加。

（7）手机搜索。手机搜索引擎整合搜索概念、智能搜索、语义互联网等概念，综合多种搜索方法，提供范围更宽广的搜索体验，更注重提升用户的使用体验。

（8）手机内容共享服务。手机图片、音频、视频共享被认为是未来手机业务的重要应用。

（9）移动支付。移动支付业务发展预示着移动行业与金融行业融合的深入。

（10）移动电子商务。移动电子商务为用户随时随地提供所需的服务、应用、信息和娱乐，利用手机终端可以方便快捷地选择及购买商品和服务。

7.4.2 云计算

云计算（Cloud Computing）是一种基于互联网的新型计算方式，它通过互联网将庞大的计算处理程序自动分拆成无数个较小的子程序，再交由多部服务器所组成的庞大系统经搜索、计算分析后将处理结果回传给用户。通过这项技术，服务提供者可以在数秒内处理数以千万计甚至数以亿计的信息，并将结果回传。它把存储于个人电脑、移动电话和其他设备上的大量信息和处理器资源集中在一起，协同工作，极大规模上以可扩展的信息技术能力向用户提供随需应变的服务。我们熟悉的搜索引擎、网络邮箱、网络硬盘、在线软件都是云计算的应用形式。

云计算具有超大规模、虚拟化、高可靠性、通用性、动态可扩展性、按需服务、价格低廉、对用户端设备要求较低等特征。

1. 云物联

"云"指云计算，"物联"指物联网。要想很好地理解云物联，必须对云计算和物联网及其二者的关系有一个完整完善的把握。

物联网是指把所有物品通过射频识别等信息传感设备与互联网连接起来，实现智能化识别和管理。"云计算"是指利用互联网的分布性等特点来进行计算和存储。前者是对互联网的极大拓展，而后者则是一种网络应用模式。对于物联网来说，本身需要进行大量而快速的运算，云计算带来的高效率的运算模式正好可以为其提供良好的应用基础。没有云计算的发展，物联网也就不能顺利实现，而物联网的发展又推动了云计算技术的进步，两者缺一不可。

云计算与物联网的结合是互联网络发展的必然趋势，它将引导互联网和通信产业的发展，并将在3～5年内形成一定的产业规模。与物联网结合后，云计算才算是真正意义上的从概念走向应用，进入产业发展的"蓝海"。

2. 云安全

"云安全"是从云计算演变而来的新名词。

"云安全"的策略构想是使用者越多，每个使用者就越安全，因为如此庞大的用户群足以覆盖互联网的每个角落，只要某个网站被挂马或某个新木马病毒出现，就会立刻被截获。

"云安全"通过网状的大量客户端对网络中软件行为的异常监测，获取互联网中木马、恶意程序的最新信息，推送到Server端进行自动分析和处理，再把病毒和木马的解决方案分发到每一个客户端。

　　例如，瑞星公司在投入千万元研发资金后，瑞星病毒防治模式进入互联网化，"云安全"技术也被全面应用到"瑞星全功能安全软件"中，将病毒查杀率提高了 40%～60%。以"云安全"为基础，瑞星还推出了"云服务"，联合众多厂商建立了"瑞星云安全网站联盟"，如图 7.24 所示。将瑞星安全成果直接运用到用户上网的日常应用中，帮助用户监测其网站的安全情况，提升网站的安全性。

图 7.24　瑞星云安全网站联盟

3．云存储

　　"云存储"是在云计算的概念上延伸和发展出来的一个新的概念，是将网络中大量不同类型的存储设备通过应用软件集合起来协同工作，共同对外提供数据存储和业务访问功能的一个系统。当云计算系统运算和处理的核心是大量数据的存储和管理时，云计算系统中就需要配置大量的存储设备，那么云计算系统就转变成为一个云存储系统，所以"云存储"是一个以数据存储和管理为核心的云计算系统。

4．云游戏

　　"云游戏"是以云计算为基础的游戏方式，在"云游戏"的运行模式下所有游戏都在服务器端运行，并将渲染完毕后的游戏画面压缩后通过网络传送给用户。在客户端，用户的游戏设备不需要任何高端处理器和显卡，只需要基本的视频解压能力就可以了。就现今来说，"云游戏"并没有成为家用机和掌机界的联网模式，但是几年后或十几年后，云计算将成为其网络发展的终极方向，这些构想就能够成为现实。主机厂商将变成网络运营商，他们不需要不断投入巨额的新主机研发费用，而只需要拿这笔钱中的很小一部分升级自己的服务器，达到的效果却相差无几。对于用户来说，可以省下购买主机的开支，但得到的却是顶尖的游戏画面（当然对于视频输出方面的硬件必须过硬）。

尽管云计算模式具有许多优点，但是也存在一些问题，如数据隐私问题、安全问题、软件许可证问题、网络传输问题等。

7.4.3 大数据

随着互联网、移动互联网、云计算等技术的发展，以及社交网络、微博、自媒体、基于位置的服务（LBS）等新兴服务的广泛应用，人类社会的数据种类和数据规模正以前所未有的速度增长和积累。现在每时每刻都在产生数据，包括传统的信息管理系统数据但又远远超越了传统数据。例如，智能手机和可穿戴设备的出现，使得我们的位置、行为、甚至身体生理数据等每一点的变化都成为可被记录和分析的数据。由此人类社会进入了大数据时代。

大数据（Big Data），指无法在一定时间范围内用常规软件工具进行捕捉、管理和处理的数据集合，是需要新处理模式才能具有更强的决策力、洞察发现力和流程优化能力的海量、高增长率和多样化的信息资产。大数据具有 4 个特点:Volume（大量）、Velocity（高速）、Variety（多样）、Value（价值）。一是数据量巨大，从 TB 级升到 PB 级（1PB=1024TB）；二是数据类型繁多，现在的数据类型不仅仅包括文本形式，更多的是网络日志、视频、音频、图片、地理位置信息等；三是价值密度低，商业价值高，例如，一部 1 小时视频，在连续不间断监控过程中，有用的数据可能仅一两秒；四是处理速度快，数据处理，遵循"1 秒定律"，可从各种类型数据中快速获取有价值信息。

大数据技术的战略意义不在于掌握庞大的数据信息，而在于对这些含有意义的数据进行专业化处理。换而言之，如果把大数据比作一种产业，那么这种产业实现盈利的关键，在于提高对数据的"加工能力"，通过"加工"实现数据的"增值"。下面是 9 个价值非常高的大数据的应用，这些都是大数据在分析应用上的关键领域。

（1）满足客户服务需求

大数据的应用目前在这个领域中最广为人知。企业非常喜欢搜集社交方面的数据、浏览器的日志、分析出文本和传感器的数据，以便于更加全面地了解客户。比如美国的著名零售商 Target 就是通过大数据的分析得到有价值的信息，精准地预测到客户在什么时候想要小孩。通过大数据的应用，电信公司可以更好地预测出流失的客户，沃尔玛则更加精准地预测哪个产品会大卖，汽车保险行业会了解客户的需求和驾驶水平，政府也能了解到选民的偏好。

（2）业务流程优化

大数据可帮助业务流程的优化。其中大数据应用最广泛的就是供应链以及配送路线的优化。地理定位和无线电频率的识别追踪货物和送货车，利用实时交通路线数据制定更加优化的路线。人力资源业务也通过大数据的分析来进行改进，这其中就包括了人才招聘的优化。

（3）改善我们的生活

大数据也适用于我们生活当中的每个人。我们可以利用穿戴的装备（如智能手表或者智能手环）生成最新的数据，这让我们可以根据我们热量的消耗以及睡眠模式来进行追踪。而且还利用大数据分析来寻找属于我们的爱情，大多数时候交友网站就是大数据应用工具来帮助需要的人匹配合适的对象。

（4）提高医疗和研发

大数据分析应用的计算能力能够在几分钟内就解码整个 DNA，从而制定出最新的治疗方案，更好地理解和预测疾病，帮助病人对于病情进行深入了解。大数据技术目前已经在医院应用监视早产婴儿和患病婴儿的情况，通过记录和分析婴儿的心跳，医生针对婴儿的身体可能会出现的不适症状做出预测，帮助医生更好地救助婴儿。

（5）提高体育成绩

运动员在训练的时候应用了大数据分析技术。比如用于网球比赛的 IBM SlamTracker 工具，使用视频分析可追踪足球或棒球比赛中每个球员的表现，运动器材中的传感器技术也可以获得比赛的数据。

（6）优化机器和设备性能

大数据分析还可以让设备在应用上更加智能化和自主化。例如，大数据工具曾经就被谷歌公司利用研发谷歌自驾汽车。丰田的普瑞就配有相机、GPS 以及传感器，在交通上能够安全的驾驶，不需要人类的干预。大数据工具还可以应用于优化智能电话。

（7）改善安全和执法

大数据现在已经广泛应用到安全执法的过程当中。美国安全局利用大数据打击恐怖份子，甚至监控人们的日常生活；而企业则应用大数据技术防御网络攻击；警察应用大数据工具捕捉罪犯，信用卡公司应用大数据工具监测欺诈性交易。

（8）改善城市

大数据还被应用于改善我们生活的城市。例如基于城市实时交通信息、利用社交网络和天气数据来优化最新的交通情况。目前很多城市都在进行大数据的分析和试点。

（9）金融交易

大数据在金融行业主要应用于金融交易，大数据算法应用于交易决定。现在很多股权的交易都是利用大数据算法进行，这些算法越来越多地考虑了社交媒体和网站新闻，以决定在未来几秒内是买入还是卖出。

7.5　拓展实训

7.5.1　局域网打印机共享

办公室有多台计算机，却只有一台打印机。为提高办公效率，请设置打印机网络共享。

> 提示
>
> （1）在提供共享打印机的计算机上，打开【打印机属性】对话框，选择【共享】选项卡，输入共享名称，单击【确定】选项按钮。
>
> （2）在共享打印机的计算机上，打开【设备和打印机】窗口，单击【添加打印机】选项，选择【添加网络、无线或 Bluetooth 打印机】选项，找到要连接的目标打印机。

7.5.2 学术文献检索

请利用中国知网数据库，检索 2014～2015 年文献篇名中包含"大数据"的全部学术文献，并检索以"大数据"为主题的学术关注度和用户关注度，下载量居前列的相关学术文献信息。

> 提示
>
> （1）单击【高级检索】，输入内容检索条件和发表时间。
>
> （2）【数字化学习研究】区域中，单击【学术趋势搜索】，输入"大数据"，单击【搜索】按钮。

习题 7

一、单项选择题

1. 计算机网络是（　　）相结合的产物。
   - A. 计算机技术和通信技术
   - B. 计算机技术和控制技术
   - C. 微电子技术和通信技术
   - D. 新材料技术和纳米技术

2. 下面各项中不属于网络拓扑结构的是（　　）。
   - A. 总线型
   - B. 星型
   - C. 复杂型
   - D. 环形

3. 以下 IP 地址中，属于 B 类地址的是（　　）。
   - A. 112.213.12.23
   - B. 210.123.23.12
   - C. 23.123.213.23
   - D. 156.123.32.12

4. 域名系统 DNS 的作用是（　　）。
   - A. 存放主机域名
   - B. 存放 IP 地址
   - C. 存放邮件地址表
   - D. 将域名转换为 IP 地址

5. TCP/IP 协议集采用（　　）层结构模型。
   - A. 4
   - B. 5
   - C. 6
   - D. 7

6. 下面各项中（　　）不是正确 IP 地址。
   - A. 202.12.87.15
   - B. 159.128.23.15
   - C. 16.2.3.8
   - D. 126.256.33.78

7. 从网址 www.tongji.edu.cn 可以看出它是中国的一个（　　）站点。
   - A. 商业部门
   - B. 政府部门
   - C. 教育部门
   - D. 科技部门

8. HTTP 是一种（　　）。
   - A. 高级程序设计语言
   - B. 域名
   - C. 超文本传输协议
   - D. 网址

9. 电子邮件中，用户（　　）。
   - A. 只可以传送文本信息
   - B. 可以传送任意大小的多媒体文件
   - C. 可以同时传送文本和多媒体信息
   - D. 不能附加任何文件

10. 合法的 E-Mail 地址是（　　）。
    - A. shi@online.shi.cn
    - B. shj.online.shi.cn
    - C. online.shi.cn@shj
    - D. cn.sh.online.shj

二、填空题

1．从逻辑功能上可把计算机网络分为通信子网和_____。

2．电子邮箱的地址格式为_____。

3．网址是_____的俗称。

4．IPv6 地址由_____位二进制数组成。

5．目前常用的网络连接器主要有中继器、网桥、_____和网关。

三、判断题

1．相对于广域网，局域网的传输误差率很高。 　　　　　　　　　　　　　　（　　）

2．如果需要将邮件发给多个收件人，地址之间用逗号隔开。 　　　　　　　（　　）

3．FTP 的含义是文件传输协议。 　　　　　　　　　　　　　　　　　　　　（　　）

4．DNS 是域名系统的英文缩写，与 IP 地址等同。 　　　　　　　　　　　（　　）

5．Internet 采用的通信协议是 TCP/IP。 　　　　　　　　　　　　　　　　（　　）

第8章 多媒体信息处理技术

随着科技的不断发展和信息时代的来临，集计算机、网络、通信、音频、视频等技术于一体的多媒体技术已广泛应用于各个领域，并深刻影响着我们的日常生活。本章旨在分析多媒体技术的应用需求，围绕图像、音频、动画、视频等多媒体信息进行讲解，使同学们系统、针对地学习相关知识。另外，本章在理论的基础上，配合介绍目前市面上广泛应用的相关软件，使大家既能理解多媒体技术的基本概念和基本原理，又能掌握基本操作等实用技能。

8.1 多媒体信息处理技术概述

8.1.1 多媒体技术的相关概念

1．媒体

媒体是指承载信息的载体。CCITT（国际电话电报咨询委员会）把媒体分成五类：感官媒体、表示媒体、显示媒体、存储媒体和传输媒体。感官媒体指的是用户接触信息的感觉形式，如视觉、听觉、触觉等。表示媒体指的是信息的表示形式，如文字、图形、图像、音频、视频、动画和运动模式等。显示媒体指的是表示和获取信息的物理设备，如显示器、投影仪、打印机、音箱等。存储媒体指的是存储数据的物理设备，如软盘、硬盘、光盘、U盘、磁带等。传输媒体指的是传输数据的物理设备，如光缆、电缆、电磁波、交换设备等。本章所说的多媒体特指表示媒体。

2．多媒体

多媒体（Multimedia）是指利用计算机技术把各种媒体信息结合起来，并进行加工处理的技术。

所谓加工处理主要是指对这些媒体进行录入，以及对信息进行压缩和解压缩、存储、显示、传输等。多媒体集文字、音频、视频和动画于一体，形成一种更自然、更人性化的人机交互方式，从而将计算机技术从人要适合计算机向计算机要适合人的方向发展。特别是随着计算机硬件和软件功能的不断提高，客观上为多媒体技术的实现奠定了基础。多媒体的实质是将不同表现形式的媒体信息数字化并集成，通过逻辑链接形成有机整体，同时实现交互控制，所以数字化与交互集成是多媒体的精髓。

多媒体与我们传统意义的媒体主要有三点不同：一是传统的媒体基本是模拟信号，而多媒体信息都是数字化的；二是传统的媒体只能让人们被动地接受信息，而多媒体可以让人们主动与信息媒体进行交互；三是传统的媒体形式单一，而多媒体是两种以上不同媒体信息的有机集成。

3．多媒体技术

多媒体技术起源于计算机数据处理、通信、大众传媒等技术的发展与融合，目的是为了实现多种媒体信息的综合处理。计算机厂家试图将视听节目的处理能力扩展到电脑产品，而家用电器制造商则希望利用新技术（计算机、激光等）更新家电产品（如电视机）的功能和性能，通信产品制造商更是为此不断研发能支持多种媒体信息传输的通信网络。最早研究和提出多媒体系统的工业界代表有 IBM、英特尔等公司，以及家用电器公司的代表飞利浦、索尼等，相应推出能够交互式综合处理多媒体信息的设备和系统。多媒体技术是以计算机（或微处理芯片）为中心，把数字、文字、图形、图像、声音、动画、视频等不同媒体形式的信息集成在一起，进行加工处理的交互性综合技术。

4．多媒体的元素

多媒体的媒体元素主要包含文本、图形、图像、音频、视频和动画等媒体元素。

文本是指各种文字，包括各种字体、尺寸、格式及色彩的文本。通常使用的文本文件的格式是.DOC、.DOCX、.TXT 等。文本数据可以在文本编辑软件中制作，如微软公司的 Word 软件。用扫描仪也可获得文本文件，但一般多媒体文本都直接在制作图形的软件或多媒体编辑软件中制作。文本的多样化是由文字的变化，即文字的格式、位置、字体、大小以及这四种变化的各种组合形成。

图形是指由外部轮廓线条构成的矢量图，即由计算机绘制的直线、圆、矩形、曲线、图表等。可任意缩放，并且不会失真。图形是使用专门软件将描述图形的指令转换成屏幕上的形状和颜色，一般描述轮廓不是很复杂且色彩也不是很丰富的对象，如几何图形、工程图纸等。图形通常用 AutoCAD 软件等程序编辑，产生矢量图形，可对矢量图形及图元独立进行移动、缩放、旋转和扭曲等变换。图形的关键技术是对图形的控制与再现。

图像是由扫描仪、相机等输入设备捕捉实际画面产生的数字图像，是由像素点阵构成的位图。图像是用数字任意描述像素点、强度和颜色的，在缩放过程中会损失细节或产生锯齿。通过图像软件可进行复杂图像的处理以得到更清晰的图像或产生特殊效果。图像处理软件（美图秀秀 、Photoshop 等）对输入的图像进行编辑处理，主要是对位图文件及相应的调色板文件进行常规性的加工和编辑，但不能对某一部分控制变换。由于位图占用存储空间较大，一般要进行数据压缩。图像的关键技术是对图像进行编辑、压缩、解压缩、色彩一致性再现等。

音频包括音乐和各种音响效果。多媒体计算机形成声音的方式有采样与重放、CD 唱片重放、通过 MIDI 驱动合成器。声音的处理主要指编辑声音和存储声音不同格式之间的转换。声音是由不同频率的声波组合而成的，组合的波形需要进行数模转换，变换成用采样频率和样本量化值来加以描述。这通常需要很大的数据量，所以要对声音文件进行数据压缩，声音在数据压缩的过程中包括语音和音乐的数据压缩。

视频是图像数据的一种，若干连续的图像数据连续播放便形成了视频。视频可来自录像带、摄像机等视频信号源的影像，但由于这些视频信号的输出大多是标准的彩色全电视信号，要将其输入计算机不仅要有视频捕捉卡，实现由模拟向数字信号的转换，还要有压缩、快速解压缩及相应的硬软件播放处理设备。

动画提供了静态图形缺少的瞬间交叉的运动景象，它是一种可感觉到运动相对时间、位置、方向和速度的动态媒体。

8.1.2　多媒体技术的主要内容

多媒体首先要研究媒体。媒体是传播信息的载体，首先就要研究媒体的性质与相应的处理方法。传统的媒体形式对计算机来说主要是文字和数值。但人类更加熟悉的是图形、图像和声音。媒体对人类来说不仅仅是个表示与表达的问题，在很大程度上与人类的知觉与心理有关。例如，对媒体的研究就要弄清人类对视觉和听觉的依赖究竟达到了什么样的程度，从心理学的角度搞清人类的视觉和听觉的特性对媒体的处理将会产生什么样的影响等。

人类的另一个重要的感觉是触觉，在交互性达到更高程度时，触觉就必不可少了。人类的不同感觉器官实际上是同时工作的，每一种感觉之间也会相互影响，产生出"感觉相乘"的效应，加强感觉的效果。对每一种媒体的采集、存储、传输和处理就是多媒体系统要做的首要工作。

多媒体的另一个技术基础是数据压缩。众所周知，各种媒体数据之间具有很大的差别。文本数据即使带有非常复杂的格式说明，它的数据量按现在的标准也不算很大。而基于时间的媒体，特别是高质量的视频数据媒体，哪怕很短的时间都会占用很大的存储空间。尽管现在我们的各种存储设备已经具有很大的容量，通信网络已经具有很大的带宽，但采用相应的压缩技术对媒体数据进行压缩是多媒体数据处理的必要基础。

8.1.3　多媒体技术的基本特征

多媒体技术主要有五个基本特征。

1．交互性

向用户提供了更加有效地控制和使用信息的手段，除了操作上的控制自如（可通过键盘、鼠标、触摸屏等操作）外，在媒体的综合处理上也可做到随心所欲，如屏幕上声像一体的影视图像可以任意定格、缩放，可根据需要配上解说词和文字说明等。

2．数字化

一方面，处理多媒体信息的关键设备是计算机，所以要求不同媒体形式的信息都要进行数字化；另一方面，以全数字化方式加工处理的多媒体信息，具有精度高、定位准确和质量效果好等特点。

3．多样性

是指媒体种类及其处理技术的多样化。多样性使计算机所能处理的信息空间得到扩展和放大，不再局限于数值和文本，而是广泛采用图像、图形、视频、音频等媒体形式来表达思想。此外，多样性还可使人类的思维表达不再局限于线性的、单调的、狭小的范围内，而有了更充分、更自由的空间，即使计算机变得更加人性化。

4．集成性

主要表现在两个方面：一是多种信息媒体的集成；二是处理这些媒体的软、硬件技术的集成。前者主要指多媒体信息的多通道统一获取、统一存储、组织以及表现合成等各方面，其中多媒体信息的组织和表现合成是采用超文本思想通过超媒体的方式实现的，为人们构造了一种非线性的信息组织结构。后者包括两个方面：一是硬件方面，应具备能够处理多媒体信息的高性能计算机系统以及与之相对应的输入/输出能力及外设；二是软件方面，应该有集成一体的多媒体操作系统、多媒体信息处理系统、多媒体应用开发与创作工具等。

5．实时性

由于多媒体技术是多种媒体集成的技术，其声音及活动的视频图像是和时间密切相关的连续媒体，这就决定了多媒体技术必须要支持实时处理。如播放时，声音和图像都不能出现停顿现象。

8.1.4　多媒体技术的应用与发展

目前，多媒体硬件、软件已经能对数据、声音以及高清晰度的图像进行多样化处理。随着丰富多彩的多媒体应用的出现，不仅使原有的计算机技术锦上添花，而且将复杂的事物变得简单，把抽象的东西变得具体。就目前而言，多媒体技术已在商业、教育培训、电视会议、声像演示等方面得到了广泛充分的应用。

1．多媒体技术的应用

（1）在教学方面的应用

在教育中应用多媒体技术是提高教学质量和普及教育的有效途径，使教育的表现形式多样化，可以进行交互式远程教学，同时它还有传统的课堂教学方法不具备的其他优点。计算机辅助教学 CAI（Computer Aided Instruction）是多媒体技术在教育领域中应用的典型范例，它是新型的教育技术与计算机应用技术相结合的产物，其核心内容是指以计算机多媒体技术为教学媒介而进行的教学活动。

（2）在通信方面的应用

多媒体通信有着极其广泛的内容，如今已逐步被采用于可视电话、视频会议等，信息点播 ID 和计算机协同工作 CSCW 系统等正在对人们的生活、学习和工作产生深刻的影响。

（3）个人信息通信中心

个人信息通信中心是把通信、娱乐和计算机融为一体。具体讲地，是把电话、电视、录像机、传真机、音响设备与计算机集成为一体，由计算机完成视频和音频信息的采样、压缩、恢复、实时处理、特技、视频显示和音频输出，形成多媒体技术新产品，即个人办公助理（PDA）。

（4）多媒体信息检索与查询

多媒体信息检索与查询（MIS）将图书馆中所有的数据、报刊资料录入数据库，人们在家中或办公室里就可以在多媒体终端上查阅。目前各大网上商场将它们用以介绍商品的图片和视频输入数据库，顾客在家中就可以查看不同商场中的商品、挑选自己中意的商品。多媒体终端将按顾客的要求显示出其感兴趣的商品信息，如电视机、电冰箱、家具等商品的图像、价钱以及售货员介绍商品性能的配音等。MIS 从用户到信息提供者（数据库）只传送查询命令，所要求的传输带宽较小；而从数据库传送到用户的信息则是大量的。

（5）在家庭领域的应用

多媒体技术已经逐步渗透到了我们日常生活的每一个角落。从园艺、烹饪到室内设计、改造和修理，多媒体已经进入家庭。最终，大多数多媒体项目将通过电视机或只有内置交互用户输入的监视器走入家庭。例如，早在 2007 年 5 月的第十届科技产业博览会上，海信电器就重点推出了数字家庭系统的概念。通过一部可上网的 GPRS 手机，可以遥控空调和窗帘按照指令运行，当陌生人进入海信智能家庭模拟区时，"入侵者"的头像信息将通过彩信传送到主人的手机上。此外，通过一台基于闪联的家庭数字多媒体中心，使用户无论身处家中何处，都能通过一根数据线共享精彩的多媒体文件。从此抛弃布线的烦恼，同时各房间都可以播放媒体库的节目，娱乐节目随时点播。如图 8.1 所示，这种"智能化"正在改变着我们的生活。

（6）虚拟现实

虚拟现实（VR）是采用计算机技术生成一个逼真的视觉、听觉、触觉以及味觉等感官世界，用户可以直接用人的技能和智慧对这个生成的虚拟实体进行考察和操纵。如图 8.2 所示，利用特制的眼镜、头盔、特殊手套和奇特的人机接口可将你带入一个逼真的虚拟世界。虚拟现实需要很强的计算能力才能接近现实。在虚拟现实中，电子空间是由多个三维空间的几何物体组成，物体越多，描绘这些物体的点越多，分辨率越高，用户所看到的画面就越接近现实。观察位置改变时，每一次移动或每一个动作都需要计算机重新计算被观察的所有图像的位置、角度、尺寸以及形状，成千上万次的计算必须有极高的运算速度才能实现。它是多媒体应用的高级境界，其应用前景非常广阔。F-16、波音 777 等飞机在真正飞上天空之前都做了多次模拟飞行试验。在美国加利福尼亚海洋学院和其他商业性海事官员培训学校，由计算机控制的模拟器更直观地教授学生集装箱船的操作以及复杂的装卸过程。

图 8.1 智能居家

图 8.2 VR 眼镜

（7）多媒体技术在其他方面的应用

多媒体技术给出版业带来了巨大的影响，其中近年来出现的电子图书和电子报刊就是应用多媒体技术的产物。电子出版物以电子信息为媒介进行信息存储和传播，是对以纸张为主要载体进行信息存储与传播的传统出版物的一个挑战，用 CD-ROM 或 DVD-ROM 代替纸介质出版各类图书是印刷业的一次革命，如 iReader、Kindle、网易云阅读等。电子出版物具有容量大、体积小、成本低、检索快、易于保存和复制、音像图文信息等优点，前景非常乐观。利用多媒体技术可为各类咨询提供服务，如旅游、邮电、交通、商业、金融、宾馆等。使用者可通过触摸屏进行独立操作，在计算机上查询需要的多媒体信息资料并实现联网操作。

综上所述，多媒体技术的应用非常广泛，具有无限潜力，它将在各行各业中发挥出更大的作用。

2．多媒体技术的发展趋势

多媒体不仅是多学科交汇的技术，也是顺应信息时代需要的产物。网络化发展趋势与宽带网络通信等技术相互结合，使多媒体技术进入科研设计、企业管理、办公自动化、远程教育、远程医疗、检索咨询、文化娱乐、自动测控等领域；多媒体终端的部件化、智能化和嵌入式，提高计算机系统本身的多媒体性能，开发智能化家电。

多媒体技术的发展使多媒体计算机将形成更完善的计算机支撑的协同工作环境，消除了空间距离的障碍，也消除了时间的障碍，为人类提供更完善的信息服务。交互的、动态的多媒体技术能够在网络环境中创建出更加生动逼真的二维与三维场景。人们还可以借助摄像等设备，把办公室和娱乐工具集合在终端多媒体计算机上；可在世界任一角落与千里之外的同行在实时视频会议上进行市场讨论、产品设计，欣赏高质量的图像画面。新一代用户界面（UI）与智能代理等网络化、人性化、个性化的多媒体软件的应用还可使不同国籍、不同文化背景和不同文化程度的人们，通过"人机对话"消除他们之间的隔阂，自由地沟通与了解。

多媒体交互技术的发展，使多媒体技术在模式识别、全息图像、自然语言理解（语音识别与合成）和新的传感技术（手写输入、数据手套、电子气味合成器）等基础上，利用人的多种感觉通道和动作通道（如语音、书写、表情、姿势、视线、动作和嗅觉等）与计算机系统进行交互。蓝牙和 WiFi 通信技术的开发应用，使多媒体网络技术无线化。数字信息家电、个人区域网络、无线宽带局域网、新一代无线互联网通信协议标准、对等网络与新一代互联网络的多媒体软件开发，综合原有的各种多媒体业务，将会使计算机无线网络异军突起，牵起网络时代的新浪潮，使得计算机无所不在，各种信息随手可得。

多媒体终端的部件化、智能化和嵌入式发展趋势，目前多媒体计算机硬件体系结构、视频音频接口软件不断改进，尤其是采用了硬件体系结构设计和软件、算法相结合的方案，使多媒体计算机的性能指标进一步提高。过去 CPU 芯片设计较多地考虑计算功能，主要用于数学运算及数值处理，随着多媒体技术和网络通信技术的发展，需要 CPU 芯片本身具有更高的综合处理声音、文字、图像信息及通信的功能。因此，可以将媒体信息实时处理和压缩编码算法做到 CPU 芯片中。

8.2　多媒体压缩技术

数字化后的音频和视频等媒体信息数据量巨大，当前硬件技术所能提供的计算机存储资源和网络带宽在面对海量数据时往往"力不从心"。数据压缩技术是解决这一问题的关键手段。

8.2.1　压缩的必要性

数据压缩是指在不丢失有用信息的前提下，缩减数据量以减少存储空间，提高其传输、存储和处理效率，或按照一定的算法对数据进行重新组织，减少数据的冗余和存储的空间的一种技术方法。数据压缩包括有损压缩和无损压缩。

在多媒体产生的过程中，数字化充当了极为重要的角色。由于媒体元素种类繁多、构成复杂，使得数字计算机面临的是数值、文字、语言、音乐、图形、动画、静态图像和电视视频图像等多种媒体元素，并且要将它们在模拟量和数字量之间进行自由转换、存储和传输。目前，虚拟现实技术还要实现逼真的三维空间、3D 立体声效果和在实境中进行仿真交互，带来的突出问题就是媒体元素数字化后数据量大得惊人。这样大的数据量，无疑给存储器的存储容量、通信传输率以及计算机的速度都增加了极大的压力。解决这一问题，单纯靠扩大存储器容量的办法是不现实的。数据压缩技术极大地降低了数据量，以压缩形式存储和传输，既节约了存储空间，又提高了通信线路的传输效率，同时也使计算机能实时处理音频、视频信息，保证播放出高质量的视频和音频节目。

8.2.2　压缩的评价标准

压缩的评价标准考虑三个指标：压缩比、图像质量和压缩解压速度。

1．压缩比

压缩性能常常用压缩比来定义，也就是压缩过程中输入数据量和输出数据量之比，我们希望压缩比尽量大。在实际应用中，一种更好的定义是压缩比特流中每个像素所需的比特数。

2．图像质量

图像质量与压缩的类型有关。压缩方法可以分为无损压缩和有损压缩。

3．压缩解压速度

在静态图像中，压缩速度没有解压速度要求严格，处理速度只需比用户能够忍受的等待时间快一些即可。但对于动态视频的压缩与解压缩，速度问题是至关重要的。全动态视频则要求有 25 帧/秒或 30 帧/秒的速度。但这与媒体种类、应用场合、实时性要求、采用的设备特性有关。根据应用场合的不同，可以主要兼顾其一点到两点。

8.3 数字图像技术

8.3.1 数字图像的色彩学基础

1．颜色的基本概念

颜色的三要素是指任何一种颜色都可用亮度、色调和饱和度这 3 个物理量来描述，即通常所说的彩色三要素。人眼看到的任意彩色光都是这三要素的综合效果。

亮度是光作用于人眼时所引起的明亮程度的感觉，它与被观察物体的发光强度有关。由于强度的不同，看起来可能亮一些或暗一些。显然，如果彩色光的强度降到使人眼看不到，其亮度等级就与黑色对应；同样，如果其强度变得很大，那么亮度等级应与白色对应。对于同一物体，照射的光越强，反射的光也越强越亮；对于不同的物体，在相同照射情况下，反射越强的物体看起来越亮。此外，亮度感还与人类视觉系统的视敏函数有关，即便强度相同，当不同颜色的光照射同一物体时也会产生不同的亮度。

色调是当人眼看一种或多种波长的光时所产生的彩色感觉，它反映颜色的种类是否决定颜色的基本特性。例如，红色、棕色等都是指色调。某一物体的色调是指该物体在日光照射下所反射的光谱成分作用于人眼的综合效果，对于透射物体则是透过该物体的光谱综合作用的结果。

饱和度是指颜色的纯度，即掺入白光的程度，或者是指颜色的深浅程度。对于同色调的彩色光，饱和度越高，颜色越鲜明。例如，当红色加进白光之后冲淡为粉红色，其基本色调还是红色，但饱和度降低，即淡色的饱和度比艳色要低一些。饱和度还与亮度有关，因为若在饱和的彩色光中增加白光的成分，会增加光能，因而变得更亮，但是它的饱和度却有所降低。如果在某色调的彩色光中，掺入别的彩色光，则会引起色调的变化，只有掺入白光时才会引起饱和度的变化。通常，把色调和饱和度统称为色度。

综上所述，任何色彩都由亮度和色度所决定，亮度标示着彩色光的明亮程度，而色度则标示颜色的类别和深浅程度。

2．三基色和混色

自然界常见的各种彩色光，都可由红（R）、绿（G）、蓝（B）3 种颜色光按不同比例调配而成。同样，绝大多数颜色也可以分解成红、绿、蓝 3 种色光，这就是色度学中最基本的三基色原理。当然，三基色的选择不是唯一的，也可以选择其他三种颜色为三基色但是，3 种颜色必须是相互独立的，即任何一种颜色都不能由其他两种颜色混合而成。由于人眼对红、绿、蓝这 3 种色光最敏感，因此由这三种颜色相配所得到的彩色范围也最广，所以一般都选择这 3 种颜色作为基色。把 3 种基色光按不同比例相加可以产生混色光。

3．像素和分辨率

像素是构成图像的一个最小单位。它是构成数码影像的基本单元，通常以像素每英寸 PPI（pixels per inch）为单位来表示影像分辨率的大小。它仅仅只是分辨率的尺寸单位，并不是画质。

分辨率就是单位长度中所表达或撷取的像素数目。它决定了位图图像细节的精细程度。通常情况下，图像的分辨率越高，所包含的像素就越多，图像就越清晰，印刷的质量也就越好，但同时也会增加文件占用的存储空间。

8.3.2　计算机中的颜色模式

无论是静态图像处理还是动态图像处理，经常会涉及用不同颜色模式（或颜色空间）来表示图像颜色的问题。定义不同彩色模式的目的是尽可能有效地描述各种颜色，以便需要时做出选择。不同应用领域一般使用不同的颜色模式，如计算机显示时采用 RGB 彩色模式，彩色电视信号传输时采用 YUV 彩色模式，图像打印输出时用 CMY 彩色模式等。在图像处理过程中，根据用途的不同可选择不同的颜色模式编辑色彩。Photoshop 对常用的 4 种颜色模式的表示与调整方法如图 8.3 所示。

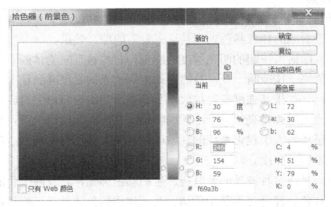

图 8.3　Photoshop 中的四种颜色模式

8.3.3　常用图像文件格式

在计算机发展史上，图像文件格式出现了几十种，本章只介绍应用较为广泛的格式。

1．BMP

BMP 格式是常用的图像存取格式之一，是微软公司为其 Windows 环境设置的标准图像格式，这种格式的特点是包含图像信息比较丰富，几乎不进行压缩，但占用磁盘空间较大。BMP 图形文件是 Windows 采用的图形文件格式，在 Windows 环境下运行的所有图像处理软件都支持 BMP 图像文件格式。

2．JPEG

JPEG 定义了静态数字图像数据压缩编码标准。它是一个适用范围很广的静态图像数据压缩标准，既可用于灰度图像又可用于彩色图像，还适用于电视图像序列的帧内图像的压缩。JPEG文件的扩展名为".JPG"或".JPEG"。

3．TIFF

TIFF 图像文件格式是一种用来存储包括照片和艺术图在内的图像文件格式。

4．GIF

GIF 原意是"图像互换格式"，GIF 文件的数据是一种连续色调的无损压缩格式。目前几乎所有相关软件都支持它，公共领域有大量的软件在使用 GIF 图像文件。GIF 分为静态 GIF 和动画 GIF 两种，它支持透明背景图像，适用于多种操作系统，"体型"很小，网上很多小的动画短片都是 GIF 格式。其实 GIF 是将多幅图像保存为一个图像文件，从而形成动画，所以归根到底 GIF 仍然是图片文件格式。

5．PNG

PNG 是一种新兴的网络图像格式。PNG 是目前保证最不失真的格式，它汲取了 GIF 和 JPG 两者的优点，存储形式丰富，兼有 GIF 和 JPG 的色彩模式；它的另一个特点是能把图像文件压缩到极限以利于网络传输，但又能保留所有与图像品质有关的信息。PNG 同样支持透明图像的制作，透明图像在制作网页图像的时候很有用，我们可以把图像背景设为透明，用网页本身的颜色信息来代替设为透明的色彩，这样可让图像和网页背景很和谐地融合在一起。PNG 的缺点是不支持动画应用效果。Fireworks 软件的默认格式就是 PNG。

6．PSD

PSD 是 Adobe 公司的图形设计软件 Photoshop 的专用格式，PSD 文件可以存储成 RGB 或 CMYK 模式，还能够自定义颜色数并加以存储，还可以保存 Photoshop 的层、通道、路径等信息，是目前唯一能够支持全部图像色彩模式的格式。通常 PSD 格式的文件相对来说比较大，而且能直接识别的软件也较少。

7．其他一些非主流图像格式

（1）PCX 格式是图像处理软件 Paintbrush 开发的一种格式，这是一种经过压缩的格式，占用的磁盘空间较少。由于该格式出现的时间较长，并且具有压缩及全彩色的功能，所以现在仍比较流行。

（2）DXF 格式是 AutoCAD 中的矢量文件格式，它在表现图形的大小方面十分精确。许多软件都支持 DXF 格式的输入与输出。

（3）TGA 格式是由美国 Turevision 公司为其显示卡开发的一种图像文件格式，已被国际上的图形、图像工业所接受。TGA 的结构比较简单，属于一种图形、图像数据的通用格式，在多媒体领域有着很大影响，是计算机生成图像向电视转换的一种首选格式。

（4）PICT 格式是在 Mac 机的 Quickdraw 屏幕语言基础上开发的，属于在 Mac 机上使用的一种图像格式。

8.3.4　常用数字图像处理软件

目前数字处理技术发展迅速，其主要受三个因素的促进和影响：一是计算机的发展，计算机硬件成本下降，价格降低使得更多数字图像处理设备得到普及；二是数学的发展，特别是离散数学理论的创立和完善；三是应用需求的增长，如医学、军事、工业、林业、环境等方面的应用。

数字图像处理的内容主要包括图像的格式、图像变换、图像编码、图像增强、图像复原、图像分析以及模式识别。图像处理可以使用一些图像编辑工具软件实现，当前应用的图形图像处理软件有很多，常见的软件包括 Photoshop、CorelDraw、美图秀秀等。下面就以其中最有代表性的 Photoshop 为例简单介绍其具有的图像处理功能。

　　Photoshop 是 Adobe 公司旗下最为出名的图形图像处理软件之一，也是迄今为止世界上最畅销的图像编辑软件。使用它既可以绘制图形，也可以进行图像扫描、图像编辑、图像合成、图像特效等多种图像处理。它支持几乎所有的图像格式和色彩模式，能够同时进行多图层的处理，也能进行多种美术处理，Photoshop 的操作界面如图 8.4 所示。Photoshop 的操作方便、功能强大，是广大专业和非专业设计人员必备的图形图像处理工具软件。

图 8.4　Photoshop 软件操作界面

1．Photoshop 的图像处理功能

Photoshop 主要有以下几方面的图像处理功能。

　　（1）图像的一般编辑处理，包括对图像进行各种变换，如放大、缩小、旋转、倾斜、透视等，也可进行复制、去除斑点、修补、修饰图像的缺损等操作。图像编辑在婚纱摄影、人像处理制作中有很大的用途，去除图像中不满意的部分，并进行美化加工。

　　（2）图像合成是将几幅图像通过图层操作、蒙版和工具结合应用，合成完整的、传达明确意义的图像。

　　（3）校色调色可方便地对图像的颜色进行明暗、色偏的调整和修正，也可在不同颜色之间进行切换以满足图像在不同领域的要求，如网页设计、印刷、多媒体等方面的应用。

　　（4）特效制作在 Photoshop 中可通过滤镜、通道和工具综合完成，包括图像的特效创意和特效字的制作，如使用素描滤镜对图像或选区图像进行各种艺术处理和变换，从而产生彩色铅笔画、壁画、板画、水粉画、素描、油画、速写等艺术画的效果，使用纹理滤镜产生图像叠加在某种浮雕（纹理）上的特殊效果等。

2．使用 Photoshop 改变图片中颜色

我们可以使用 Photoshop 改变素材图片中衣服的颜色。对照片上人物的毛衣改变颜色，但是不能改变人物及其背景的亮度和饱和素材，通过使用魔术棒工具、调整容差值大小、添加选区按键、调整色相/饱和度等操作实现需要的效果，具体操作步骤如下。

　　（1）在 Photoshop 中打开素材图片，此处以第 8 章素材"更换衣服颜色素材.jpg"为例。

（2）选择魔术棒工具，并将容差调整为80，单击毛衣上方的任意位置，如图8.5所示，毛衣的大部分选区已经被选中。

（3）配合加选区【Shift键】、减选区【Alt键】按键，使用选区工具（此处以椭圆选区工具为例）选择人物的毛衣部分，如图8.6所示。

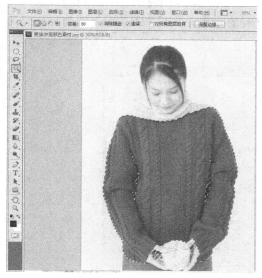

图8.5　魔棒工具的使用

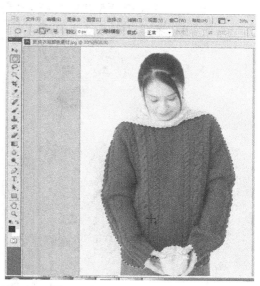

图8.6　加减选区按键的配合使用

（4）改变色相/饱和度。单击【图像】|【调整】|【色相/饱和度】命令，改变图片中选区的颜色。如图8.7所示，将色相调整为"+87"，将图片中的毛衣更改为豆绿色。

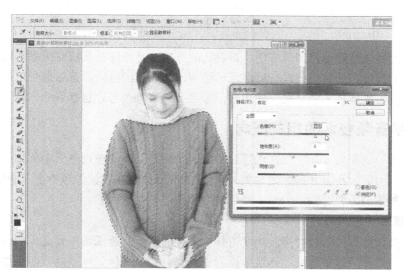

图8.7　调整图像色相

（5）保存图片。取消选区（Ctrl+D）后，单击【文件】|【存储为】命令，将图片保存为".jpg"的格式，如图8.8所示。

相关知识

色相是色彩的最大特征。所谓色相是指能够比较具象地表示某种颜色色别的名称。如玫瑰红、橘黄、柠檬黄、钴蓝、群青、翠绿等等。从光学物理上讲，各种色相是由射入人眼的光线的光谱成分决定的。对于单色光来说，色相的面貌完全取决于该光线的波长；对于混合色光来说，则取决于各种波长光线的相对量。物体的颜色是由光源的光谱成分和物体表面反射（或透射）的特性决定的。

图 8.8　Photoshop 的图片保存

8.4　数字音频技术

音频是人们用来传递信息的最方便、最熟悉的方式，是多媒体系统应用最多的信息载体。随着多媒体技术的发展，计算机处理音频信息已达到比较成熟的阶段。音频信号可以携带大量精确有效的信息。在多媒体技术中，处理的声音信号主要是音频信号，包括音乐、语音等。

8.4.1　数字音频技术的相关概念

音频是通过一定介质（如空气、水等）传播的一种连续波，在物理学中称为声波。声音的强弱体现在声波压力的大小上（和振幅相关），音调的高低体现在声波的频率上（和周期相关）

影响音频质量的主要有采样频率、量化精度和声道数 3 个因素。

1. 采样频率

采样频率是指计算机每秒对声波幅度值样本采样的次数，是描述声音文件的音质、音调以及衡量声卡、声音文件的质量标准，计量单位为 Hz（赫兹）。采样频率越高，即采样的间隔时间越短，则在单位时间内计算机得到的声音样本数据就越多，声音文件的数据量也就越大，声音的还原就越真实自然。在计算机多媒体音频处理中，采样通常采用 3 种频率，即 11.025KHz、22.05KHz 和 44.1KHz。11.025KHz 采样频率获得的是一种语音效果，称为电话音质，基本上能分辨出通话人的声音；22.05KHz 获得的是音乐效果，称为广播音质；44.1KHz 获得的是高保真效果，常见的

CD 采样频率就采用 44.1KHz，音质比较好，通常称为 CD 音质。

2．量化精度

采样得到的样本需变量化，是描述每个采样点样本值的二进制位数。量化位数的大小决定了声音的动态范围。量化位数越高，音质越好，数据量也越大。

3．声道数

声音通道的个数称为声道数，是指一次采样所记录产生的声音波形个数。记录声音时，如果每次生成一个声波数据，称为单声道；每次生成两个声波数据，称为双声道（立体声）。随着声道数的增加，音频文件所占用的存储容量也成倍增加，同时声音质量也会提高。

8.4.2　常见音频格式

（1）WAVE 格式（.WAV）是录音时使用的标准 Windows 文件格式。

（2）MIDI 格式（.MID，.MIDI）是数字音乐/电子合成乐器国际标准。MIDI 本身并不能发出声音，它是一个协议，只包含用于产生特定声音的指令，而这些指令则包括调用何种 MIDI 设备的声音、声音的强弱及持续的时间等。电脑把这些指令交由声卡去合成相应的声音。电脑播放 MIDI 文件时，有两种方法合成声音，即 FM 合成和波表合成。FM 合成是通过多个频率的声音混合来模拟乐器的声音，波表合成是将乐器的声音样本存储在声卡波形表中，播放时从波形表中取出来，产生声音。采用波表合成技术，可以产生更逼真的声音。

（3）MPEG（Moving Picture Experts Group）代表的是 MPEG 活动影音压缩标准，MPEG 音频文件指的是 MPEG 标准中的声音部分，即 MPEG 音频层（Layer）。因此，目前网络上的音乐格式以 MP3 最为常见。

（4）AIFF 是 Apple 公司开发的一种音频文件格式。

（5）RealAudio 格式（.RA/.RAM/.RM）是 Real Networks 公司开发的一种新型音频流文件格式。

（6）Windows Media Audio 格式（.wma）是微软公司推出的与 MP3 格式齐名的一种新的音频格式。由于 WMA 在压缩比和音质方面都超过了 MP3，而且在较低的采样频率下也能产生较好的音质。

（7）OGG Vorbis 格式（.OGG）是一种新的音频压缩格式，类似于 MP3 等现有的音乐格式。但有一点不同的是，它是完全免费、开放和没有专利限制的。它还有一个很出众的特点，就是支持多声道。OGG 这种文件的设计格式是非常先进的，现在创建的 OGG 文件可以在未来的任何播放器上播放，因此这种文件格式可以不断地进行大小和音质的改良，而不影响原有的编码器或播放器。

（8）Advanced Audio Coding 格式（.AAC）是一种专为声音数据设计的文件压缩格式。随着时间的推移，MP3 越来越不能满足我们的需要了，其压缩率落后于 OGG、WMA 等格式，音质也不够理想（尤其是低码率下），仅有两个声道。于是索尼、杜比、诺基亚等公司展开合作，共同开发出了被誉为"21 世纪的数据压缩方式"的 Advanced Audio Coding 音频格式，以取代 MP3 的位置。

8.4.3　常用音频处理软件介绍及简单应用

常用的音频处理软件有 Gold Wave、Adobe Audition（前 Cool Edit Pro）等，大家可以根据自己的需求选择相应的软件进行音频的处理。下面就以我们经常使用的 Cool Edit 为例简单介绍其具有的音频编辑功能。

Adobe Audition（前 Cool Edit Pro）是美国 Adobe Systems 公司（前 Syntrillium Software Corporation）开发的一款功能强大、效果出色的多轨录音和音频处理软件。其主要用于对 MIDI

信号的处理加工，它是一款功能强大的音效处理软件，可以非常方便地对声音效果进行各种处理，其中文界面如图 8.9 所示。

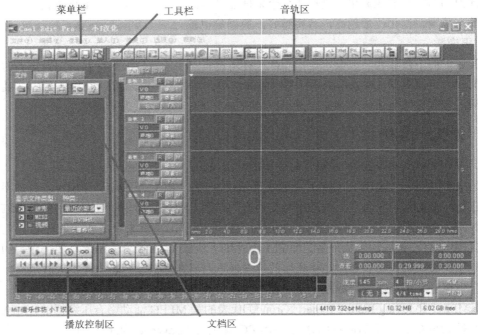

图 8.9 Cool Edit Pro 操作界面

例如，我们使用 Cool Edit Pro 录制翻唱音频。在背景音乐的基础上加入录音，进行降噪处理后完成声道混缩，具体操作步骤如下所述。

（1）单击进入【多轨编辑模式】界面，导入伴奏（单击【文件】菜单选择【打开文件】命令）放置音轨 1，此处以第 8 章素材"记得.MP3"为例。

（2）选择将录音放置在音轨 2，按下"R"按钮，如图 8.10 所示，开始录制翻唱音乐的全部过程。

图 8.10 开始录制翻唱

（3）单击【录音】按钮 正式开始录音。录制完成后再次单击【录音】按钮停止录音。

> 提示　录制时要关闭音箱，通过耳机来听伴奏，跟着伴奏进行演唱和录音，录制前一定要调节好你的总音量及麦克音量，这点至关重要！麦克的音量最好不要超过总音量大小，略小一些为佳。

（4）选择菜单栏【文件】下的【混缩另存为】命令（合并伴奏和人声音轨），选择需要保存的文件类型（保存类型可以是 MP3 或 WAV 等任何音频格式），填入需要保存的文件名以及伴奏和人声合成的音轨，将处理后的歌曲文件保存到需要保存的位置。

> 相关知识
>
> 混缩也就是混音，在音乐的后期制作中把各个音轨进行后期的效果处理，调节音量后最终缩混导出一个完整的音乐文件。混缩是用录音设备把伴奏和人声混合到一起，使二者组成一首完整的歌曲，这个过程叫混缩。

8.5　数字视频技术

如今视频采集技术日趋成熟，拍摄操作越来越简便，人们制作成短片，体验自己制作、编辑视频的乐趣。

8.5.1　常见数字视频文件格式

1．AVI（Audio Video Interleaved）

AVI 即音频视频交错格式，是将语音和影像同步组合在一起的文件格式。所谓"音频视频交错"，就是可以将视频和音频交织在一起进行同步播放。这种视频格式的优点是图像质量好，可以跨多个平台使用；缺点是体积过于庞大，而且压缩标准不统一，最普遍的现象就是高版本 Windows 媒体播放器播放不了采用早期编码编辑的 AVI 格式视频，而低版本 Windows 媒体播放器又播放不了采用最新编码编辑的 AVI 格式视频。我们在进行一些 AVI 格式的视频播放时常会出现由于视频编码问题而造成的视频不能播放的情况，或者即使能够播放但存在不能调节播放进度和播放时只有声音，没有图像等一些问题，那么可以通过下载相应的解码器来解决这些问题。AVI 格式是目前视频文件的主流，这种格式的文件随处可见，比如一些游戏、教育软件的片头，在多媒体光盘中也会有不少的 AVI 文件。

2．MPEG（Moving Picture Experts Group）

由于上网人数与日俱增，传统电视广播的观众逐渐减少，随之而来的便是广告收入的减少，现在的固定式电视广播最终将转向网络直播或广播，观众的收看方式也由简单的遥控器选择频道转为网上视频点播。视频点播不是传统媒体播放模式（先把节目下载到硬盘，再进行播放），而是流媒体视频（点击立即观看，边传输边播放）。现在网上播放视音频的软件有 Real Networks 公司的 Real Media、微软公司的 Windows Media、苹果公司的 Quick Time，它们定义的视音频格式互不兼容，有可能导致媒体流中难以控制的混乱，而 MPEG-4 为网上视频应用提供了一系列的标准工具，使视音频码流具有一致性规范。因此在因特网播放视音频采用 MPEG-4 是个很好的选择。

MPEG-4 具有以下优点。

（1）基于内容的交互性　MPEG-4 提供了基于内容的多媒体数据访问工具，如索引、超级链接、上传、下载、删除等。利用这些工具，用户可以方便地从多媒体数据库中有选择地获取与自己所需的对象有关的内容，并提供了内容的操作和位流编辑功能，可应用于交互式家庭购物。MPEG-4 提供了高效的自然或合成的多媒体数据编码方法，它可以把自然场景或对象组合起来成为合成的多媒体数据。

（2）高效的压缩性，MPEG-4 基于更高的编码效率。同已有的或即将形成的其他标准相比，在相同的比特率下它基于更高的视觉、听觉质量，这就使得在低带宽的信道上传送视频、音频成为可能。同时 MPEG-4 还能对同时发生的数据流进行编码。一个场景的多视角或多声道数据流可以高效、同步地合成为最终数据流，这可用于虚拟三维游戏、三维电影、飞行仿真练习等。

（3）通用的访问性。MPEG-4 提供了易出错环境的顽固性（robustness）来保证其在许多无线和有线网络以及存储介质中的应用。此外，MPEG-4 还支持基于内容的可分级性，即把内容、质量、复杂性分成许多小块来满足不同用户的不同需求，支持具有不同带宽、不同存储容量的传输信道和接收端。这些特点无疑会加速多媒体应用的发展，从中受益的应用领域有因特网多媒体应用、广播电视、交互式视频游戏、实时可视通信、交互式存储媒体应用、演播室技术及电视后期制作、采用面部动画技术的虚拟会议、多媒体邮件、移动通信条件下的多媒体应用、远程视频监控、通过 ATM 网络进行的远程数据库业务等。

3．Real Media 格式

Real Media 格式（RM 格式和 RMVB 格式）是 Real Networks 公司所制定的音频视频压缩规范。RM 格式是 Real 公司对多媒体世界的一大贡献，也是对于在线影视推广的贡献。它的诞生，也使得流媒体文件为更多人所知。这类文件可以实现即时播放，即先从服务器上下载一部分视频文件，形成视频流缓冲区后实时播放，同时继续下载，为接下来的播放做好准备。这种"边传边播"的方法避免了用户必须等待整个文件从 Internet 上全部下载完毕才能观看的缺点，特别适合在线观看影视。RM 主要是用于在低速率的网上实时传输视频的压缩格式，它同样具有小体积而且又比较清晰的特点。RM 文件的大小完全取决于制作时选择的压缩率。所谓 RMVB 格式是在流媒体的 RM 影片格式上升级延伸而来的。它合理地利用了比特率资源，在牺牲少部分影片质量情况下最大限度地压缩了影片的大小，最终拥有了近乎完美的接近于 DVD 品质的视听效果。

4．Windows Media 文件

（1）ASF 格式是 Advanced Streaming Format（高级串流格式）的缩写，是微软公司为 Windows 98 所开发的串流多媒体文件格式。它是一个开放标准，能依靠多种协议在多种网络环境下支持数据的传送。ASF 最适于通过网络发送多媒体流，也同样适于在本地播放。任何压缩/解压缩运算法则（编解码器）都可用来编码 ASF 流。

（2）WMV 格式（WMV 和 WMV-HD）是微软推出的一种流媒体格式，它是在"同门"的 ASF 格式上升级延伸而来的。在同等视频质量下，WMV 格式的体积非常小，因此很适合在网上播放和传输。WMV 文件一般同时包含视频和音频两部分。

5．MOV

MOV 格式即 QuickTime 影片格式，它是 Apple 公司开发的一种音频、视频文件格式，用于存储常用数字媒体类型。QuickTime 视频文件播放程序，除了播放常见视频和音频文件外，还可以播放流媒体格式。

6．MKV

一种后缀为 MKV 的视频文件频繁地出现在网络上，它可在一个文件中集成多条不同类型的

音轨和字幕轨，而且其视频编码的自由度也非常大，它是一种被称为 Matroska 的新型多媒体封装格式，这种先进的、开放的封装格式已经给我们展示了非常好的应用前景，甚至有人把它看成 AVI 的替代者。它是为音、视频提供外壳的"组合"和"封装"格式，换句话说就是一种容器格式，常见的 AVI、VOB、MPEG、RM 格式其实也都属于这种类型。但它们要么结构陈旧，要么不够开放，这才促成了 MKV 这类新型多媒体封装格式的诞生。Matroska 媒体定义了三种类型的文件，其中 MKV 是视频文件，它里面可能还包含有音频和字幕；MKA 是单一的音频文件，但可能有多条及多种类型的音轨；MKS 是字幕文件。这三种文件以 MKV 最为常见，其最大的特点就是能容纳多种不同类型编码的视频、音频及字幕流，甚至连非常封闭的 Real Media 及 QuickTime 这类流媒体也被它包含进去，可以说是对传统媒体格式的一次大颠覆，几乎变成了一个万能的媒体容器。

8.5.2 常用数字视频处理软件介绍

对数码相机、摄像机、视频采集卡或者数码化的视频文件素材，我们可以利用视频处理软件制作出完美的视频作品。下面介绍目前市场上几种常用视频编辑软件。

1. Premiere

Adobe 公司推出的基于非线性编辑设备的音视频编辑软件 Premiere 已经在影视制作领域取得了巨大的成功。现在被广泛地应用于电视台、广告制作、电影剪辑等领域，成为 PC 和 Mac 平台上应用最为广泛的视频编辑软件。它集创建、编辑、模拟、合成动画、视频于一体，综合了影像、声音、视频的文件格式，可以说在掌握了一定技能的情况下，想象的东西都能够实现。

2. 会声会影

会声会影也是一款功能强大的视频剪辑软件，它可以非常方便地对多媒体素材进行处理。Premiere 是较专业人士普遍运用的软件，但对于非专业人士来说，会声会影具有很大亲和性，其中文界面如图 8.11 所示。我们可以完整地看到会声会影的界面，它分为三个区块，即效果预览区、轨道区、素材区。左上方为预览区，我们可以在制作和编辑视频的时候实时观看和预览效果，也可通过这个区块编辑修整素材位置、形状等内容；右上角是素材库及素材属性区，我们可以在此区块内选择要用到的各种素材，例如字幕及滤镜等。此外，我们还可以通过这个区块来设置更详尽的素材参数，例如我们要在视频中添加一段文字，我们就可以在属性区块设置要显示文字的时间、字体等；最下方为轨道编辑区，这里主要是编辑视频的轨道及工作区。

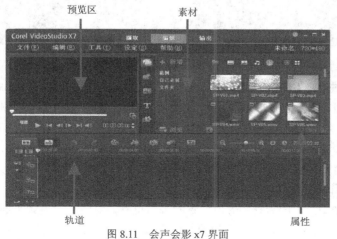

图 8.11 会声会影 x7 界面

例如，我们使用会声会影制作学校宣传片。先添加多张图片，然后为图片添加动画效果，具体操作步骤如下所述。

（1）在【视频轨】中导入背景素材图像，此处以第 8 章素材"跑道.jpg"为例，设置素材的【照片区间】参数为 8s，如图 8.12 所示。

图 8.12 设置背景及区间

> 提示 会声会影在默认情况下插入相片的时长是 3 秒，如果我们要制作电子相册，显然 3 秒是不够的，所以我们需要对这些照片素材的时间长度重新进行调整。在要调整的相片上双击，然后会在右上角的素材库和属性区块的位置出现一个可调整参数的版块，直接在相片时间长度的位置输入该相片及素材的时间长度。例如将视频轨上第一张图片的素材时长调整为 8 秒，即直接在 ⏱ 0:00:03.00 ⏵ 位置输入 8 即可。

（2）将其中的覆叠轨个数增加到 3 个，分别在 3 个【覆叠轨】中单击鼠标右键，在弹出的快捷菜单中执行【插入照片】命令，打开 3 张素材图片，分别设置照片区间为 6 秒、4 秒、2 秒，如图 8.13 所示。

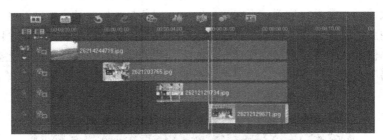

图 8.13 覆叠轨的添加及区间设置

（3）双击【覆叠轨 1】的素材图像，放置到合适位置，对图片进行大小调节和斜切（即改变图片形状，将鼠标移至图片的 4 个绿色调节点上，按住鼠标左键并拖动到相应的位置）即可得到如图 8.14 所示的效果。展开【编辑】选项卡，设置【方向/样式】为【从右下进入】，如图 8.15 所示。

（4）双击【覆叠轨 2】的素材图像，放置到合适位置，对图片调整大小并展开【编辑】选项卡，单击【淡入动作特效】按钮，如图 8.16 所示。

（5）双击【覆叠轨 3】的素材图像，放置到合适位置，对图片调整大小展开【编辑】选项卡，设置【方向/样式】为【从下方进入】，如图 8.17 所示。

图 8.14 图片的大小调节和斜切

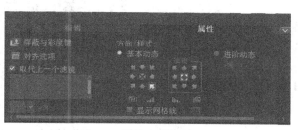

图 8.15 图片动画效果

图 8.16 淡入效果添加

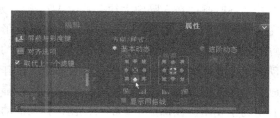

图 8.17 图片进入方式设置

（6）双击【覆叠轨 1】的素材图像，选择【编辑】选项卡，单击【屏蔽和彩色度】按钮，选中【套用覆叠选项】复选框，选择类型选项为【屏蔽帧】，在弹出的【属性】选项卡中选择所需的遮罩图像，如图 8.18 所示。

图 8.18 为图片设置相框

（7）使用同样方法为【覆叠轨 2】、【覆叠轨 3】添加相应的屏蔽相框，预览制作的效果如图 8.19 所示。

图 8.19 预览制作的效果

8.6 数字动画技术

8.6.1 动画简介

1. 动画的基本概念

动画由很多内容连续但不相同的画面组成。动画利用了人类眼睛的"视觉滞留效应"，因为人在看物体时画面在人脑中大约要停留 1/24 秒，如果每秒有 24 幅或更多画面进入人脑，那么人们在来不及忘记前一幅画面时就看到了后一幅，形成了连续的影像，这就是动画的形成原理。在计算机技术高速发展的今天，动画技术也从原来的手工绘制进入了电脑动画时代。使用计算机制作动画，其表现力更强、动画的内容更丰富、制作也变得更简单。经过人们不断地努力，计算机动画也从简单的图形变换发展到今天真实的模拟显示世界。同时，计算机动画制作软件也日益丰富，且更易于使用，使每一个人都可以创作自己的动画。

2. 数字动画的分类

从表现形式上看，动画分为二维动画、三维动画和变形动画。二维动画是指平面的动画表现形式其运用了传统动画的概念，通过平面上物体的运动或变形来实现动画的过程，具有强烈的表现力和灵活的表现手段。创作平面动画的软件有 Flash、Ulead GIF Animator 等，三维动画是指模拟三维立体场景中的动画效果，虽然它也是由一帧帧的画面组成，但它表现了一个完整的立体世界。通过计算机可以塑造一个三维的模型和场景，而不需要为了表现立体效果而单独设置每一帧画面。创作三维动画的软件有 3d Max、Maya 等；变形动画是通过计算机计算，把一个物体从原来的形状改变成为另一种形状，在改变的过程中把变形的参考点和颜色有序地重新排列，形成了变形动画。这种动画的效果是惊人的，适用于场景的转换、特技处理等影视动画制作。创作变形动画的软件有 Morph 等。

8.6.2 动画常见格式

1. GIF 格式

GIF 格式是将其中存储的图片像播放幻灯片一样轮流显示，这样就形成了一段动画。其特点是压缩比高，磁盘空间占用较少，因此这种图像格式迅速得到了广泛的应用。它可以同时存储若干张静止图像并形成连续的动画，而且它的背景可以是透明的。另外，GIF 格式还支持图像交织（在网页上浏览 GIF 文件时，图片先是很模糊地出现，然后才逐渐变得很清晰，这就是图像交织效果）。

GIF 也有缺点，不能存储超过 256 色的图像。但这种格式仍在网络上大量应用，这与 GIF 图像文件短小、下载速度快、可用许多具有同样大小的图像文件组成动画等优势是分不开的。如图 8.20 所示，我们在微信上看到的动图均是这种格式。

2. SWF 格式

使用 Flash 制作出一种后缀名为 SWF（SHOCK WAVE FORMAT）的动画，这种格式的动画图像能够用比较小的体积来表现丰富的多媒体形式。在图像的传输方面，可以边下载边看，适合网络传输，特别是在传输速率不佳的情况下也能取得较好的效果。SWF 如今已被大量应用于网页进行多媒体演示与交互性设计。此外，SWF 动画是基于矢量技术制作的，因此不管将画面放大多少倍，画面都不会因此而有任何损害。

　　SWF 格式作品以其高清晰度的画质和小巧的体积，受到了越来越多网页设计者的青睐，也逐渐成为网页动画和网页图片设计制作的主流，目前已成为网上动画的标准格式。图 8.21 所示为使用 Flash 制作的体育教学视频截图。

图 8.20　GIF 动图

图 8.21　Flash 制作的体育教学视频截图

8.6.3　动画制作软件介绍及简单应用

1. Ulead GIF Animator

　　它是 Ulead 公司出版的 GIF 动画制作软件。它不但可以把一系列图片保存为 GIF 动画格式，还能产生二十多种 2D 或 3D 的动态效果，内建的 Plugin 有许多现成的特效可以立即套用。可将 AVI 文件转成动画 GIF 文件，而且还能将动画 GIF 图片最佳化，能为网页上的动画 GIF 图片减肥，让人能够更快速地浏览网页。

　　下面我们使用 GIF Animator 将视频文件制作为 GIF 图片，具体操作步骤如下所述。

　　（1）打开 GIF Animator 软件，选择菜单【文件】中【打开视频文件】命令，在弹出的对话框中选择需要剪辑的短视频文件，以第 8 章素材"视频素材.avi"为例。如图 8.22 所示，在主窗口下方看到多帧图片。

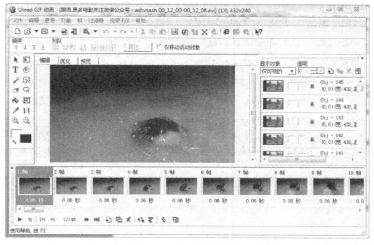

图 8.22　打开视频文件

（2）选择重复的帧，如图 8.23 所示，单击鼠标右键，在弹出的菜单中选择【删除帧】命令。

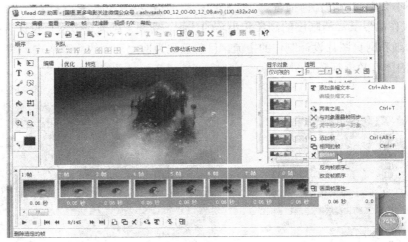

图 8.23　删除重复帧

（3）改变帧间隔（在删除帧后，电影原帧播放速度过快，需增大延迟属性），选择所有的帧图片（先选择第一帧图片，按下【shift】键的同时选择最后一帧）后单击鼠标右键，在弹出的菜单中选择【画面帧属性】命令，弹出【画面帧属性】对话框，如图 8.24 所示将延迟属性改变为适合的大小。

图 8.24　改变延迟属性

相关知识

　　　延迟时间（Delay）：该选项决定播放当前层（当前图像）前延迟的时间。

（4）单击图标栏的【保存】|【保存为 GIF 文件】或者菜单栏【文件】|【另存为】命令，选择 GIF 格式保存即可。

2．Flash

Flash 具有强大的功能和灵活性，无论是创建动画、广告、短片或是整个 Flash 站点，Flash

都是最佳选择，是目前最专业的网络矢量动画软件。其中文操作界面如图 8.25 所示。

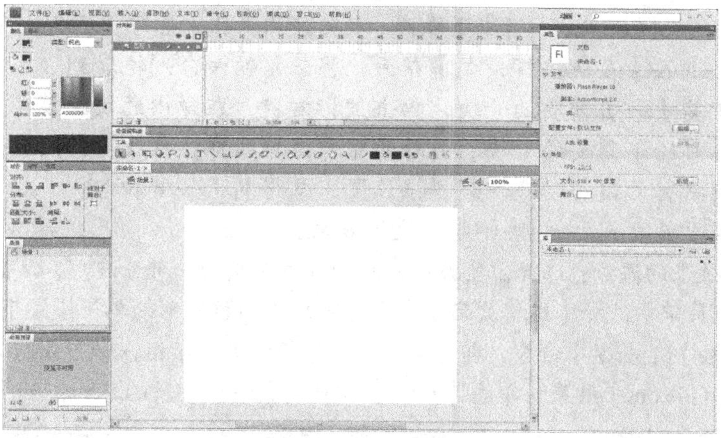

图 8.25　Flash 操作界面

Flash 主要有以下 3 种用途。

（1）制作网页动画，甚至整个网站。网页动画无疑是 Flash 在这个领域应用最为广泛的一个领域。目前，国内新浪、搜狐等大型门户网站中 Flash 动画占了网页首页的较大比例。

（2）多媒体软件开发（课件、软件片头、游戏）。Flash 的交互性使得其可创建具有交互性的动画，如软件安装界面、多媒体教学课件以及一些小游戏的开发。特别对于体育运动来说，使用 Flash 制作的动画动作分解简单明了，利于学生更好地掌握操作要领。

（3）其他娱乐目的（MTV、贺卡、小型卡通片等）。我们最常见的是电子贺卡，还可以制作一些小型的卡通片，如图 8.26 所示是使用 Flash 给朋友制作的生日贺卡。

图 8.26　Flash 制作的生日贺卡

8.7 拓展实训

8.7.1　使用 Cool Edit Pro 将三首歌曲剪辑合成为一首歌

学校需要举办一台晚会，李磊需要将选手提供的三首歌曲合成一首歌，并需在拼接位置实现歌曲之间的淡入淡出效果。

提示

（1）使用 Cool Edit Pro 打开三首歌曲，此处使用第 8 章素材"记得.mp3"等三首歌曲。

（2）单击进入【多轨编辑模式】界面，将三首歌曲分别拖动到 3 个音轨上。

（3）选中其中一首需要的音块，单击鼠标右键，在弹出的快捷菜单中执行【反向】命令就可移除不需要的音块。另外两首歌执行同样操作就可得到需要的音块。

（4）使用鼠标右键移动音块到拼接位置，就得到了一首歌曲。

（5）实现歌曲之间的过渡（淡入/淡出效果）。

① 淡出效果的添加：选择需要添加效果的音块末端的一部分波形，单击鼠标右键，在弹出的快捷菜单中选择【编辑波形】命令即可切换到该波形的单轨模式下。执行【效果】|【波形振幅】|【渐变】命令，即可弹出【波形振幅】对话框，如图 8.27 所示，在【预置】中选择【fade out】效果，单击【确定】即可完成淡出效果的添加，如图 8.28 所示。

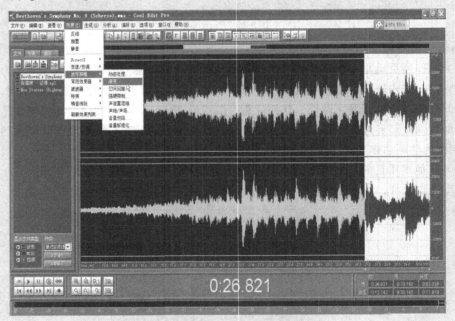

图 8.27 选择命令

② 淡入效果的添加：选择需要添加效果的音块首部的一部分波形，步骤如同淡出效果的添加，但需在【预置】中选择【fade in】效果，如图 8.29 所示，单击【确定】即可完成淡入效果的添加。

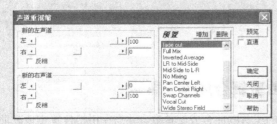

图 8.28 淡出效果添加

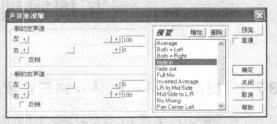

图 8.29 淡入效果添加

8.7.2 使用 GIF Animator 编辑 GIF 图片

李磊在网络上下载了一组 GIF 动图，但动画的大小和字幕等均不符合他本人的需求，他需要通过相关操作对 GIF 图片进行重新编辑。

> 提示
>
> （1）选择【文件】菜单中的【打开图像…】命令，在弹出的对话框中选择需要打开的 GIF 图片，此处以第 8 章素材"改变尺寸.gif"为例。
>
> （2）选择【编辑】菜单栏中的【调整图像大小】命令，在弹出的对话框中调整宽度和高度即可，如图 8.30 所示。如果要改变 GIF 品质，压缩 GIF 大小可以选择 Fair 品质。

图 8.30　改变图像大小

> （3）使用文本工具【T】在图片上添加所需文字，如图 8.31 所示。若多幅图中要添加的文字相同，可复制该文字，选择需要该文字的图像进行粘贴。
>
> （4）保存。选择【文件】|【另存为】|【GIF 文件】命令即可。

图 8.31　编辑文字

习题 8

一、单项选择题

1. 多媒体计算机中的媒体信息是指（　　）。
   A．数字、文字　　　B．声音、图形　　C．动画、视频　　D．以上全部

2. 以下关于多媒体技术的描述中，错误的是（　　）。
   A．多媒体技术将各种媒体以数字化的方式集中在一起
   B．多媒体技术是指将多媒体进行有机组合而成的一种新的媒体应用技术
   C．多媒体技术就是能用来观看数字电影的技术
   D．多媒体技术与计算机技术的融合开辟出一个多学科的崭新领域

3. 要把一台普通的计算机变成多媒体计算机，（　　）不是要解决的关键技术。
   A．视频音频信号的共享　　　　　　B．多媒体数据压缩编码和解码技术
   C．视频音频数据的实时处理和特技　　D．视频音频数据的输出技术

4. 多媒体一般不包括（　　）媒体类型。
   A．数字　　　　　　B．图像　　　　　　C．音频　　　　　　D．视频

5. 多媒体技术中使用数字化技术，与模拟方式相比，（　　）不是数字化技术的专有特点。
   A．经济，造价低
   B．数字信号不存在衰减和噪声干扰问题
   C．数字信号在复制和传送过程中不会因噪声的积累而产生衰减
   D．适合数字计算机进行加工和处理

6. 下面格式中，（　　）是音频文件格式。
   A．WAV 格式　B．JPG 格式　　　　C．DAT 格式　　　D．MIC 格式

7. 使用 Windows 录音机录制的声音文件格式为（　　）。
   A．MIDI　　　　B．WMA　　　　　C．MP3　　　　　D．CD

8. 下面程序中不属于音频播放软件工具是（　　）。
   A．Windows Media Player　　　　B．GoldWave
   C．QuickTime　　　　　　　　　　D．ACDSee

9. 下列软件中，（　　）属于三维动画制作软件工具。
   A．3DS MAX　B．Fireworks　　　　C．Photoshop　　　D．Authorware

10. 下面的图形图像文件格式中，（　　）可实现动画。
    A．WMF 格式　　　　　　　　　B．GIF 格式
    C．BMP 格式　　　　　　　　　D．JPG 格式

二、填空题

1. 多媒体的媒体元素主要包含_____、_____、_____、_____、_____和_____等媒体元素。如果从技术角度划分，多媒体可以分为计算机技术、_____、图像压缩技术、_____等。

2. 多媒体计算机的定义简单地说是综合处理_____，使多媒体信息具有_____和_____。

3．虚拟现实（VR）是采用_____生成一个逼真的视觉、听觉、触觉以及味觉等感官世界，用户可以直接用人的技能和智慧对这个生成的_____进行考察和操纵。

4．多媒体计算机的主要应用领域_____、_____、_____、_____等。

5．图像数据压缩主要根据两个基本事实来实现，一个是根据_____，另一个是_____。

6．_____是 Photoshop 图像最基本的组成单元。

7．在 Photoshop 中，可以存储图层信息的图像格式是_____。

8．将模拟声音信号转化为数字音频信号的数字化过程是_____。

9．视频是多幅静止的_____与连续的_____在时间轴上同步运动的混合媒体。

10．动画是利用了人类眼睛的"_____效应"从而形成连续动画。

三、判断题

1．多媒体与传统媒体没有区别。　　（　　）

2．多媒体素材不包含文字。　　（　　）

3．VR 技术的发展是多媒体技术发展的产物。　　（　　）

4．多媒体数据必须被压缩才能广泛应用。　　（　　）

5．声音是通过介质传播的，如空气、水等。　　（　　）

6．动画是利用了人类眼睛的"视觉滞留效应"。　　（　　）

7．动画是由很多内容连续但各不相同的画面组成。　　（　　）

8．Flash 主要用于制作网页动画、课件等。　　（　　）

9．GIF Animator 是制作 gif 图像的唯一软件。　　（　　）

10．MP3 是目前音频文件的常用格式。　　（　　）

参 考 文 献

[1] 黄桂林，江义火，郭燕. 案例教程：Word 2010 文档处理案例教程. 北京：中航出版传媒有限责任公司，2010.

[2] 冯宇，邹劲松，白冰. 中文版 Word 2010 文档处理项目教程. 上海：上海科学普及出版，2015.

[3] 张帆，杨海鹏. 中文版 Word 2010 文档处理实用教程. 北京：清华大学出版社，2014.

[4] 杨新锋，刘克成. 大学计算机基础——Windows 7+Office 2010. 北京：人民邮电出版社，2014.

[5] 王军委. Access 数据库应用基础教程（第三版）. 北京：清华大学出版社，2012.

[6] 兰顺碧等. 大学计算机基础（第 3 版）. 北京：人民邮电出版社，2012.

[7] 姚玉开，张华，李新. 大学计算机应用基础. 北京：科学出版社，2015.

[8] 孟克难，王靖云，吕莎莎. 多媒体技术与应用. 北京：清华大学出版社，2013.

[9] 唐国良，石磊，姜姗，刘宁，郭洪涛，林晓. 大学计算机基础. 北京：清华大学出版社，2016.

[10] 王洪丰，华晶，唐琳，肖仁锋，吴小惠. 计算机应用基础（Windows7+Office2010）. 北京：清华大学出版社，2016.

[11] 王爱莲，郭淑馨，顾振山，刘洋. Access 数据库基础案例教程. 北京：清华大学出版社，2016.

[12] 苏中滨. 大学计算机基础（第 2 版）. 北京：高等教育出版社，2015.

[13] 田崇瑞，李萌. 大学计算机应用基础. 杭州：浙江大学出版社，2014.

[14] 高建华. 计算机应用基础教程（2015 版）. 上海：华东师范大学出版社，2015.

[15] 沈宏. 多媒体技术与应用. 北京：人民邮电出版社，2010.

[16] 李实英. 多媒体技术与应用. 北京：中国铁道出版社，2012.

[17] 向华. 多媒体技术与应用. 北京：清华大学出版社，2015.

[18] 魏娟丽，张民朝. 大学计算机基础案例教程. 北京：科学出版社，2011.